稠油开发培训教材

稠油井作业技术

秦旭文　张志宝　主编

石 油 工 业 出 版 社

内 容 提 要

本书介绍了稠油井作业设备、检泵、试注、清砂与防砂、堵水、注汽、分层注汽、热循环、注汽转抽油等稠油井基本作业工艺；还介绍了稠油井的酸化、压裂、落物打捞、卡钻处理、套损修理、侧钻等大修作业及封隔器、泄油器、伸缩管、注汽管等稠油井专用工具，并列举了有关施工案例。

本书可作为从事石油井下作业的操作人员和技术人员的培训教材，也可作为石油高等职业教育相关专业的教材。

图书在版编目（CIP）数据

稠油井作业技术/秦旭文，张志宝主编.
北京：石油工业出版社，2012.5
（稠油开发培训教材）
ISBN 978-7-5021-8970-9

Ⅰ.稠…
Ⅱ.①秦… ②张…
Ⅲ.稠油开采-技术培训-教材
Ⅳ.TE345

中国版本图书馆 CIP 数据核字（2012）第 042757 号

出版发行：石油工业出版社
（北京安定门外安华里 2 区 1 号 100011）
网 址：www.petropub.com.cn
编辑部：（010）64523574 发行部：（010）64523620
经 销：全国新华书店
印 刷：北京晨旭印刷厂

2012 年 5 月第 1 版 2012 年 5 月第 1 次印刷
787×1092 毫米 开本：1/16 印张：13.5
字数：242 千字

定价：34.00 元
（如出现印装质量问题，我社发行部负责调换）
版权所有，翻印必究

《稠油开发培训教材》编委会

主　　任：王正东

副 主 任：崔凯华　索长生

委　　员：孙厚利　苗崇良　王明国　张志宝

《稠油井作业技术》编写组

主　　编：秦旭文　张志宝

主　　审：安九泉

编写人员：孙晓明　王丽梅　郑洪涛　曲国林

前　言

我国的稠油资源十分丰富，储量大，分布广。由于稠油具有粘度高、密度大、重质组分含量高等特点，所以开发难度也较大。辽河油田作为全国最大的稠油生产基地，在多年的勘探开发中对稠油开发做了大量的科学研究和实践，形成了一套稠油开发的新工艺、新技术，积累了丰富的经验，辽河油田稠油产量和采收率不断提高，为国家经济建设做出了较大贡献。

为提高稠油开采员工队伍素质，满足员工培训及高职教学的需要，我们编写了一套稠油开发培训教材。本套教材包括《稠油开发地质基础》、《稠油油藏钻井技术》、《稠油开采技术》、《稠油井作业技术》、《稠油开采安全生产基础知识》等，不仅介绍了国内外稠油开发先进技术，而且重点突出了辽河油田稠油开发特色，具有较强的针对性和实用性。本套教材可以作为油田技术人员和操作人员的培训用书，也可作为高职院校采油、钻井、地质等专业的教材。

《稠油井作业技术》是在总结稠油井作业技术的基础上编写的，较系统地介绍了稠油井作业所用的设备、工艺及修井新技术，主要内容包括修井设备、油水井维修、油水井大修、油井增产措施、稠油作业常规施工工艺、稠油井作业工具等内容。

本书由辽河石油职业技术学院组织编写，由秦旭文、张志宝任主编，辽河油田钻采工艺研究院安九泉任主审。全书共分为六章，第一章由孙晓明编写；第二章、第四章由秦旭文编写；第三章由王丽梅编写；第五章由张志宝编写；第六章由郑洪涛、曲国林编写。

由于编者水平有限，书中难免存在错误与不当之处，恳请读者多提宝贵意见。

编　者

2011年9月

目　录

第一章 修井设备

井下作业工艺需要专门的设备和工具，这些专门的设备和工具统称为修井设备。没有这样一套修井设备，就无法在地面对地层深处的井下进行维修作业。因此，修井机械设备在油田生产建设中有着举足轻重的作用。作为一个合格的井下作业技术工人，更需要熟悉修井机械设备的结构和性能，掌握好修井机械设备的合理使用方法。

第一节 修井机概述

修井机是安装在特殊汽车底盘上用于维修故障油、气、水井的一套大型联合作业机组，如图1-1所示。修井机是完成油田开发各项修井作业的专用机械。随着油田井下作业技术的不断发展，相应地出现了各种类型的修井机，如拖拉式修井机、自行式修井机、电动修井机、液压和机械传动的修井机、全液压修井机等。在进行井下作业几大技术中，每一项施工都离不开修井机的使用。所以，应首先要了解修井机的组成和主要技术参数，做到根据井下作业的要求，合理地选择使用修井机，以满足井下作业的需要。

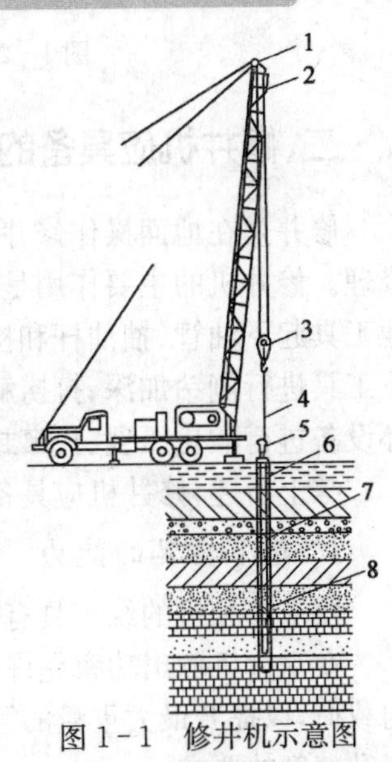

图1-1 修井机示意图

1—天车；2—井架；3—游车大钩；4—抽油杆；5—井口；6—套管；7—油管；8—抽油泵

一、修井机基本工作原理

修井机是以车载柴油机为动力，经变速箱、分动降矩箱、正倒挡箱减速后带动绞车滚筒和一套安装在井架上的天车及游动系统，根据工作需要以不同的速度升降来完成各项修井作业。图1-2为修井机传动系统示意图。

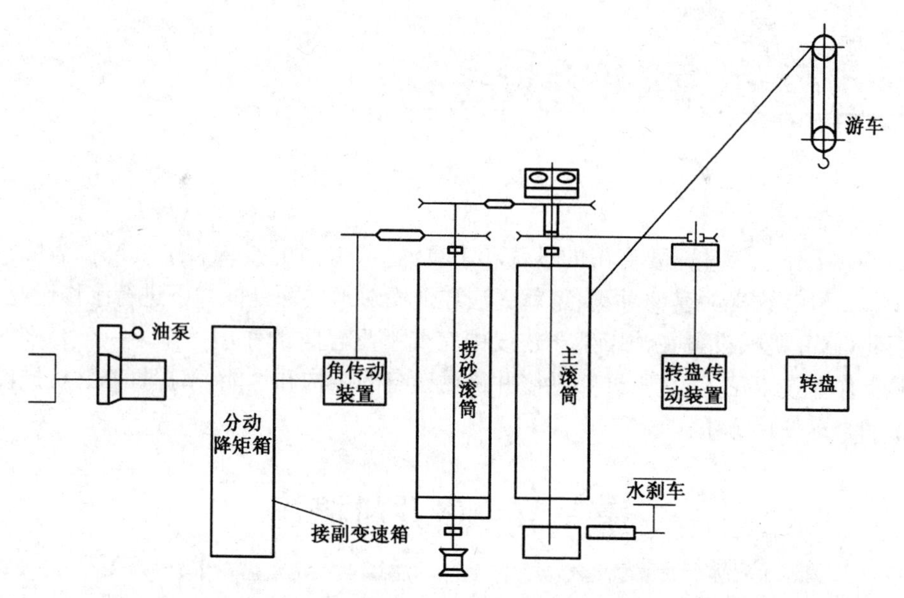

图1-2　XJ80-1修井机传动系统示意图

二、修井机应具备的基本能力

修井是在地面操作修井设备，对井下几百米甚至几千米的油、气、水井进行修理。修井机的主要作用是：在油（水）井维修中利用绞车、井架、游车大钩和其他工具起下油管、抽油杆和检泵、清砂等；在大修作业中，利用转盘、水龙头和井下工具进行侧钻加深、打捞解卡和套管修理等施工；在增产增注措施中，利用循环设备进行酸化压裂、找窜封窜、堵水等作业。此外，修井机必须适应野外工作。

综上所述，修井机应具备以下五个方面的能力，以满足井下作业的要求。

1. 起下钻具的能力

要求修井机的绞车具有一定的起重量和起升速度。

在动力机输出功率允许的工作范围内，通过游动系统最大限度地减轻绞车的载荷，以提升最大重量的管柱，并经过变速机构，改变绞车的转速，以满足各种起升速度的要求。

2. 循环冲洗的能力

要求修井机的循环冲洗设备和工具，在水泥车以及其他设备的配合下，形成一定压力和排量的液体，满足洗井、冲砂、挤注、循环等井下作业施工的要求。

3. 旋转钻进的能力

要求修井机的转盘、水龙头等设备和工具，给井下钻具提供一定的转矩和转速，进行钻、磨、套、铣等作业。

4. 行走的能力

要求修井机具有一定的机动行驶能力，能适应各种路面的行走，以满足井下作业时间短、搬迁频繁迅速、越野性强的特点。

5. 操作维修简便的能力

要求修井机的操作系统简单集中，便于记忆和操作；易损件位置设计合理，方便拆卸修理和更换，以满足石油矿场作业施工的要求。

三、修井机的主要技术参数

修井机的主要技术参数是修井机工作能力的具体表现，包括以下内容。

1. 修井深度

修井深度是指修井机所适应的修井深度，一般分为工作井深和大修深度。工作井深是采用 $2\frac{1}{2}$in 油管进行各种施工的深度。大修深度是指用钻杆进行侧钻、钻井的深度。修井深度是油田选择修井机的主要参数。

2. 动力机的功率和转速

修井机的动力设备——柴油机的功率和转速，由柴油机的铭牌标定，一般指额定功率和最高转速。

3. 游车大钩的起重量与起升速度

游车大钩的起重量是指修井机工作时游车大钩所能提升的最大重量。起升速度为起下钻时游车大钩的提升速度。起升速度一般不直接给出，通过绞车各挡转速算出。

4. 井架的高度和最大载荷

井架的高度是指从地面到天车的距离，由此可确定所起下管柱的长度和根数。最大载荷分最大工作载荷和最大静载荷。最大工作载荷为起下钻时井架所承受的最大载荷；最大静载荷指游车大钩静止时井架所承受的最大载荷。最大工作载荷小于最大静载荷。

5. 转盘的转矩和转速

转盘的转矩和转速是指由柴油机通过变速箱传给转盘的扭矩和转速，它能满足旋转作业的要求。

6. 修井机的行驶速度和牵引力

修井机的行驶速度，不论履带式和车装式，速度不能太高，因为本身重量大，还要适应野外场地的要求。牵引力专指履带式修井机，在最低行驶速度下，牵引或拖拉其他设备的能力。

综上所述，修井机的技术参数，主要由两个因素决定：一是柴油机的功率和转速，它可决定游车大钩的起重量和起升速度，关系到转盘的转矩和转速，决定修井机的行驶速度和牵引力；二是修井机零部件材料的性能与加工因素。可以看出，柴油机的功率和转速，是决定修井机工作能力的重要参数。

四、修井机的组成

一部完整的修井机主要由底盘系统、动力系统、绞车系统、井架系统、控制系统和附件系统等六大部分组成，如图 1-3 所示。

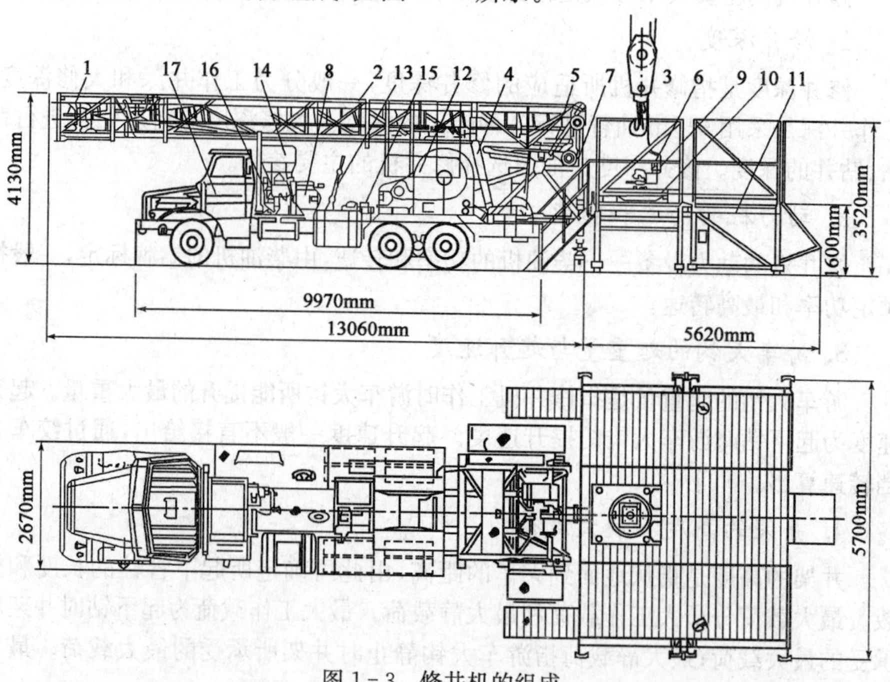

图 1-3　修井机的组成

1—天车；2—井架；3—游车大钩；4—起升油缸；5—猫头滚筒箱；6—液压油管钳；7—井架底座；8—液压操纵系统；9—卡瓦；10—转盘；11—钻台；12—绞车总成；13—传压器总成；14—泵组总成；15—电磁阀；16—带泵箱和分动箱；17—长轴距加固载重卡车

1. 底盘系统

底盘系统一般为拼装式底盒，要求车桥离地间隙大，转向桥的转角大，速比合适，适应公路高速行驶及泥泞路、沙漠的低速行驶，采用双管路气控制，液压助力转向，平头单座驾驶室。整机视野开阔，转向轻便灵活，最小转弯半径14～18m。

2. 动力系统

动力系统用于驱动绞车、转盘等工作机组和底盘行驶。在自走式修井机中应用最多的是柴油机驱动，自走式修井机动力源既是行车时的动力，也是修井时的动力。

3. 绞车系统

绞车系统主要由滚筒轴总成、刹车系统、绞车架、刹车冷却装置等组成。

4. 井架系统

井架系统主要由上体、下体、天车、二层台、底座、伸缩油缸及扶正装置、大钳平衡装置、立管、绷绳及梯子等组成。

在修井作业过程中，井架系统用于安放天车和悬挂游车、大钩、吊环、吊钳等起升设备与工具，同时用于安放和悬挂立管、水龙头、水龙带等修井循环设备与工具，以及起下与存放钻杆、油管、抽油杆等工具。自走式修井机使用有绷绳桅型井架，两节式(在小吨位修井机上也可采用单节井架)采用液缸起升，液缸伸缩；井架前倾角可通过调节丝杠调节；天车为整体盒式结构，滑轮采用铸钢件，并经动平衡测试；绳轮座上设有防止大绳跳槽的挡绳器，天车平台上设有护栏。

5. 控制系统

系统控制集中设在载车司钻操作台附近，具有重要执行部件的操作控制设定和多重安全保护功能。控制系统包括液压控制系统、气压控制系统和电器控制系统。

(1)液压控制系统主要用于修井机行驶中的转向助力、安装调试中的车架升降调平、井架的伸缩和修井作业中的井口液压机具应用控制等。

(2)气压控制系统用于修井机行驶及修井作业控制，配置有多级干燥、净化、防冻等装置处理压缩空气。气压控制系统动力源为空压机，司钻控制箱可控制绞车滚筒、转盘、柴油发动机油门熄火、百叶窗、绞车和转盘挡位、滚筒紧急制动、气动卡瓦、防碰天车和油泵卸荷等。

(3)电器控制系统包括行驶和作业照明系统。

6. 附件系统

附件系统主要包括钻台、转盘、游车、大钩、水龙头(顶驱)和井口工具等。

以上六大系统设备组成了一部修井机,为了适应野外施工,还必须配备值班房、照明设备、消防设备等。

修井八大件主要包括动力机(柴油机)、绞车、井架、游动系统(天车和游动滑车等)转盘、水龙头、大钩和泵。

五、修井机的特点

由于井下作业施工和场地的特殊性,修井机具有与一般普通机械不同的特点,概括为以下四个方面。

1. 修井机是一部大功率重型机械设备

为了完成井下作业各种工艺施工,修井机必须配装多种工作机,如绞车、井架、转盘、水龙头、动力钳等。因此,修井机的结构较为复杂和庞大,与一般机器比较,它是一部大功率重型机械设备。

2. 传动复杂,路线长

修井机的传动,采用了多种传动方法组合的混合传动,它除了有普通的机械传动外,还有液压传动、气压传动等。控制也采用了电、液、气、机械联合控制。从动力机到转盘,要经过变速箱、角传动箱、链条箱、传动轴,传动路线较长。

3. 越野性好

履带式修井机因本身的特点,野外工作适应性强,但不能在正规的路面上行驶。而车装式修井机,虽能在正规的路面上行驶,但需要采用其他措施才能使其具备一定的越野性能,如小型车装修井机,采用前后桥三驱动;大型车装修井机,采用了前后桥四驱动,用来提高修井机的越野性能,以适应各种场地的运移。另外,还有沙漠修井机、沼泽地和海滩修井机等,以适应油田的特殊环境。

4. 自动化程度不高

由于修井机工作项目多,施工程序杂,作业的不规律,难以实现高度机械化和自动化,所以,目前我国现场使用的修井机自动化程度还不高。

六、XJ-650型修井机简介

XJ-650型修井机是车载式修井设备,最大钩载1470kN,井架高度35m,大修深度5500m(2⅞in钻杆)。

XJ－650修井机配置高速柴油发动机，动力强劲，节能、低污染排放；装备闭锁型液力传动变速箱，启动力矩大，传动效率高；机械液力传动，传动平稳柔和，超载保护；底盘驱动形式12×8，四道车桥驱动，装配重载越野轮胎，越野能力强，适应戈壁、泥泞、滩涂等复杂公路行驶，本机车适用于中深油气井的大修及钻井作业。图1－4所示为XJ－650S修井机工作状态图。

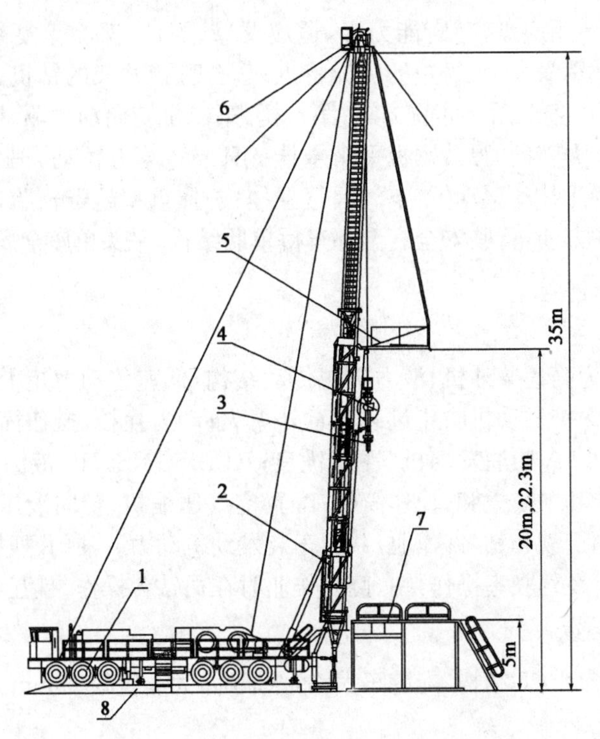

图1－4　XJ－650S修井机工作状态图

1—载车自走部分；2—井架部分；3—水龙头部分；4—游车大钩部分；5—二层台部分；6—天车部分；7—伸缩钻台部分；8—船形底座

1. 绞车总成

绞车总成为双滚筒结构，机械平衡带式刹车，气动推盘离合器。主滚筒筒体采用里巴斯绳槽，排绳整齐；刹车毂采用强制循环冷却，冷却效率高，散热快；配置WCB224辅助刹车，配备过卷气动天车防碰装置。

2. 井架总成

井架总成为双节伸缩式井架，液压起升、伸缩，工作平稳、安全可靠。井架经计算机有限元分析计算，强度、刚度和稳定性满足钻井工作条件；井架经特殊工艺处理，表面硬度、防腐性能良好；倾角 3°，通过调节丝杠调节；配有井架倾斜指示仪；天车为整体盒式结构，滑轮采用铸钢件，并经动平衡测试；绳槽圆弧按 API8C 要求与相应的钢丝绳设计；绳轮座上设有防止大绳跳槽的挡绳器；天车轴经热处理和探伤检查；天车平台上设有护栏。

3. 修井机底盘

优化设计专用底盘，越野能力强，适应戈壁、泥泞、滩涂等复杂公路路面行驶，具有整车载重量大、车身短的优异特点；适合背带井架的钻机、修井机使用；驱动形式 12×8，前三后三布置方式；第一桥、第二桥转向动力驱动，第三桥转向从动桥，液压助力转向，弹簧钢板平衡悬挂；第四桥、第五桥动力驱动，刚性平衡梁悬挂；第六桥为从动浮动桥，空气弹簧悬挂；选择重型越野轮胎，承载能力大，安全耐用，维护方便，行驶安全。全部车桥单胎结构，平头单座金属结构驾驶室，视野开阔。

4. 动力系统

动力系统为高速柴油机、液力机械传动结构，低速传动力矩大，启动平稳柔和；柔性连接，保护发动机防止过载和意外熄火；动力换挡，操作简便，换挡频率小；CAT3412DITA 柴油发动机，性能优良；ALLISONS6610 液力传动变速箱，启动力矩大，传动平稳柔和，操作简便；配置空气压缩机、转向液压油泵、发电机等辅助件；车辆行驶和钻、修作业，共用车装发动机动力。油门、换挡气动双向操作，车辆行驶时在驾驶室操作，钻、修井作业时在司钻台操作，且互不干扰。

5. 游动系统

游动系统为 4×5 结构，配游车大钩，八股绳，大绳直径 29mm。

6. 液气电控制系统

液、气、电采用集中控制，车辆行驶时，各种操作阀件、仪表集中安装在驾驶室仪表板、右侧控制板和脚踏板上，司机行车操作、观察方便；钻井作业时，各种操作阀件、仪表集中安装在司钻控制箱和脚踏板上，司钻作业操作和观察方便。主要液气元件采用进口件，质量优良、性能可靠。压缩空气经多级净化和防冻处理，确保气压系统工作安全。作业照明采用防爆、防漏电元件，线路采用硬管保护。修井机车辆行驶时，各种灯光信号指示和仪表板的电气设备，均使用额定电压 24V、负极接铁的直流电源；修井绞车作业时，井架及井场照明，采用额定电压 220V、频率 50Hz 的交流电源，灯具采用防爆灯；冷却水循环系统电机动力，采用额定电压 380V、频率 50Hz 的交流电源；应急动力源采用工作额定电压 380V、频率 50Hz 的交流电源。

7. 钻台总成

钻台总成为伸缩式结构，由前钻台（转盘座）和后钻台（立根座）组成。钻台高度可调，作业时钻台可升高，工作高度为5m；搬家时，钻台可收缩，降落后高度为3.2m，运输方便；设置有护栏、梯子、滑板及逃生滑道；设有大、小两个鼠洞，两根大钳尾绳桩；立根盒枕木进行防腐处理。

8. 转盘总成

转盘总成为壳体焊接结构，强度高、重量轻；格利森弧齿锥齿轮传动，传动平稳；转台与迷宫组合安装，密封性好，钻井液不易渗入；辅助轴承安装在转台下部，磨损后调整方便。

9. 转盘传动装置

转盘传动装置为车下传动结构，动力取自分动箱中间轴，机械离合器手动控制，万向传动轴远距离传动。链条传动箱总成，设置有正反转齿轮箱，使转盘具有五正五倒挡位，设置有转盘离合器和防反转刹车。

第二节 起升设备

起升设备是在井下作业中用于起下钻具，起吊重物和完成其他辅助工作的设备。起升设备主要包括绞车、修井井架、游车系统和钢丝绳等。

一、绞车

1. 绞车的用途

绞车是起升系统的主要设备，它的种类很多，但都具备以下用途：

(1)起下钻具（钻杆、油管、套管、抽油杆等）。

(2)进行抽汲、提捞等作业。

(3)在钻进时控制钻压、送进钻具。

(4)利用猫头进行上卸管柱螺纹，立放井架，绷放管柱。

(5)换装牙轮传动转盘。

(6)吊升重物和进行其他辅助工作。

2. 绞车的组成

修井绞车实际上是一部重型起重机械，它由以下机构系统组成。

1)支撑系统

支撑系统是指焊接的框架式支架或密闭箱壳式座架,它是支撑滚筒、滚筒刹车机构系统的骨架。

2)传动系统

传动系统主要由变速箱、传动轴、链条、牙轮等组成。它将动力传给滚筒及变换滚筒的转速。

3)控制系统

控制系统主要包括离合器、控制阀件、操作控制台。它操纵和控制绞车各系统按照操作者的意向准确地运转。

4)制动系统

制动系统即刹车系统,包括刹把、刹带及水刹车等。它在起下作业中起制动和控制下钻速度的作用。

5)卷扬系统

卷扬系统主要包括主滚筒、捞砂滚筒和猫头等各种卷扬装置。它是通过游动系统完成起下作业的主机。

6)润滑及冷却系统

润滑及冷却系统主要由油池、油封、黄油嘴和刹车冷却装置组成,其作用是润滑绞车的各运转零件和冷却主滚筒的刹车毂。

3. XJ－650 修井机绞车

XJ－650 修井机绞车总成为双滚筒结构,主滚筒用于提升过程中的起下钻具和下套管,控制钻井过程中的钻压。捞砂滚筒用于提取岩心筒、试油等工作。

1)主滚筒

主滚筒由滚筒轴、滚筒体、刹车毂、离合器、辅助刹车、链轮及刹车系统等组成。滚筒轴选用优质合金钢制造,经特殊热处理,具有较高的强度和良好的韧性。在轴的滚筒离合器端,安装有导气旋转接头,用于控制离合器;在轴的另一端,安装有双路导水旋转接头,用于刹车毂循环水冷却。滚筒体带有整体里巴斯绳槽,卷绕大绳排列整齐;在司钻侧的滚筒体轮辐上设有特殊斜槽,大绳打好绳头后,插入斜槽,缓慢转动主滚筒,大绳即可固定,操作简便。

刹车毂采用水循环冷却方式,散热效率高,有效防止刹车毂过热,制动可靠;刹车毂外毂面选用优质合金钢制造,经特殊热处理,具有较高的强度和硬度,耐热、耐磨，使用寿命较长。

气动推盘离合器为轴向气囊推盘摩擦片式，气动控制轻便可靠，并与天车防碰机构关联，当天车防碰阀(过卷阀)被触动，离合器强行脱离，具有过载保护作用;当大钩负荷超过调定载荷时，设定的气囊气压推力限定，摩擦片打滑，大钩停止上升;多片摩擦片组，传动力矩大，结合平稳，减轻滚筒启动时的冲击动载。

辅助刹车选用 WCB 盘式刹车，气动控制轻便可靠，经调节控制气体压力，可改变刹车力矩;多片摩擦盘组，传动力矩大，结合平稳，减轻冲击动载;水循环冷却，散热效率高，有效防止摩擦盘过热，制动可靠。

冷却水循环系统，用于主滚筒刹车毂和辅助刹车循环水冷却，系统为独立安装形式，以减轻钻机整车重量。水箱、水泵、滤清器、安全阀等部件布置在车台上。系统管道中安装有安全和报警装置，确保系统安全工作;当系统水压过低时，自动报警，提醒司钻及时停机，排除系统故障。

滚筒刹车系统，机械刹把摩擦带式平衡刹车，控制手动刹把，经杠杆传递机构，推动曲拐拉动刹带活动端，围抱刹车毂，使滚筒减速或停止;在刹带的固定端，安装有平衡梁机构，经调整可平衡左右两刹带作用力，使左右两个刹车毂受力均匀。刹把带有棘爪锁紧机构，打下棘爪，压紧刹把后，可自动锁定，以减轻司钻工作强度。

天车防碰机构，在主滚筒上方的绞车架上安装有支架和防碰阀(过卷阀)，防碰阀可沿支架沿滚筒轴线移动，防碰阀的碰杆长短可调。游车大钩的提升高度与滚筒缠绳的层数、卷数相对应，将防碰阀的碰杆调整到一定滚筒缠绳的层数、卷数，可控制游车大钩的高度。在绞车架内部安装有防碰气缸，活塞杆连接在主滚筒刹车轴的拐臂时，拐臂机构单向推动。当防碰阀的碰杆被缠绳碰动，打开阀芯压缩空气进入防碰气缸，迅速推动活塞伸出，经拐臂推动刹车轴转动，紧急实施滚筒刹车动作。同时，气压信号使主滚筒离合器快速脱离，发动机油门迅速回落，游车大钩紧急停止上升，防止大钩碰天车。

2)捞砂滚筒

捞砂滚筒由滚筒轴、滚筒体、刹车毂、离合器及刹车系统等组成。捞砂滚筒的旋转是由角传动箱链条输入和离合器的结合来实现。捞砂滚筒离合器控制是由捞砂滚筒旁侧的操作台上气控阀来控制的。

滚筒轴选用优质合金钢制造，经特殊热处理，具有较高的强度和良好的韧性。在轴的滚筒离合器端，安装有导气旋转接头，用于控制离合器。同时捞砂滚筒轴在动力传动链中充当过渡轴作用，将角传动箱输出轴动力传递到主滚筒。

滚筒体为无绳槽光筒体，在司钻侧的滚筒体轮辐上设有特殊斜槽，捞砂绳打好绳头后，插入斜槽，缓慢转动滚筒，钢丝绳即可固定，操作简便。

刹车毂采用喷冷却方式，结构简单，防止刹车毂过热，制动可靠。刹车毂外毂面选用优质合金钢制造，经特殊热处理，具有较高的强度和硬度，耐热、耐磨，使用寿命较长。气动推盘离合器，轴向气囊推盘摩擦盘式，气动控制轻便可靠，具有过载保护作用，当负荷超过调定载荷时，设定的气囊气压推力限定，摩擦盘打滑，滚筒转动停止。多片摩擦片组，传动力矩大，结合平稳，减轻滚筒启动时的冲击动载。

输入链轮将链条动力传递到捞砂滚筒离合器，输出链轮再将动力通过链条传递到主滚筒。

滚筒刹车也是机械刹把摩擦带式平衡刹车。

3)绞车架及顶部护罩

绞车架钢板焊接结构，下部及两端焊接有矩形管加强骨架，强度高，重量轻，用于连接和支承主滚筒、捞砂滚筒、刹车机构、链条护罩、捞砂滚筒控制箱等部件。

顶部护罩是独立铰接结构，每一个刹车毂配置单独的护罩，护罩用铰链与绞车架连接，插板定位，护罩装配、拆卸快捷方便。绞车架上部安装有支架，以安装天车防碰阀(过卷阀)。绞车架内部安装有防碰气缸，气缸活塞杆连接在刹车轴的曲拐上，当滚筒卷绕的钢丝绳触动防碰阀操作杆时，防碰阀发出信号，使防碰气缸迅速动作，推动刹车轴，紧急刹车。

4)绞车刹车系统

主滚筒和捞砂滚筒刹车系统采用轮毂带式平衡刹车系统。它主要由钢带、刹带块、平衡梁、曲柄轴、限位圈、调节丝杠、拉杆和刹把等组成。机械刹把摩擦带式平衡刹车机构，控制手动刹把，经杠杆传递机构，推动曲拐拉动刹带活动端，围抱刹车毂，使滚筒减速或停止；在刹带的固定端，安装有平衡梁机构，经调整可平衡左右两刹带作用力，使左右两个刹车毂受力均匀。

5)链条及护罩

链条为两组高强度双排滚子链，将动力从角传动箱输出轴链轮传递到捞砂滚筒链轮，并经过渡再传递到主滚筒链轮。链条护罩为全封闭整体式护罩，安装有通气口、油位表等。链条采用飞溅润滑。

6)角传动箱

角传动箱由输入轴、主动弧齿锥齿轮、输出轴、被动弧齿锥齿轮组成。角传动箱不仅改变动力传递方向，而且还进行减速传动。输出轴安装有双排齿链轮，输出动力。

4. 绞车操作使用规范

绞车是钻机的主要设备之一，正确操作刹把、操作司钻控制箱各控制手柄，以控制绞车进行各种钻修作业，是司钻的基本岗位技能要求，绞车使用前要进行以下检查：

(1)检查绞车润滑系统，润滑油应足够，油管无泄漏。

(2)各固定螺栓无松动，各支座无裂纹，各护罩无渗漏。

(3)检查大绳，排绳整齐，无断股、断丝等现象，并定期润滑。

(4)检查司钻控制台各气动控制阀、液压控制阀功能正确、操作灵活、无泄漏。

(5)检查各气动、液压控制管路完好、无泄漏；主滚筒轴两端的气动旋转接头和双路水旋转接头转动灵活，管路畅通无泄漏；捞砂滚筒气动旋转接头转动灵活，管路畅通无泄漏，并定期润滑旋转接头。

(6)各类压力表灵敏、指示准确；气压表压力 0.75～0.85MPa，液压表额定压力 14MPa。

(7)检查钻井参数仪表箱，各表准确灵敏，当游车大钩无负荷悬停时，指重表指针应指 40kN 位。

(8)检查调整刹车带，刹车块磨损剩余厚度不得小于 15mm。刹车片与刹车毂周边间隙 4.5～5mm。

(9)检查刹车机构，灵活可靠，调整刹把高度，水平夹角为 40°～50°，压下刹把应能可靠地刹住滚筒。

(10)检查冷却水系统，主滚筒辅助刹车和刹车毂冷却水循环水管路连接正确，回路畅通，水泵及散热器工作正常，循环水箱液面高度正确，水质清洁；捞砂滚筒喷水冷却水管路连接正确，回路畅通，压力水箱有足够的冷却水(冷却液)，气压表压力 0.2～0.3MPa。

二、修井井架

修井井架是一种桁架式钢制结构体，属修井机起升系统设备，用它来安放天车，悬挂游车大钩等起升设备与工具。

1. 修井井架的结构

修井井架主要由井架主体、天车台、二层平台、工作梯等四大部分组成。

井架主体是由横杆、斜杆和弦杆所组成的矩形结构，它们是井架的主要承载构件。天车台用于安放天车，并对天车进行检查维护保养的场地。二层平台是立放管柱和井架工操作的工作台，工作梯供工作人员上下井架用。

现场使用的修井井架根据结构有两种：一种是闭式塔形井架(图1-5)；另一种是固定式轻便井架(图1-6)。

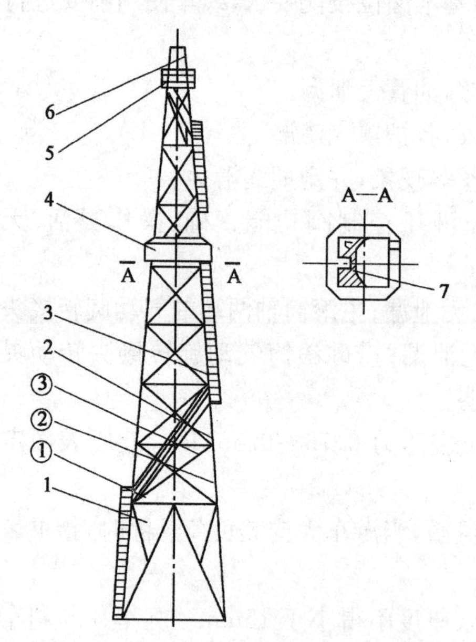

图1-5 闭式塔形井架结构示意图

1—主体(①横杆；②弦杆；③斜杆)；2—主管平台；3—工作梯；4—二层平台；5—天车台；6—人字架；7—指梁

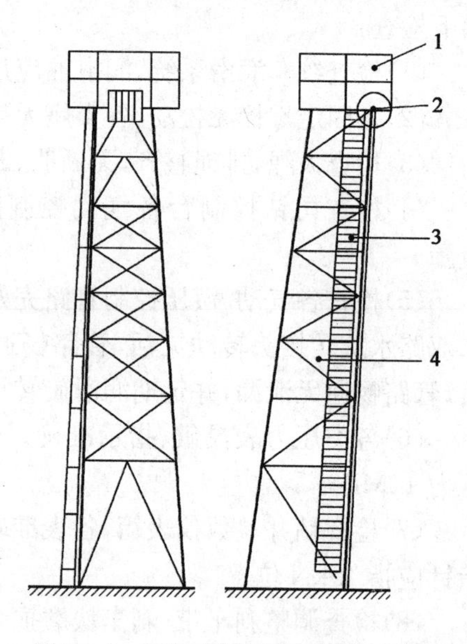

图1-6 固定式轻便井架结构示意图

1—天车台；2—天车；3—工作梯；4—主体

2. 井架使用前的检查及要求

(1)检查井架底座两梯形螺纹螺杆是否紧固，检查时大钩空载，二层台无立根；若松动，应及时扭紧，在大钩空载，二层台无立根状态下，松开两锁紧螺帽，左右均匀扭紧两螺杆，扭紧力矩600N·m(±20N·m)，同时，观察水平仪，保持车架左右水平，锁紧两螺母。

(2)检查井架底座各调节拉杆，无松动、损坏。

(3)检查各绷绳，各绳张紧度符合要求，各绷绳无断股、断丝等现象。

(4)检查各滑轮，必须转动灵活，以用手能够自由盘动为合格；检查天车游车滑轮组，当转动任一滑轮时，相邻滑轮不得随着转动；各滑轮、轮槽无严重磨损或偏磨。

(5)检查天车自动润滑系统，油罐润滑油应足够，电路畅通，控制器设定参数合适，油管无泄漏。

(6)各固定螺栓无松动,各支座无裂纹,各部位无渗漏。

3. 井架操作规范

(1)井架工上井架前,必须穿好保险带,上下井架时,务必挂好防坠器挂钩。

(2)排放立根时应左右对称,严禁偏重。

(3)起下钻时,应根据大钩负荷合理选择挡位和提升速度,谨防井架超载。

(4)起钻和下钻刹车时,动作应熟练,防止过度猛烈,避免井架剧烈振动。

(5)任何情况下,不得松开井架的任一绷绳。

三、游动系统

将天车、游车大钩用钢丝绳串联起来,使其能在井架内上下运动的设备称为游动系统。

天车是由若干个滑轮组成的定滑轮组。游车是由若干个滑轮组成的动滑轮组。由物理学原理得知定滑轮能改变力的方向,但不省力;动滑轮能省力,但不能改变力的方向。将它们用钢丝绳穿连起来,既能省力,又能改变力的方向。

游动系统的功用是减轻井下作业中绞车的负荷,并只能负荷几吨到几十吨拉力的绞车,通过游动系统的作用,能提升几十吨到上百吨的载荷,以便使发动机输出一定的功率而获得很大的效益,以满足井下作业的需要。

从绞车滚筒到天车的钢丝绳称为活绳,从天车到地面(固定端)的钢丝绳称为死绳,其余穿过天车—游车的钢丝绳称为有效绳。当钢丝绳穿满游车轮后,有效绳数等于两倍的游车滑轮数。如3×4的游动系统有效绳数为6,4×5的游动系统有效绳数为8。

四、钢丝绳

修井用钢丝绳较多,如游动系统中穿过天车、游车大钩的钢丝绳,固定承受拉力的井架绷绳,挂吊钳、液压钳的钢丝绳等。尤其是游动系统使用的钢丝绳,由于承受负荷大,运动频繁,且受力复杂,要承受弯曲、扭转、挤压、冲击振动等复杂应力的作用,磨损较快。因此,了解钢丝绳的结构与特性,对于正确选择和使用钢丝绳具有重要意义。

1. 钢丝绳的结构

修井使用的钢丝绳与一般起重机械使用的钢丝绳结构相同,它是由若干根相同丝径(有的丝径不同)的钢丝围绕一根中心钢丝先搓捻成绳股,再由若干股围绕一根浸有润滑油绳芯搓捻成钢丝绳。

钢丝采用优质碳素钢制成，其丝径多为 0.22～3.2mm。绳芯有油浸麻芯、油浸石棉芯、油浸棉纱芯和软金属芯等。

钢丝的作用是承担载荷，绳芯的作用是润滑保护钢丝，增加柔性，减轻钢丝在工作时相互摩擦，减少冲击，延长钢丝绳的使用寿命。

2. 钢丝绳的合理使用

1)放置

钢丝绳不用时应缠绕在木制滚筒上，不要在地面放置，避免砂子等脏物沾在钢丝绳上。新钢丝绳不能在地面拖拉，以防磨掉润滑油及磨蚀钢丝绳。

2)合理使用

往滚筒上缠绕钢丝绳时，一定要拉紧，以防扭曲打结，并尽可能地保持钢丝绳的张紧力，否则会损伤钢丝绳。钢丝绳在滚筒上要排列整齐，不能相互挤压，第一层钢丝绳如果排列不紧不整齐，会使第二层的钢丝绳楔入第一层内，这样会挤扁和严重磨损钢丝绳。钢丝绳应保持清洁，经常上油润滑，至少半月一次。起下操作要平稳，不能猛提猛放，以防钢丝绳突然加载或卸载造成冲击，使钢丝绳产生疲劳损伤。严禁用手锤或其他铁器工具敲击钢丝绳，影响钢丝绳的使用寿命。还要防止钢丝绳碰磨井架、天车及游车护罩，避免造成钢丝绳非正常磨损。

3)切割

先用铁丝绑好切口两端各 20mm 处，绑绕长度为绳径的 2～3 倍，以防切口松散，再用扁铲剁断或用氧气割断。

4)卡绳卡

使用钢丝绳卡时方法要正确，因为正确使用绳卡所形成绳结的强度，等于钢丝绳本身强度的 80%。正确的卡绳方法是绳卡面对钢丝绳的活端，U 形螺栓对钢丝绳的死端，拧紧程度为压扁钢丝绳绳径的 1/3，两绳卡卡距不小于绳径的六倍，绳卡规格略小于钢丝绳直径。

第三节　循环设备

在井下作业中，循环设备的主要作用是向井内泵入各种液、剂，实现循环和冲洗等工作，完成井下作业和修井施工中的压井、冲砂、替喷、洗井以及低压酸化等项工作。循环设备主要包括往复泵或水泥车、高压管线、水龙头、水龙带、活动弯头和管件等。本节重点介绍往复泵和水龙带的有关知识。

一、往复泵

往复泵在石油矿场上应用非常广泛，常用于高压下输送高粘度、大密度、高含砂量和高腐蚀性的液体，流量相对较小。按用途不同，石油矿场用往复泵往往被冠以相应的名称，例如，在钻井过程中为了携带出井底的岩屑和供给井底动力钻具的动力，用于向井底输送和循环钻井液，实现安全钻进的往复泵，称为钻井泵（旧称泥浆泵）；为了固化井壁，向井底注入高压水泥浆的往复泵，称为固井泵；为了造成油层的人工裂缝，提高原油产量和采收率，用于向井内注入含有大量固体颗粒的液体或酸碱液体的往复泵，称为压裂泵；向井内油层注入高压水驱油的往复泵，称为注水泵；在采油过程中，用于在井内抽汲原油的往复泵，称为抽油泵。在井下作业中，可将往复泵装在运载汽车上进行洗井、冲砂、压裂、酸化、套磨钻铣和打水泥塞等工艺。

1. 往复泵的工作原理

往复泵的基本结构如图 1－7 所示，主要分为两大部分：动力端由曲柄、连杆、十字头，活塞杆等组成，主要作用是进行运动形式的转换，即把动力机的旋转运

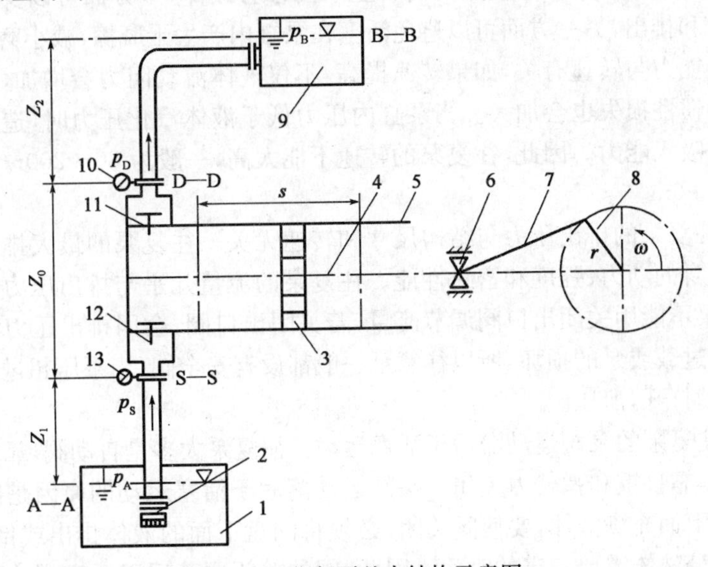

图 1－7 往复泵基本结构示意图

1—吸入罐；2—底阀；3—活塞；4—活塞杆；5—液缸；6—十字头；7—连杆；8—曲柄；9—排出罐；10—压力表；11—排出阀；12—吸入阀；13—真空表

动转换为活塞的往复直线运动；液力端由泵缸、活塞、吸入阀、排出阀、吸入管、排出管等组成，主要作用是进行能量形式的转换，即把机械能转化成液体能。

往复泵的工作原理：当动力机通过皮带、齿轮等传动件带动曲柄以角速度 ω 按图 1-7 所示方向从左边水平位置开始旋转时，活塞向泵的动力端移动，缸内容积逐渐增大，压力降低，形成真空；在大气压力与缸内压力的压差作用下，液体自吸入池经吸入管推开吸入阀(排出阀关闭)进入泵缸，直到曲柄转到右边水平位置，即活塞移动到右死点为止，这一过程为吸入过程，移动的距离为一个冲程；曲柄继续转动，活塞从右死点向左移动，缸内容积逐渐减小，液体受到挤压，由于液体不可压缩，故压力升高，当缸内压力大于排出管压力时，液体克服排出阀的重量和弹簧的阻力等推开排出阀进入排出管(吸入阀关闭)直至排出池，直到活塞移动到左死点，曲柄再次转到左边水平位置，这一过程为排出过程；曲柄继续转动，每旋转一周，活塞往复运动一次，泵的液缸完成一次吸入和排出过程。活塞重复吸入和排出过程，从而液体自吸入池源源不断地泵送到排出池。

2. 往复泵的特点

(1)与其他泵相比，往复泵的瞬时流量不均匀。

(2)往复泵具有自吸能力。往复泵启动前不像离心泵那样需要先行灌泵便能自行吸入液体。但实际使用时仍希望泵内存有液体，一方面可以实现液体的立即吸入和排出，另一方面可以避免活塞在泵缸内产生干摩擦，减小磨损。往复泵的自吸能力与转速有关，如果转速提高，不仅液体流动阻力会增加，而且液体流动中的惯性损失也会加大。当泵缸内压力低于液体汽化压力时，造成泵的抽空而失去吸入能力。因此，往复泵的转速不能太高，一般为 80～200r/min，吸入高度为 4～6m。

(3)往复泵的排出压力与结构尺寸和转速无关。往复泵的最大排出压力取决于泵本身的动力、强度和密封性能。往复泵的流量几乎与排出压力无关。因此，往复泵不能用关闭出口阀调节流量，若关闭出口阀，会因排出压力激增而造成动力机过载或泵的损坏，所以往复泵一般都设有安全阀，当泵压超过一定限度时，会自动打开，泄压。

(4)往复泵的泵阀运动滞后于活塞运动。往复泵大多是自动阀，靠阀上下的压差开启，靠自重和弹簧力关闭。泵阀运动落后于活塞运动的原因是阀盘升起后在阀盘下面充满液体，要使阀关闭，必须将阀盘下面的液体排出或倒回缸内，排出这部分液体需要一定的时间。因此，阀的关闭要落后于活塞到达死点的时间，活塞速度越快，滞后现象越严重，这是阻碍往复泵转速提高的原因之一。

(5)往复泵适用于高压、小流量和高粘度的液体。

3. 往复泵的流量调节

往复泵与管路系统组成统一的装置后，其工况点一般也是确定的，有时为了某些需要，希望人为地调节泵的流量来改变工况。由于泵的流量与泵的缸数、活塞面积、冲次以及冲程成正比关系，改变其中任何一个参数，都可以改变流量。常用的调节流量的方法如下所述。

1)更换不同直径的缸套

设计往复泵时通常把缸套直径分成若干等级，各级缸套的流量大体上按等比级数分布，即前一级直径较大的缸套的流量与相邻下一级直径较小缸套的流量比近似为常数。根据需要，选用不同直径的缸套就可以得到不同的流量。

2)调节泵的冲次

机械传动的往复泵，当动力机的转数可变时，可以改变动力机的转数调节泵的冲次，使泵的冲次在额定冲次与最小冲次之间变化，以达到调节流量的目的。对于有变速机构的泵机组，可通过调节变速比改变泵的转速。应当注意的是，在调节转速的过程当中，必须使泵压不超过该级缸套的极限压力。

3)减少泵的工作室

在其他调节方法不能满足要求时，现场有时用减少泵工作室的方法来调节往复泵的流量。其方法是：打开阀箱，取出几个排出阀或吸入阀，使有的工作室不参加工作，从而减小流量。该方法的缺点是加剧了流量和压力的波动。实践证明：在这种非正常工作情况下，取下排出阀比取下吸入阀造成的波动小，对双缸双作用泵来讲，取下靠近动力端的排出阀引起的波动较小。

4)旁路调节

在泵的排出管线上并联旁路管路，将多余的液体从泵出口经过旁路管返回吸入罐或吸入管路，改变旁路阀门的开度大小，即可调节往复泵的流量。由于这种方法比较灵活方便，所以应用比较广泛。但这种方法会产生较大的附加能量损失，从能耗的角度看是不经济的，特别是高压泵，旁路调节浪费较大的能量。旁路调节也可作为紧急降压的一种手段。

5)调节泵的冲程

调节泵的冲程就是在其他条件不变的情况下，改变往复泵活塞的移动距离，使活塞每一转的行程容积发生变化，从而达到流量调节的目的。

4. 往复泵的结构

下面介绍 3PC－250B 型三缸单作用柱塞泵。其结构如图 1－8 所示。

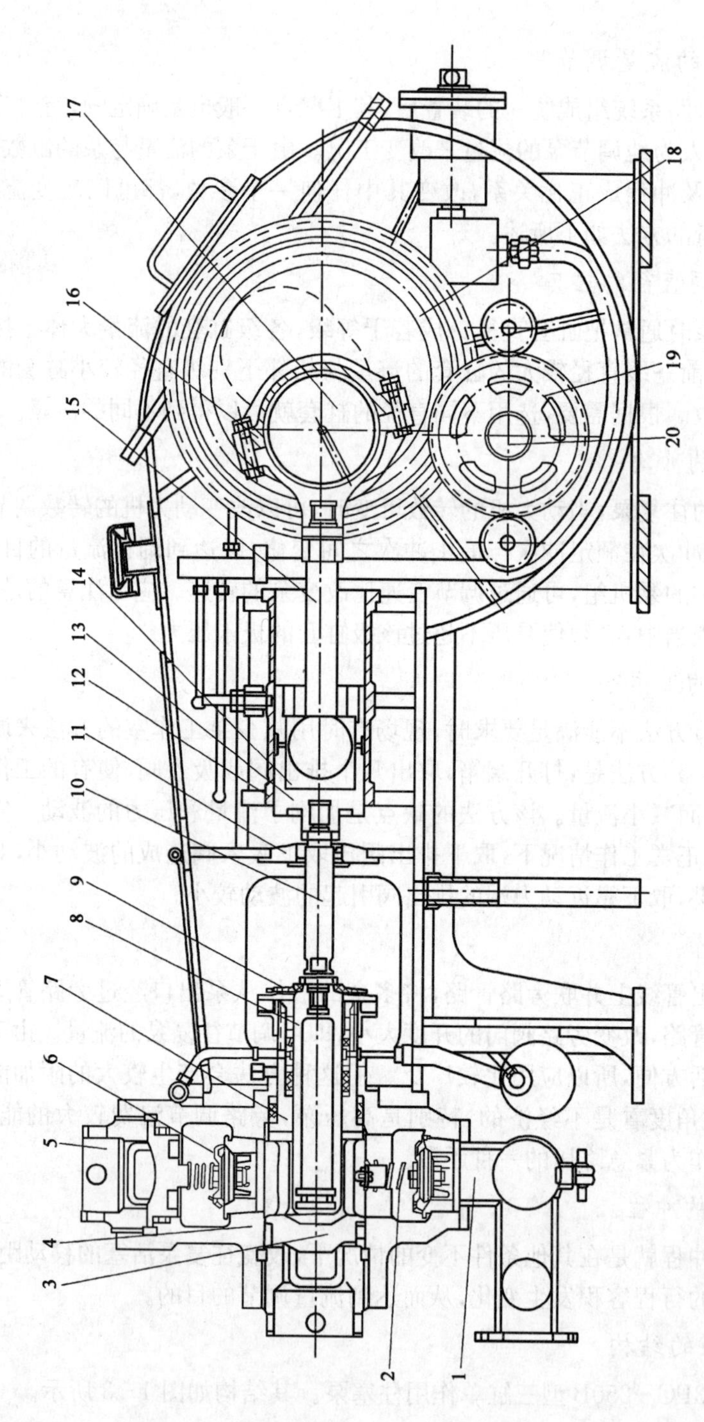

图1-8 3PC-250B型柱塞泵结构示意图

1—吸入管；2—吸入阀；3—压套；4—泵头体；5—排出管；6—排出阀；7—缸套；8—柱塞；9—柱塞油封盒；10—拉杆；11—拉杆油封盒；12—滑套；13—衬套；14—连杆球座；15—连杆；16—连杆大端；17—曲轴；18—曲轴箱；19—齿轮；20—传动轴

1)动力端

动力端主要由传动轴、曲轴、连杆和十字头等组成。它是将传动轴的旋转运动改变为柱塞的往复运动的机构,传动轴、曲轴和滑套分别装于壳体的相应支撑部位,而十字头衬套通过其内螺纹和液力端的拉杆相连。

传动轴和曲轴均为合金钢锻件,两轴间通过人字齿轮传动,曲轴上均匀地分布着互成120°的三个曲柄轴颈,曲柄轴颈与主轴颈的偏心距为100mm。

连杆材料为优质碳素钢,其大端装有铸造黄铜瓦片,小端装有铜合金的球面组合座,两端均设有润滑油孔。十字头由滑套和衬套组成,衬套为圆筒形状,用储油性能好的合金铸铁制造。衬套外圆柱面上开有螺旋式半圆油槽,可以构成润滑油通道,衬套内孔套装连杆球座后,用压帽压紧,并用螺钉固定,以防松动。

2)液力端

液力端主要由泵头体、阀箱总成、阀座、柱塞、缸套、拉杆及密封组件等组成。

泵头体有整体式和分体式两种,用合金钢锻件,通过双头螺栓与壳体相连接。

吸入阀和排出阀箱总成的材料、结构尺寸完全一致。阀箱总成由阀箱体、阀体、阀座、弹簧、压盖、阀盖和螺母组成。阀体的材料为合金钢、表面渗碳淬火,阀体盘直径为118mm,锥角为30°,阀体上有高强度橡胶皮碗,通过压盖、螺母将其紧压于阀体上。

阀座的材料和阀体相同,它与阀体的配合锥角为30°,与泵头体的配合锥度为1∶6,阀座的通孔直径为80mm。

柱塞和拉杆均为合金钢制造,其表面喷涂耐磨合金粉,使其具有良好的耐磨及抗腐蚀性能。柱塞和拉杆间通过螺纹连接,并用圆螺母压紧以防松动,柱塞规格有90mm、100mm和115mm三种,在其大端有规格标记。

缸套材料为60号钢,经正火以消除内应力,通过压套和压盖固紧于泵头体上。

柱塞和缸套间套装V形自封式密封组件,V形密封圈有夹布橡胶和聚四氟乙烯两种类型,相互组合使用。因前者低压密封可靠,后者具有高压密封可靠、良好的抗酸碱腐蚀及耐磨损的性能。

3)安全管系

系统采用活塞剪销式安全阀,当柱塞泵排出压力超过剪销额定值时,作用于安全阀活塞上的力大于销钉的许用载荷而剪断销钉,使液体排出,泵压下降,对设备起到过载保护作用。

剪销有10MPa、15MPa、20MPa、25MPa、30MPa、35MPa和40MPa七种承

压规格，并在销端做有标记，可根据需要选用。

4)空气包

往复泵在工作时，由于排出管和吸入管产生的周期性振动，泵压的指针不是固定地指向某一数值，而是围绕某一数值左右摆动。产生这种现象主要原因是由于活塞的变速运动，使它的排量和压力产生有规律的波动而引起的。这种波动如不加以控制，将会给循环设备的正常工作和井下作业带来很多不良影响。为了减少波动，常用的方法是在往复泵的排出口或吸入口处安装空气包，其结构如图1-9所示，将泵的排量和压力波动降到最低限度。往复泵正常工作时，在排出过程的前半段，活塞处于加速过程，排出管内液体流速加快，压力也随之升高。当压力大于空气包橡胶囊内的压力时，由于气体的可压缩性，一小部分液体则压缩橡胶囊进入空气包，大部分液体由排出管排出，随着排出过程的不断进行，空气包储存的液体也越来越多。在排出过程的后半段，活塞处于减速运动，液体的流速和压力也随之降低，当泵缸压力低于橡胶囊压力时，空气包内气体膨胀，由橡胶囊排出储存的液体，补充液缸液体的不足，使排出管内液体仍以比较均匀的流速流动，如图1-10所示。随着排出过程的不断往复进行，空气包不断交替地储存和排出液体，自动调节排出管中的液流速度，从而达到稳定往复泵排量和压力波动的目的。

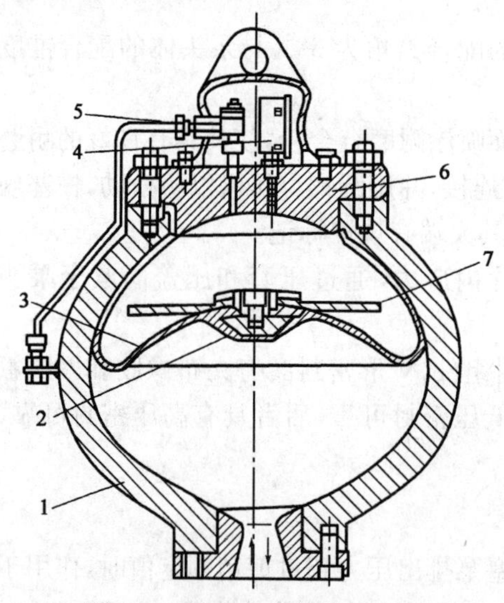

图1-9　空气包的结构示意图

1—外壳；2—阀；3—橡胶囊；4—压力表；5—充气阀；6—顶盖；7—稳定片

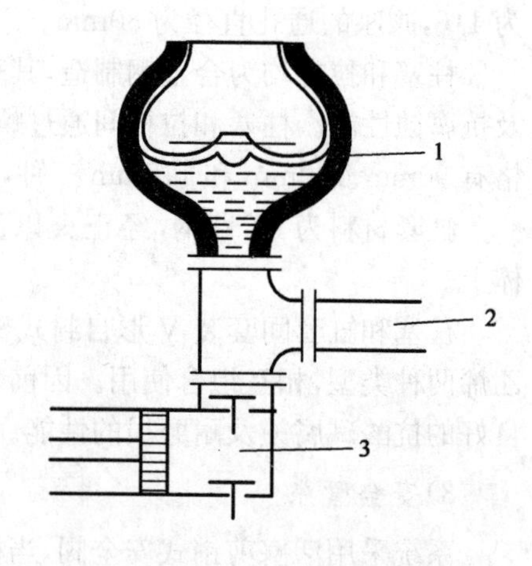

图1-10　空气包工作原理示意图

1—橡胶囊；2—排出管；3—泵缸

5. 常用泥浆泵的维护保养

1)每天的维护保养

停泵后应检查动力端的油位，还应检查喷淋润滑情况及油箱的油位，检查喷淋孔是否畅通；观察缸套与活塞的工作情况，有少量钻井液随活塞拖带出来(单作用)是正常现象，继续运行直到发生刺漏时，需及时更换活塞，并详细检查缸套磨损情况，必要时予以更换；检查喷淋水箱的水量和污染情况，必要时予以补充和更换；检查喷淋盒嘴是否畅通；检查排出空气的充气压力是否符合操作条件的要求；检查吸入缓冲器的充气情况；每天把活塞杆、介杆卡箍松开，把活塞转动¼圈左右，然后再上紧卡箍，以利于活塞面均匀磨损，延长活塞和缸套的使用寿命；泵在运转时要经常检查泵压是否正常，密封部位有无漏失现象，泵内有无异常响声，轴承温度是否正常。

2)每周的维护保养

每周检查高压排出四通内的滤清器是否堵塞，并加以清洗；检查阀盖、缸盖密封圈的使用情况，清除污泥，清洗干净后涂钙基润滑脂；清洗阀盖、缸盖螺纹，涂上二硫化钼钙基润滑脂，检查阀杆导向套的内孔磨损情况，必要时予以更换；检查阀、阀压板、阀座的磨损情况，必要时予以更换；若主动轴传动装置是具有锥形轴套的大皮带轮时，需检查拧紧螺钉。

3)每月的维护保养

检查液力端所有双头螺栓和螺帽，并予以紧固；检查介杆密封填料盒内的油封，必要时予以更换；检查动力端润滑油的污染情况，每六个月换油一次，并彻底清理油槽；检查介杆和十字头螺栓是否松动，松动时予以紧固；检查人字齿轮的啮合情况和磨损情况；检查安全阀是否灵活可靠。

二、水龙带

水龙带是井下作业中进行循环施工的重要配件，其一端与水龙头的鹅颈管或活动弯头相连，另一端与立管或地面管线相连。循环液由泥浆泵或水泥车泵出，经地面管线或立管、水龙带，到水龙头或活动弯头进井下管柱，最后由油套环形空间返回地面，实现循环钻进、冲砂和洗井等工作。

水龙带既能承受一定的压力，又能弯曲和通过液体，因此在钻具上下活动的循环作业中使用较多。

1. 水龙带的结构

水龙带是由一层内橡胶，多层帘线布，多层中间橡胶，两层钢丝网和一层外橡胶制成的中空软管。井下作业使用的水龙带，外面包有一层细麻绳，目的是在使用时容易抱拿，不滑手。水龙带的两头，装有短节，短节的一头带有倒齿，便于插入水龙带，并有两道铁卡箍通过螺栓上紧，以防脱出；另一头上有螺纹，可与活动接头相连。

2. 水龙带的使用

(1)新水龙带使用前要按照规定进行试压，工作时不得超过试泵压力。

(2)拉运和放置水龙带时，上面不得放重物，以防挤压变形。

(3)水龙带不能作挤酸或代替硬管线使用。

(4)水龙带用完后，要将管中的液体排尽，尤其是冬天，以防冻裂。

(5)水龙带使用时，要防止有急弯缠绕阻碍物。

(6)水龙带和活动弯头或水龙头连接时，两端要拴保险钢丝绳，以防将接头憋出掉下伤人。

(7)水龙带外面要用细麻绳包缠。

第四节 旋转设备

旋转设备是指在井下作业中用于完成对钻杆及井下工具的旋转钻进而使用的专用设备，主要包括转盘、水龙头、螺杆钻具等。

一、转盘

转盘是旋转钻进的主要设备，它安装在钻台的中间或井口的上面，将发动机提供的水平旋转运动变为转台的垂直旋转运动。

1. 转盘的用途

(1)传递扭矩和转速，带动井下钻具完成旋转钻进工作。

(2)在起下钻作业中，承载井中全部钻具的重量。

(3)协助处理井下事故，如倒扣、造扣、套铣、磨铣等工作。

2. 转盘的结构

转盘是一个伞形齿轮减速器，它将发动机的水平旋转通过传动机构及减速机构变为转台的垂直旋转运动。

各种转盘的结构原理基本相同，但其外形大小及工作负荷有所区别。转盘主要由底座箱体、转台和传动轴、齿轮等组成。PZ135 转盘主要由底座(箱体)、转台、传动轴等组成,结构如图 1-11 所示。

1)底座

底座为一箱体形状,有的是铸钢件,有的为焊接件,内腔为油池。底座上部有两个凸台和一个凹槽,它与转台的凹凸部分相配合,构成了底座与转台之间的障碍密封,既可防止油池内的润滑油外流,又阻止了外部的其他脏物和液体进入油池。底座中部的环形台阶上,装有滚柱式负荷轴承,负荷轴承支承着转台,起着承载和承转的作用。起下钻时,负荷轴承承受井下所有钻具的重量,旋转时,承受主要由方钻杆造成的径向和轴向负荷。底座下部有放油孔,可供换润滑油用。

2)转台

转台为一中空铸铁钢件,中心孔可安放大方瓦、方补心、卡瓦等,其通孔直径为 ϕ260mm,可通过任何下井工具。

转台上部外缘有凹凸挡圈,与底座的凹凸挡圈相配合,起到密封油池的作用。转台中上部用螺钉装有大锥齿圈,与转台成为一体,传递转速和扭矩。转台中部装有一推力向心球面滚子轴承,用以承受转盘的轴向负荷,转台下部外缘螺纹上装有球形防跳轴承,主要承受反向冲击载荷,起径向扶正和轴向防跳作用,防跳轴承的固定和调节由螺母实现,螺母由压紧环放松,压紧环通过螺钉固定在转台上。

3)传动轴

传动轴又称转盘的快速轴或水平轴,用一个单列向心短圆柱滚子轴承和一副双列向心球面滚珠轴承支撑,通过轴承套由螺钉固定在底座上。轴承套可进行传动轴的整体式装配,维修检查方便,减少了拆装麻烦。

传动轴外端有键槽,用以和链轮轮毂配合,里端也加工有键槽,用以安装和固定小锥形齿轮。里端的轴承,装在传动轴的台阶上,由压盖固定,依靠底座油池,采用油浴润滑。外端轴承由端盖固定在轴和轴套上,端盖压有油封,防止润滑轴承的润滑油漏出。

转盘上还装有锁紧装置,旋转作业之前,应打开,不旋转时,可关闭锁紧。

3. 转盘的合理使用和保养

(1)各种型号的转盘,应与相同的修井钻台配套使用,除 C-1500 和红旗-100 型外,不得单独连接于井口装置上。

(2)转盘定位后,转盘中心应与井口中心重合,允许误差不得超过规定标准。

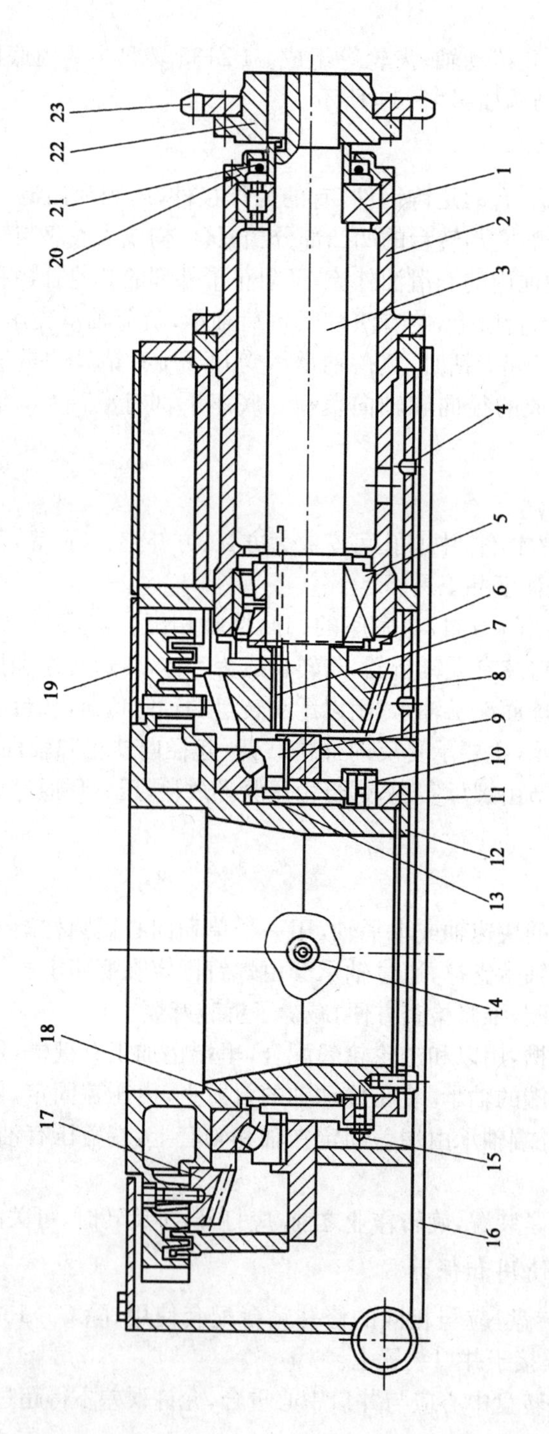

图1-11 PZ135转盘结构图

1、5、9、10—轴承；2—轴套；3—主轴；4—管塞；6—压盖；7—键；8—小锥齿轮；11—螺母；12—压紧环；13—铜套；14、15—油杯；16—底座；17—齿圈；18—转台；19—盖；20—端盖；21—油封；22—链轮轮毂；23—链轮

(3)转盘安装应采用水平尺找平,转盘底面与水平面的误差不得超过规定标准。

(4)各种型号转盘的润滑油、润滑脂,应符合使用说明中的要求,使用前要检查其润滑情况。

(5)使用转盘前,要检查各螺纹连接件并拧紧,调整对正链条的松紧及对中程度。

(6)旋转作业前,应打开锁紧装置,先低速运转5～10min,如正常,即可开始工作。

(7)旋转作业中,如发现有阻卡、不正常声响或箱体严重晃动等现象,应停车进行检查,排除故障后方可继续使用。

二、水龙头

水龙头是井下作业旋转循环的主要设备,它既是提升系统和钻具之间的连接部分,又是循环系统与旋转系统的连接部分。其上部通过提环挂在游车大钩上,旁边通过鹅颈管与水龙带相连,下部接方钻杆及井下钻具,整体可随游车上下运行。

1. 水龙头的作用

(1)悬挂钻具,承受井下钻具的全部重量。

(2)保证下部钻具的自由转动,而方钻杆上部接头不倒扣。

(3)与水龙头相连,向转动着的钻杆内泵送高压液体,实现循环钻进。

由此可见,水龙头能实现提升、旋转、循环三大作用,是旋转的重要部件。

2. 水龙头的结构

现场使用的水龙头型号较多,但结构上大体一致,主要由固定、旋转和密封三大部分组成。这里以SL-70型水龙头为例介绍其结构。

1)固定部分

SL-70型水龙头结构如图1-12所示。固定部分主要由提环、壳体、上盖、鹅颈管等组成。

壳体是一个内部为油池的空心铸钢件,一般用合金钢制造。壳体两侧的槽孔用销轴与提环活动连接,销轴的径向和轴向上有孔眼,上装有黄油嘴,用以润滑销轴与提环的接触面,方便转动。由于两侧的槽孔为通孔,因此在销轴上装有密封圈,封闭油池。在壳体外有螺孔,供加注和放卸润滑油,由螺塞上紧。

在壳体的上部装有上盖,上盖又称支架,用螺钉固定在壳体的上面,支架与

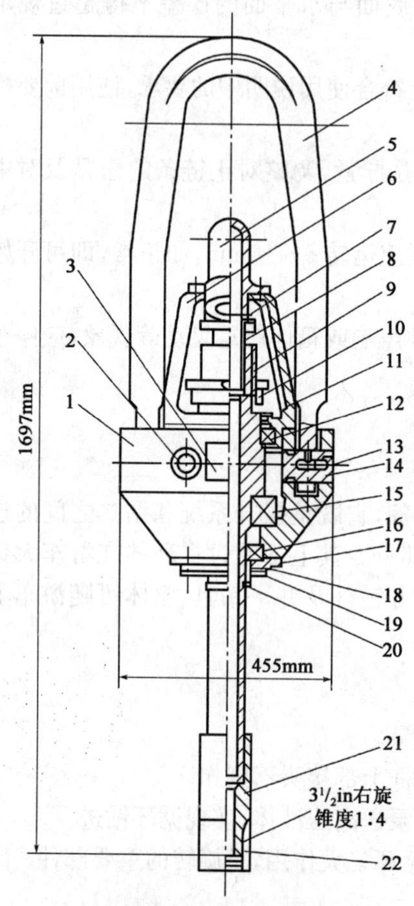

图1-12　SL-70型水龙头结构示意图

1—壳体；2—螺塞；3—铭牌；4—提环；5—鹅颈管；6—上盖；7—上压帽；8—冲管；9—密封填料组件；10—下压帽；11—上机油密封填料；12—轴承；13—黄油嘴；14—提环销；15—主轴承；16—轴承；17—下机油密封填料；18—T形密封圈；19—压盖；20—弹性挡圈；21—接头；22—护丝套

中心管之间装有上扶正轴承，扶正轴承上面有密封圈，用以密封中心管与油池。支架上部用螺钉固定着鹅颈管，鹅颈管的一端装有粗扣活接头，用以与水龙带相接，另一端套在冲管外，通过上压帽固定密封。冲管的下端与中心管对接，连接处有密封填料，通过下压帽由螺纹固定在中心管上，使其密封可靠。

外壳下部用螺钉固定底盖，底盖主要用以衬托下扶正轴承、密封中心管及外壳油池。

2)旋转部分

旋转部分的主要部件是中心管和轴承。中心管的上部直径大，有连接下压帽的螺纹和台阶，上台阶用以固定上扶正轴承，下台阶用以固定负荷轴承。井下钻具的负荷则通过中心管由负荷轴承座在水龙头的外壳上，在负荷轴承下面装有下扶正轴承，两轴承通过油池内的机油润滑。上、下扶正轴承用以承受中心管转动时产生的径向摆动力，使中心管扶正居中。中心管转动时，下压帽和密封填料组件随中心管一起旋转。

3)密封部分

冲管密封填料，是水龙头中最重要而又薄弱的环节，是旋转与固定部分的密封装置，承受高压。它采用V形密封圈，装在密封填料盒内，然后由下压帽将其装在中心管上，通过压帽来调节它的密封程度，密封填料采用润滑脂润滑。

上机油密封填料，其作用是防止泥浆等脏物进入壳体内部，阻止油池内机油外溢，承受低压。

下机油密封填料，主要是防止油池机油泄漏，承受低压。

另外，为了保护中心管下部螺纹，方便与方钻杆的连接，在中心管下部用细反扣连接保护接头，保护接头的另一端为粗反扣。

3. 水龙头的合理使用与保养

(1)新水龙头在使用前必须测试压力。新水龙头、长时间停用的水龙头启动时，应先慢速运转，待转动灵活后，再提供转速。

(2)水龙头的保护接头在搬放和运输时，应带上护丝或用其他软物包缠，以防碰坏螺纹。

(3)使用前检查润滑油液位高度满足要求，冲管密封填料盒、密封填料座、提环销、气动旋转头各油杯加注润滑脂。使用前检查上、下密封填料盒压盖，冲管密封填料盒是否调整适当。用 914mm 链钳，一人能够自如转动中心管，即适当。

(4)低速启动水龙头后，应注意钻井液通过水龙头水眼的情况，特别是在冬季启动，应采取措施防止冻结，确保水眼畅通。

(5)工作中，应随时检查冲管上、下密封填料是否刺漏，上、下密封填料座是否渗漏润滑油；随时检查鹅颈管连接法兰是否牢固，鹅颈管与水龙带连接活接头是否刺漏；随时检查水龙头的防扭保险绳、鹅颈管与水龙带之间的保险绳必须保持完好。

(6)检测水龙头壳体温度，正常工作温度不超过 75℃。

(7)水龙头与方钻杆对接时，必须涂抹螺纹油。

(8)旋扣器主要用于钻、修井钻井过程中接单根上卸扣作业。

(9)在紧急情况下，不允许转盘驱动钻柱时，可使用旋扣器短时间驱动钻柱旋转。

(10)可使用旋扣器做打鼠洞工作。

第二章 油水井维修

油水井在采油、注水的过程中，因地层出砂、出盐，造成地层掩埋、泵砂卡、盐卡，或因管柱结蜡、泵阀腐蚀、封隔器失效、油管、抽油杆断脱等种种原因，使油水井不能正常生产。油水井维修的目的，是通过作业施工，使油水井恢复正常生产。

油水井维修包括水井试注、换封、测吸水剖面，油井检泵、清砂、防砂、套管刮蜡、堵水及简单的井下事故处理等修井作业。

第一节 压井与降压

修井施工是在井口敞开的情况下进行起下管柱和处理故障。在作业过程中，当井口敞开后一旦液柱压力低于地层压力，势必造成井内流体无控制地喷出，既有害于地层，又不利于施工。解决这个问题有两种方法：一是不压井，不放喷井口控制装置（如兴工处的油水井带压作业）；另一种方法是采用设备从地面往井里打入密度适当的流体，使井筒里的液柱在井底造成的回压与地层压力相平衡，恢复和重建压力平衡的作业，这一过程称为压井。在高压油气井上通常采用压井的方式降压，而在井口压力较高的注水井上则采用喷水降压方式。

压井是修井施工中最基本、最常见的作业，往往是其他作业的前提。压井作业的成败，影响到该井施工质量和效果。压井的关键是正确地确定地层压力，有足够的性能符合要求的压井液，有一套合理的施工方法和有效的施工设备。

压井的目的是暂时使井内流体在修井施工过程中不溢出，实现安全作业。压井要保护油气层，应遵守“压而不喷，压而不漏，压而不死”原则。应采取的四项产层保护措施是：

(1)选用优质压井液。

(2)低产低压井可采取不压井作业，严禁挤压井作业（特殊情况除外）。

(3)地面盛液池、罐干净无杂物,作业泵车及管线要进行清洗。

(4)加快施工速度,缩短作业周期,完工后要及时投产。

一、压井

1. 压井的概念和目的

所谓压井,就是向井内注入密度适当的液体(即压井液),使井筒内的液体压力与地层压力相对平衡(即井口压力为零)的工艺过程。

压井的目的就是把井暂时压住,使其井口压力暂时降为零,以便于使井内的油、气在施工过程中不能喷出,保证施工作业的顺利进行。

2. 压井的原理和计算

压井的原理就是利用井筒内液柱压力来平衡地层压力,使地层中的油、气、水能暂时停止流动。实际工作中就是根据油层静止压力的大小选择不同密度的压井液,使井筒里的液柱压力与地层压力相平衡,从而达到压井的目的。

(1)压井液密度选择法。由压井的原理可知,井内的压井液柱在井底油层部位形成的井底压力至少应与油层静压(或地层压力)相平衡。因此,未压井时,在关井达到静止的情况下,其油层静压等于液柱压力与井口压力之和,即

$$p_{油层} = p_{液柱} + p_{井口} \tag{2-1}$$

为了使油井敞开井口作业时不发生井喷,须使 $p_{井口}=0$。而要使井口压力降为零,则必须提高井筒内液体的密度,以增加井筒内的液柱的压力,即

$$p_{油层} = p_{液柱} = \rho_{液} H \tag{2-2}$$

遵照压井原则,考虑到压井作业的效率,压井时井筒压井液液柱压力大于地层压力 1~1.5MPa。计算公式为

$$\rho_{液} = 102(p_{油层} + p_{附})/H \tag{2-3}$$

上述式中 $\rho_{液}$——所求压井液密度,g/cm^3;

$p_{油层}$——静压或目前地层压力,MPa;

$p_{液柱}$——井内液柱压力,MPa;

$p_{井口}$——井口的压力,MPa;

$p_{附}$——附加压力,MPa,取值范围 1~1.5MPa;

H——油层中部深度,m。

(2)地层压力倍数选择法,选用公式如下,即

$$\rho_{液} = 100Kp_{油层}/H \tag{2-4}$$

式中 $\rho_{液}$——所求压井液密度,g/cm^3;

K——附加系数，1.10～1.15；

H——油层中部深度，m。

(3)压井液相对密度为

$$p_{液} = 100[p_{油层} + p_{附} - G(H-h)]/h \qquad (2-5)$$

式中 h——实际压井深度，m；

G——压力梯度，MPa/m。

从保护油层来看，现场多采用密度法确定压井液密度。在使用附加压力和附加系数时应考虑如下因素：

①静压或原始地层压力值来源的可靠性及其偏差；

②油气层能量的大小，产能大则取高值，产能小则取低值；

③从生产状况看，气油比高的井则取高值，反之取低值；注水开发见效的井取高值，反之取低值；

④修井施工内容、难易程度与时间长短：作业难度大、时间长的井取高值，反之取低值；

⑤大套管取高值，小套管取低值；

⑥井深：井深取低值，井浅取高值；

⑦相对密度在 1.5 以下时，附加压力不超过 0.5MPa；相对密度在 1.5 以上时，附加压力不超过 1.5MPa。

3. 压井液的选择

压井液对油层的影响程度以及压井效果的好坏，取决于压井液的液柱压力与油层静压的对比关系和压井液本身的性质。因此，正确地选择压井液的密度及其性质是保证压井质量的重要环节。

选择压井液时，要遵循所选取的压井液在井筒内所具有的液柱压力对油层压而不喷，压而不漏，压而不死的原则，即能保证修井施工顺利进行，又不损害油层。为此，在具体选择压井液时应注意以下事项：

(1)根据油层静压和压井液密度的计算，选择密度适当的压井液。

(2)对于遇水发生膨胀的粘土类油层不宜用清水压井。

(3)所选压井液应少含或不含固体杂质(固相)，以免造成油层和射孔孔段的堵塞，从而伤害油层。尤其是对油层射孔时，要注意压井液的选择。

(4)在选择压井液时应充分考虑到粘土的膨胀、分散、运移、油层润湿性的变化，乳化液形成的可能性以及压井液与油层所发生的化学反应的产物对油层的伤害等问题。

为了达到压井目的，若所选择的压井液存在这些问题，应在压井液中加入适量的活性剂和适量的抑制剂等化学药剂，以便将压井液对油层的伤害降至最低程度。

修井时常用的压井液主要有油类、水类、泥浆类及低固相和无固相压井液，目前已逐步由泥浆类向低固相和无固相压井液发展。所谓低固相和无固相压井液就是一种含固体杂质极低的优质压井液。

总之，压井时应根据该井的具体情况和本油田开发的要求，通过压井液密度计算，同时考虑到把压井液对油层的伤害减小到最低程度来选定合适的压井液。所需准备的压井液用量按下面的计算方法求得。

(1)加大压井液密度所需加重剂的计算，即

$$G=\rho_1 V(\rho_2-\rho_3)/(\rho_1-\rho_2) \tag{2-6}$$

式中 G——加重剂所需用量，kg；

V——加重前压井液体积，m^3；

ρ_1——加重剂密度，kg/m^3；

ρ_2——加重后压井液密度，kg/m^3；

ρ_3——加重前压井液密度，kg/m^3。

(2)降低压井液密度所需水量的计算，即

$$Q=V(\rho_1-\rho_2)\rho/(\rho_2-\rho) \tag{2-7}$$

式中 Q——降低压井液密度时需要加入的水量，m^3；

V——原压井液体积，m^3；

ρ_1——原压井液密度，kg/m^3；

ρ_2——稀释后压井液密度，kg/m^3；

ρ——水的密度，kg/m^3。

(3)压井液循环一周时间，即

$$T=H(V_1-V_2)/Q \tag{2-8}$$

式中 T——循环一周的时间，min；

H——井深(管柱长度)，m；

V_1——井筒内容积，L/m；

V_2——管柱本体体积，L/m；

Q——泵排量，L/min。

(4)压井液环空上返速度，即

$$V=12.7Q/(D^2-d^2) \tag{2-9}$$

式中 V——压井液环空上返速度，m/s；

Q——泵排量，L/s；

D——井筒内径,cm;

d——管柱外径,cm。

(5)井筒容积理论计算,即

$$V = \pi D^2 H/4 \qquad (2-10)$$

式中 V——井筒容积,m^3;

D——井筒内径,m;

H——井深,m。

压井液准备量一般为井筒容积的1.5～2倍,浅井和小井眼为3～4倍。

4. 压井方法

压井方法选择的正确与否是压井成败的一个重要因素。需确定以下因素:

(1)井内管柱的深度和规范。

(2)管柱内阻塞或循环孔道。

(3)实施压井工艺的井眼及地层特征,作为压井方法选择的依据。

如果压井方法选择不当,就有可能使压井液性能改变或使液柱对井底的压力升高而造成井筒漏失,并污染油层,这样不仅压井不成,反而对油层有害,目前现场常用的压井方法有灌注法、循环法和挤注法三种。

1)灌注法

灌注法是指向井筒内灌注一段压井液之后,就可以把井压住的方法。

此方法多用在作业井压力不大、施工较简单、作业周期短的井。利用这种方法压井的特点是压井液与油层不直接接触,可基本上消除油层受侵害的可能性,同时修井后很快就能使油井投入生产。可以根据压力大小选择全灌满或半灌满的压井方式。

2)循环法

循环法是最广泛采用的压井方法,它利用井内油管与环形空间建立的循环通道进行压井。将密度合适的压井液用泵泵入井内并进行循环,密度较小的原压井液(或油气水)被压井用的压井液替出井筒达到压井目的。虽然有时把井压住了,在井口敞开的情况下,井下也易产生新的复杂情况,这是因为液柱压力尚未完全建立,而压井液被高压气体及液体浸入、破坏,很难建立起井眼——地层系统的压力平衡。解决的方法是在井口造成一定的回压,利用回压和压井液来平衡地层压力,抑制地层流体流向井内。循环法压井又分为反循环压井和正循环压井两种。循环法压井的关键是确定压井液的密度和控制适当的回压。

正循环压井是把井口的进出口闸门打开,将配好的压井液用泵车从油管泵入井内，从套管返出，循环至出口与进口的压井液密度和排量一致时说明井已压住。

正循环压井法应具备以下两个条件：

(1)能安全关井。

(2)在不超过套管与井口设备许用压力条件下能循环液流。

常用的司钻法与工程师法都属于正循环法，司钻法压井分两个循环周(两步)进行，第一步，用原密度的压井液循环，排除进入井内受到污染的流体；第二步，用压井所需密度压井液置换原压井液达到压井目的。工程师法压井是在一个循环周内完成的，施工时间短。

反循环压井是指将压井液从油管和套管的环形空间泵入，从油管中再返至地面，使压井液充满整个井筒，从而将井压住的方法。

反循环压井多用在压力高、产量大的油井中，因为反循环压井时压井液流向是从截面积大、流速低的油套管环形空间流向截面积小、流速高的油管。根据水力学，在排量一定的条件下，当压井液从油套管环形空间泵入时，压井液的下行流速低，则沿程摩阻损失小、压力也小，因而对井底产生的回压来说相对大。可见，反循环压井从一开始就产生较大的井底回压，所以对于压力高、产量大的油井采用反循环压井法，不仅压井容易得到成功，而且压井后即使油层有轻微污染，也可借助投产时油井本身高压力、大产量的油流来解除。但是，如果对低压井采用反循环压井法，因为会产生较大的井底回压，易造成较大的油层污染，甚至出现压漏地层的现象。

而正循环压井则适用于低压和气量较大的油井，因为正循环压井时液流流向正好与反循环压井相反。在排量一定的条件下，当压井液从油管泵入时，压井液的下行流速高，则沿程摩阻损失大、压降也大，因而对井底产生的回压相对来说就小。所以对于低压采用正循环压井法不仅能达到压井的目的，还能避免压漏地层。另外，借助井内气量较大可在压井前将井内气体放空，造成暂时停喷以提高其压井效果。

3)挤注法

井口只留有压井液的进口，其余管路闸门全部关死，在地面用高压将压井液挤入井内，把井筒中的油、气、水挤回地层，使井内充满压井液以达到压井的目的。挤注法的缺点是压井时可能将井内的脏物(砂、泥等)挤入油层，造成油层孔道堵塞，对油层不利。但它可以及时解决用循环法、灌注法压不住的油井，为防止出现井喷事故而采用此方法。

5. 压井质量验收标准和应取资料

(1)质量验收标准。选取压井液的密度和性能应符合设计要求,压井时不喷不漏,压井后不损害油层、套管和水泥环。

(2)应取资料。压井液名称、密度、用量,压井液的进口与出口的排量、泵压,压井深度,压井时间及有无喷、漏现象等。

6. 压井技术要求及注意事项

1)安全技术要求

(1)在满足井下作业要求的条件下,应简化地面管线,布局要合理紧凑,减少水力损失,有利于安全生产。

(2)所有管线连接好后,应进行地面试压,试压值为工作压力的 1.2～1.5 倍,保证无渗漏。

(3)出口硬管线,内径不小于 62mm,要考虑当地季节风向、居民区、道路、设施等情况,并接出井口 35m 以外,转弯夹角不小于 120°,每隔 10～15m 用水泥墩、螺栓或用地矛固定。

(4)地面管线上不能行驶各种车辆,如果管线处必须过车时,应架空或掩埋。

(5)节流压井管汇额定工作压力与所用防喷器的组合的额定工作压力一致。

(6)不允许将节流压井管汇作为日常灌注管线使用。

2)井被压住的表现

(1)泵压平稳,进口排量等于出口排量,进口密度等于出口密度。

(2)返出液体无气泡,停泵后井口无溢流,进口与出口压力表上的读数近于相等。

3)注意事项

(1)压井前,应用油嘴排除井筒上部存气。

(2)压井前,应检查泵注设备,以免中途停泵,造成压井液气浸。

(3)用修井泥浆压井时,压井前应先替入部分前置液脱气;高气油比井可用清水循环脱气,待出口见水后,再替入修井泥浆。

(4)为保护产层,应避免压井时间过长,减少压井液对产层污染。

(5)当进口液量超过理论井筒容积时,仍不返出或大量漏失,应停止作业,请示有关部门,采取有效措施。

(6)压井时,应用大的泵排量,为防止管线堵塞,应装过滤网。

(7)压井时,不应在高压区穿行,如出现刺漏,应停泵泄压后再处理,开关闸门应侧身操作。

(8)挤压井的压井液挤入到产层以上50m,计量一定要准确。

(9)若重复压井,必须将前次压井液排净,排除量应大于井筒容积的1.2～1.5倍。

(10)现场要准备防喷闸门及所用接头等,以备井喷时抢装井口,再次压井。

7. 造成压井作业失败的主要因素

(1)压井液性能被破坏的主要原因是水浸、气浸、钙浸(水泥浸)、盐水浸即“四浸”。

(2)设备性能不良。泥浆泵或水泥车的排量达不到设计要求,上水不好,使压井液不能连续注入,甚至出现设备故障,延误作业时间,压井液被破坏,导致压井失败。

(3)井下情况不明或不详。对井下结蜡严重、高压水层、气油比、静压及周围连通情况等不清,在压井过程中发生预料不到的问题,导致压井失败。

(4)准备不充分。没有必备的处理剂,无法调配压井液性能;管线上的不紧或有破裂处,检查不严格,压井过程管线渗漏;准备压井液数量不足,迫使压井工作半途而废。

(5)技术措施不当。在压井过程中井口压力控制不当,影响压井的进行。出口控制过大,地层喷吐流体进入井筒,使压井不能成功;如果出口控制过小,使大量的压井液注入产层,侵害产层,以后必须采取解堵措施,这是典型的压井技术措施不当造成的后果。

二、喷水降压

如果在注水井上修井施工时采用压井的方法来降低井口压力,必将污染注水层,影响修复后的注水效果。因此,需用喷水降压或关井降压的方法来代替压井,这样既可满足修井作业降低井口压力的需要,也可满足不侵害注水层的要求。

所谓喷水降压,就是指在修注水井之前,在井口装嘴子控制油管(或套管)的喷水量,让井筒内以至地层内的液体按一定的排量喷出地面,直到井口压力降至为零的过程。所谓关井降压,是指修井前一段时间注水井关井停注,使井内压力逐渐扩散而达到降压目的的方法。

1. 喷水降压作用

(1)降压作用。因为注水井的井底压力很高,井筒内充满高压液体,当打开井口进行井下作业时，井内的高压液体必然以较大的速度和排量源源喷出。为了保证井下安全，使井下作业顺利进行，一般在放喷出口安装喷嘴，以控制喷率(单位时间的喷水量)。随着放喷时间的增长，喷出量的增多，井筒内的压力不断下降，喷势及喷出量也必然降低。注水井喷水降压就是应用这个道理，使井口压力降至为零，井口处的喷率趋近于零。当敞开井口作业时，也不至于发生井喷，从而达到了降压之目的。

(2)洗井解堵作用。注水井在投注相当长的一段时间后，由于注入水的质量没有严格保证，井底附近地带的地层孔隙常被注入水携带的杂质、污物所堵塞，致使地层渗透率减小，注水量降低。为此，对注水井采用放喷措施，可以使地层内高压液体冲刷和携带出岩层孔隙中的堵塞物，解除堵塞，恢复地层渗透率。同时，由于高压液体通过井筒喷出地面，还有洗井的作用。

2. 喷水降压工艺

1)喷水降压的方式

根据液流方式的不同，注水井喷水降压的方式有油管放喷和套管放喷(即油管、套管环形空间放喷)两种。现场常用油管放喷的方式，套管放喷只是在油管堵塞等特殊情况下才应用。

2)喷水降压的技术措施

因油田情况和井况不同，其喷水降压的技术措施也不同。

(1)初喷率的确定。初喷率是指开始放喷时单位时间内的喷水量，其单位是L/min或m^3/h。初喷率选择的正确与否，不仅影响到喷水降压的成败，还会影响到井况及注水层。一般初喷率控制在$3m^3/h$，含砂量在0.3%以下。

(2)喷率提高幅度及极限喷率的确定。在初喷率的条件下，喷出总水量一般大于喷水管(油管或油套管环形空间)容积的2～3倍后，若含砂量仍不上升，即可以逐渐提高喷率，但每次喷率的提高幅度不得超过$1m^3/h$。如果喷率提高到某一喷率后，发现含砂量突然开始上升，即说明此时的喷率已达到极限喷率(也称为临界喷率)。

在极限喷率下继续喷水1h后，若含砂量不降，应立即控制到极限喷率以下喷水。

3. 喷水降压质量验收标准和应取资料

1)质量验收标准

放喷时各项喷水指标应符合设计要求，严禁无控制放喷，以免损害油层、套管及水泥环，或者卡住井下钻具等。

2）应取资料

每隔半小时记录一次油管和套管的压力，喷水量、含砂量及含泥量、水色以及水味等资料，喷水结束时应算出总喷量和出砂量，并记下总时间。

第二节 通井、刮蜡、刮削

一、通井

1. 通井的目的

（1）消除套管内壁上的杂物或毛刺，使套管内畅通无阻。

（2）核实人工井底深度，以确保射孔安全顺利进行。

通井原则：通至人工井底，特殊井则按施工设计通井。

2. 通井规的选择

通井规是检测套管内通径尺寸的专用工具，用它可以检查套管内径是否符合标准。通井规大端长度应大于 1.2m，外径小于套管内径 6～8mm，大于封隔器胶筒外径 2mm，通井过程中遇阻加压不超过 20kN，保证起下测试管柱通畅。

通井规的技术规范见表 2－1。

表 2－1 常用通井规的技术参数

套管规格，mm		114.30	127.00	139.70	146.05	168.28	177.80
通井规规格	外径，mm	92～95	102～107	114～118	116～128	136～148	144～158
	长度，mm	500	500	500	500	500	500
接头连接螺纹	钻杆	NC26	NC26	NC31	NC31	NC31	NC38
	油管	ϕ60TBG	ϕ60TBG	ϕ73TBG	ϕ73TBG	ϕ73TBG	ϕ89TBG

通井规选择的原则：

（1）通井规的直径应小于施工井套管内径 6～8mm。

（2）通井规的长度为 500mm，特殊井可按设计要求而定。

3. 通井程序及技术要求

1）组配管柱

按施工设计管柱图组配管柱，选择的通径规直径要比套管内径小 6～8mm，长度为500～2000mm。也可以先选小直径的通井规通井，通过之后，再选大直径的通井规。

2)下井管柱的结构

管柱结构自上而下为：油管（钻杆）、通井规。

3)下入管柱

缓慢下入管柱，速度控制在10～20m/min，下到距人工井底100m时，下放速度不能超过5～10m/min，当通到人工井底悬重下降10～20kN时，连探三次，误差小于0.5m为人工井底深度。

4)管柱遇阻后的处理措施

如果通井规遇阻起出后，应当下入铅模进一步通井检查，以确定井下套管变形或落物情况。下铅模打印时要控制下管柱的速度，接近遇阻点10m时下放速度不应超过5～10m/min。遇阻后管柱悬重下降15～30kN，特殊情况最大不得超过50kN，加压打印一次后即可起出管柱。

5)分析

起出管柱检查，发现通井规有变形印痕要仔细分析，采取下一步措施。

4. 各类施工井的质量要求

1)普通井通井

(1)通井时，通井规的下放速度应小于0.5m/s。通井规下至距人工井底100m时，要减慢下降速度。

(2)通井规下至人工井底后，上提完成在人工井底2m以上，用1.5倍井筒容积的洗井液反循环洗井，以保持井内清洁。

(3)起出通井规后，要详细检查，发现痕迹需进行描述，分析原因，并上报技术部门，采取相应措施。

2)老井通井

(1)通井规的下放速度应小于0.5m/s，通至射孔井段、变形位置或预定位置以上100m时，要减慢下放速度，缓慢下至预定位置。

(2)其他操作方法与普通井通井相同。

3)水平井、斜井通井

(1)通井规下至45°拐弯处后，下放速度要小于0.3m/s，并采用下一根，提一根，下一根的方法。若上提时遇卡，负荷超过悬重50kN，则停止作业，待定下步措施。

(2)通至井底时,加压不得超过 30kN,并上提完成在井底 2m 以上,充分反循环洗井。

(3)提出通井规,纯起管速度为 10m/min,最大负荷不得超过油管安全负荷,否则停止作业,研究好措施后再施工。

(4)起出通井规后,详细检查,并进行描述。

4)裸眼井通井

(1)通井规的下放速度应小于 0.5m/s,通井规距套管鞋以上 100m 左右时,要减速下放。

(2)通井至套管鞋以上 10～15m。

(3)起出通井规后,详细检查,发现痕迹进行描述和分析,并上报技术部门,采取相应措施。

(4)用光油管(或钻杆)通井至井底。

(5)上提 2m 以上后彻底循环洗井。

(6)起出光油管(或钻杆)。

5)筛管完成井与裸眼井

筛管完成井与裸眼井要求相同。

通井应记录:时间、通井规规格、起下前后通井规痕迹、遇阻及探井底加压大小、重复探井底次数及通井深度。

二、刮蜡(套管刮蜡)

下入带有套管刮蜡器的管柱,在套管结蜡井段上下活动刮削管壁的结蜡,再循环打入热水将刮下的死蜡带到地面,这一过程称为刮蜡(套管刮蜡)。

套管刮蜡的主要工具是螺旋式刮蜡器。将螺旋式刮蜡器接在油管下部,利用油管的上下活动将套管壁上的蜡刮掉,同时利用液体循环把刮下来的蜡带到地面。因此,套管刮蜡往往和热洗、冲砂等措施联合进行,以提高工效。

螺旋式刮蜡器在井下液体的冲击与套管蜡的作用下,会产生一个旋转力矩,这个力矩有时会使油管倒扣,甚至落井。因此,下井油管扣要上紧,也可在选择和制造螺旋式刮蜡器时,将刮削器做成活动的。例如,在 ϕ76mm 管子外面焊上螺旋式刮蜡片,并将 ϕ76mm 管子套在 ϕ62mm 油管短节上,这样,刮套器在井下旋转时不会使油管倒扣,而刮蜡器的升降范围由油管接箍限制。

如套管蜡堵较实,可先下直径较小的刮蜡器,刮蜡器的最大直径一般应小于套管内径 6～10mm。

1. 刮蜡前的准备

(1)准备井史资料,查清结蜡井段。

(2)根据套管内径,准备相应的套管刮蜡器,其直径要比套管内径小 6～8mm。如果下不去,可适当缩小刮蜡器的外径(每次小 2mm)。

(3)按施工设计组配管柱,尽量选用大通径的油管。

2. 刮蜡程序及技术要求

(1)下入刮蜡管柱。

(2)遇阻后上提 3～5m,反打入热水循环,循环一周后停泵。再反复活动下入管柱,下入 10m 左右后上提 2～3m,反打入热水循环,循环一周后停泵。如此反复活动下入管柱,每下入 10m 左右打热水循环一次,直至下到设计刮蜡深度或人工井底。

(3)刮蜡至设计深度后,用井筒容积 1.5～2.0 倍的热水或溶蜡剂洗井,彻底清除井壁结蜡。

(4)起出刮蜡管柱。

三、刮削(套管刮削)

套管刮削是下入带有套管刮削器的管柱,刮削套管内壁,清除套管内壁上的水泥、硬蜡、各种垢及射孔金属毛刺等杂物的作业。套管刮削的目的是使套管内壁光滑畅通,为顺利下入其他下井工具清除障碍。

1. 套管刮削工具

套管刮削器装配后,刀片、刀板自由伸出外径比所刮削套管内径大 2～5mm 左右。下井时,刀片向内收拢压缩胶筒或弹簧筒体,最大外径则小于套管内径,可以顺利入井。入井后,在胶筒或弹簧的弹力作用下,刀片、刀板紧贴套管内壁下行,对套管内壁进行切削。每一次往复动作,都对套管内壁切刮一次,这样往复数次,即可达到刮削套管的目的。

常用的套管刮削器有两种:一种是胶筒式套管刮削器;另一种是弹簧式套管刮削器。

1)胶筒式套管刮削器

胶筒式套管刮削器由上接头、壳体、刀片、胶筒、冲管、下接头等组成,如图 2-1所示。

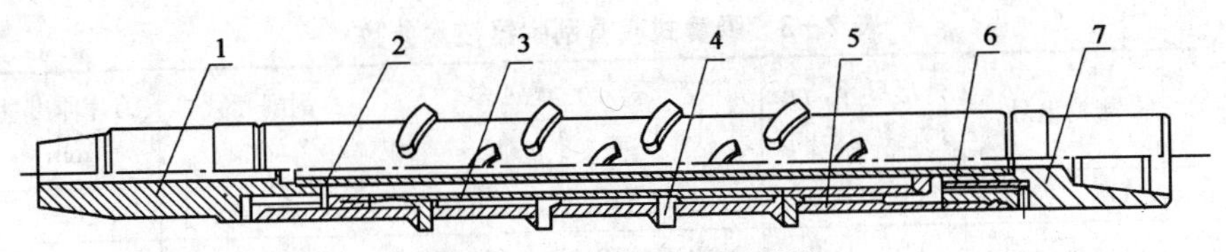

图 2-1 胶筒式套管刮削器

1—上接头；2—冲管；3—胶筒；4—刀片；5—壳体；6—“O”形密封圈；7—下接头

技术规范及参数见表 2-2。

表 2-2 胶筒式套管刮削器技术参数

序号	规格型号	外形尺寸，mm（外径×长度）	接头螺纹		刮削套管 mm	刀片伸出量 mm
			钻杆	油管		
1	GX-G114	112×1119	NC26(2A10)	ϕ60TBG	114.30	13.5
2	GX-G127	119×1340	NC26(2A10)	ϕ60TBG	127.00	12
3	GX-G140	129×1443	NC31(210)	ϕ73TBG	139.70	9
4	GX-G146	133×1443	NC31(210)	ϕ73TBG	146.05	11
5	GX-G168	156×1604	3½REG	ϕ89TBG	168.28	15.5
6	GX-G178	166×1604	3½REG	ϕ89TBG	177.80	20.5

2)弹簧式套管刮削器

弹簧式套管刮削器由主件、刀片、弹簧、挡环、刀片座等组成，如图2-2所示。

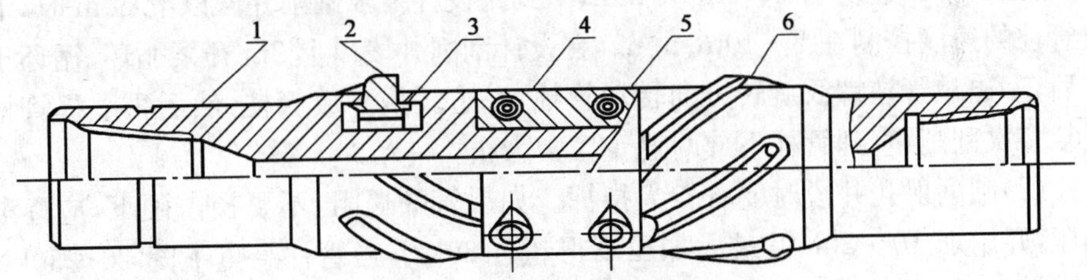

图 2-2 弹簧式套管刮削器

1—主体；2—右旋刀片；3—弹簧；4—挡环；5—螺钉；6—左旋刀片

技术规范及参数见表 2-3。

2. 套管刮削应遵循的原则

(1)不要选择刀片顺同一方向排列的刮蜡器，以防管柱脱落。

(2)不准带大直径工具冲砂。

(3)刮削施工途中若需要转动管柱，应顺管子螺纹方向转动，防止倒松管扣引发落井事故。

表2-3 弹簧式套管刮削器技术参数

序号	规格型号	外形尺寸,mm (外径×长度)	接头螺纹		刮削套管 mm	刀片伸出量 mm
			钻杆	油管		
1	GX-T114	112×1119	NC26(2A10)	ϕ60TBG	114.30	13.5
2	GX-T127	119×1340	NC26(2A10)	ϕ60TBG	127.00	12
3	GX-T140	129×1443	NC31(210)	ϕ73TBG	139.70	9
4	GX-T146	133×1443	NC31(210)	ϕ73TBG	146.05	11
5	GX-T168	156×1604	NC38	ϕ89TBG	168.28	15.5
6	GX-T178	166×1604	NC38	ϕ89TBG	177.80	20.5

(4)起下刮削管柱,井口装好自封封井器,防止井口落物。

(5)记录起出的刮削器磨损情况。

3. 刮削前的准备

(1)准备井史资料,查清历次施工情况。

(2)根据套管内径,准备相应的套管刮削器。

(3)按施工设计组配管柱,管柱的结构自上而下依次为油管(或钻杆)、刮削器。

4. 刮削程序及技术要求

(1)选择适合的套管刮削器,套管刮削器下井前应认真检查。下管柱要平稳,要控制下入速度为20~30m/min,下到距设计要求刮削井段以上50m时,下放管柱的速度控制在5~10m/min。在设计刮削井段以上2m开泵循环,循环正常后,一边顺管柱螺纹旋转方向转动管柱,一边缓慢下放管柱,然后再上提管柱反复多次刮削,直到管柱下放时悬重正常为止。

(2)刮削射孔井段时要有专人指挥。如果管柱遇阻,不要顿击硬下,应逐渐加压,开始加10~20kN,最大加压不得超过30kN,当管柱悬重下降20~30kN时应停止下管柱。开泵循环,然后顺管柱螺纹旋转方向转动管柱缓慢下放,并缓慢上下活动管柱,反复活动管柱到悬重正常再继续下管柱。不得猛提猛放,也不得超负荷上提。

(3)管柱下到设计刮削深度后,打入井筒容积1.2~1.5倍的热水彻底清除井筒杂物。

5. 套管刮削器刮削操作的质量及安全要求

1)质量要求

(1)刮削套管作业必须达到设计要求,井下套管内通径畅通无阻。

(2)刮削完毕充分洗井，将刮削下来的脏物洗出地面。

(3)资料收集齐全、准确，其内容包括：

①刮削器型号、外形尺寸；

②刮削套管深度、遇阻位置、指重表变化值；

③洗井时间、洗井液量、泵压、洗井深度、排量；

④出口返出物描述。

2)安全要求

(1)作业时必须安装经过鉴定、符合要求的指重表及井控装备。

(2)下井工具和管柱均应经地面检验合格。

(3)刮削管柱不得带有其他工具。

(4)严禁用带刮削器的管柱冲砂。

(5)刮削过程中，必须注意悬重变化，悬重下降最大不超过 30kN。

(6)刮削器使用一次后，要及时检修刀片，检查弹簧，保持刮削器处于良好状态。

6. 操作步骤

(1)按套管内径选择合适的套管刮削器。

(2)将套管刮削器连接在管柱底部，条件许可时，刮削器下端可多接尾管增加入井时重量，以便压缩收拢刀片、刀板。

(3)下油管五根后井口装好自封封井器。

(4)下管柱时要平稳操作，下管柱速度控制为 20～30m/min。下到距离设计要求刮削井段前 50m 时，下放速度控制为 5～10m/min。接近刮削井段并开泵循环正常后，边缓慢顺螺纹紧扣方向旋转管柱边缓慢下放，然后再上提管柱反复多次刮削，悬重正常为止。

(5)若中途遇阻，当悬重下降 20～30kN 时，应停止下管柱，边洗井边旋转管柱反复刮削至悬重正常，再继续下管柱，一般刮管至射孔井段以下 10m。

(6)刮削完毕要大排量反循环洗井一周以上，将刮削下来的脏物洗出地面。

(7)洗井结束后，起出井内全部刮削管柱，结束刮削操作。

第三节 检 泵

抽油泵采油是目前主要使用的机械采油方法。抽油泵在油井工作过程中一直受着砂、蜡、气、水以及腐蚀介质的危害，影响泵的正常工作，使泵在井下常常发生故障，造成油井被迫停产。另外，抽油井在生产过程中，随着有关条件的变化，泵挂深度和泵径等参数也应随之变化。因此，现场通常把为解除油井井下设备故障、清除各种积垢，调整抽油泵参数以及生产测试等需要进行的检修工作统称为修井检泵。检泵是保持泵的性能良好，维护抽油井正常生产的一项重要手段。

修井检泵是抽油井管理中经常性的修井工作，也是抽油井清蜡的主要手段。施工时其具体方法是：由修井工利用起下作业的修井动力设备，将井内油管柱、抽油杆和抽油泵全部起出地面，并整齐地摆放在桥架上，再按设计要求更换一台质量符合要求的新泵，重新将质量符合要求的生产管柱下入井内投产。

一、抽油泵附件

为使抽油泵正常工作，管式泵起泵时能及时泄掉油管内的油，并便于取得试井资料，通常在抽油管柱上连接一些附件，即抽油泵附件。这些附件有滤砂器、气锚、泄油器总成和回音标等，现分别介绍如下。

1. 滤砂器

抽油泵采油时，为了防止砂子进入泵内而磨损设备，故在泵的进口处一般装有滤砂器。常用的滤砂器结构较简单，如图 2－3 所示。它是一根带孔眼的管子，在油井出砂严重时，为提高滤砂器的防砂效果，往往在其外包有一层至数层钢丝布或铁丝布，其孔网直径视油井出砂砂粒直径而定，下泵时将滤砂器接在泵和尾管之间，尾管下端用堵头堵死。

2. 气锚

在含气量较高的油井中，由于泵筒内的一部分容积被气体占据，使泵的充满系数变小，从而降低了泵的效率，为了减少气体对抽油泵的影响，提高泵效，故常在气量较大的井中，在抽油泵的进口处装一个防气装置——气锚。在油进入泵筒前，气锚能将泵筒内的部分气体分离出来，达到提高泵效的目的。气锚结构如图 2－4 所示。

3. 泄油器总成

泄油器总成用于不能打捞固定阀的管式泵（玉门管式泵）。起泵时要将油管内的死油泄掉，以防起油管时油管上部喷油。泄油器总成包括泄油器和开泄器两大部分，其常见泄油器总成的结构如图 2－5 所示。

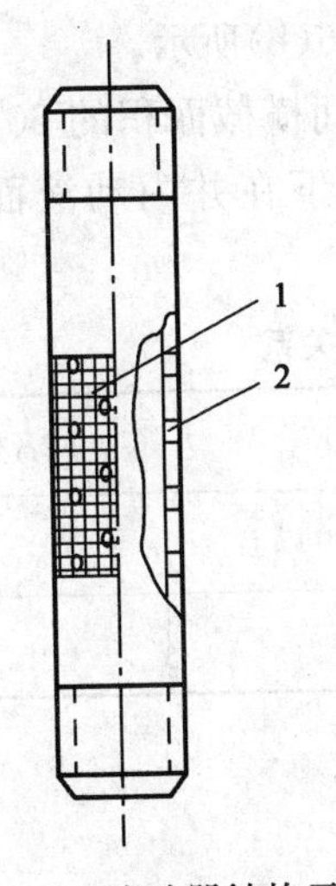

图 2-3 滤砂器结构示意图

1—25～30 孔/cm^2 铜丝布；

2—ϕ10mm 铅孔（200～300 孔/m）

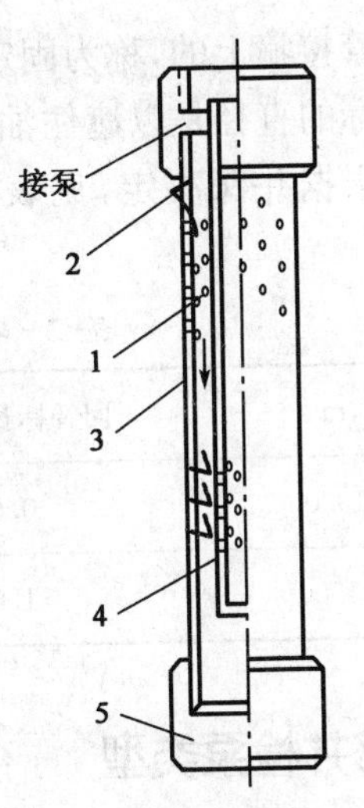

图 2-4 气锚结构示意图

1—油气流；2—气；3—外管；

4—内管；5—堵头

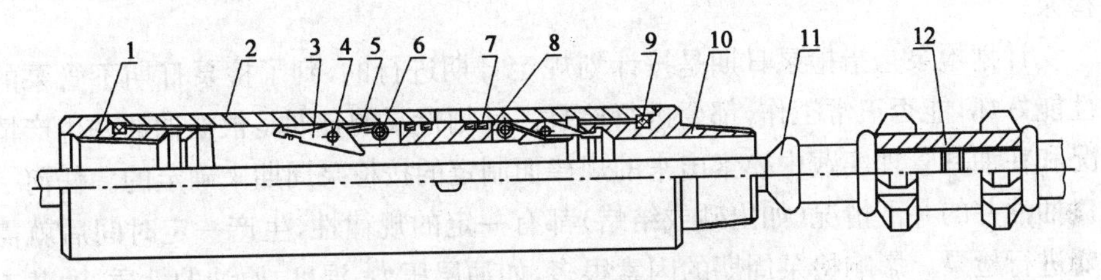

图 2-5 泄油器总成结构示意图

1—上接头；2—主体；3—棘爪；4—棘爪销；5—扭簧；6—扭簧销；7、9—密封圈；8—滑套；

10—下接头；11—抽油杆；12—开启器

杆控泄油器通过抽油杆的动作来控制泄油器的开启或者关闭。一般情况下，它包括泄油总成和开启器两部分，泄油总成连接在油管上，开启器连接在抽油杆上，下井时泄油器处于关闭状态或者抽油杆下行关闭泄油器，起抽油杆时开启器随抽油杆上行打开泄油器。

4. 回音标

回音标是由一节管子制成的，将它下入抽油井用以探测动液面。常见的回音标是套在油管上的，称为活动式回音标，如图 2-6(a)所示；也

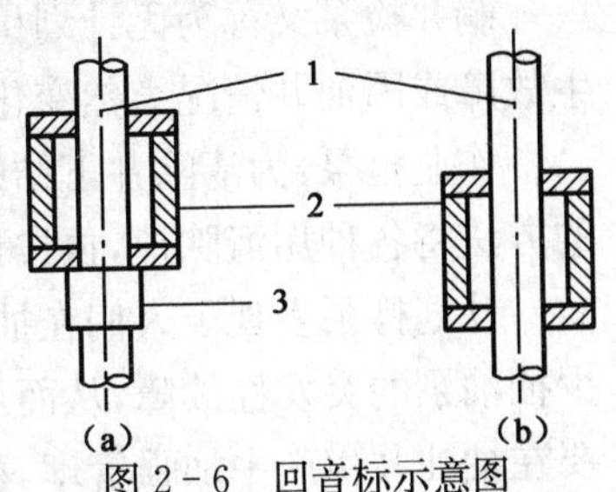

图 2-6 回音标示意图

(a)活动式回音标；(b)固定式回音标；

1—油管；2—回音标；3—油管接箍

有焊在油管接箍上的，称为固定式回音标，如图2－6(b)所示。

回音标的直径是以遮住油管和套管的环形空间横截面积的60%～70%为准。长度根据井深决定，见表2－4。回音标通常下在井内动液面以上50～100m处。

表2－4　回音标长度与井深的关系

井深，m	回音标长度，m	井深，m	回音标长度，m
500～1000	0.5	1500～2000以上	2.0
1000～1500	1.0	—	—

二、修井检泵类型

抽油井的修井检泵是保持泵的性能良好，维护抽油井正常生产的一项重要手段。修井检泵按检泵的目的和原因的不同分为计划检泵、躺井检泵和作业检泵。

计划检泵是指检泵日期是按计划规定日期进行的，到了检泵日期不管泵的性能好坏，能否正常工作，都要进行检泵。计划检泵的日期是根据抽油井生产情况和在油井管理实践中摸索出来的规律而制定的按检泵周期来确定的。任何一口抽油井的井下情况(如出砂或结蜡)都有一定的规律性，生产一定时间后就需要进行检泵。影响检泵周期的因素很多，如油层压力、温度、原油的性质、油井工作制度、油井的产量、油井出砂情况，以及前次检泵质量等都直接影响到检泵周期的长短。不同油田和油井的检泵周期也不相同，一般的检泵周期在45～90天之间，也有些低产间开井的检泵周期长达半年甚至一年的。

躺井检泵又称为无计划检泵，它是指抽油井在生产过程中因井下泵突然发生故障或因油井情况突然变化而造成停产的检泵。

作业检泵：为清除井下结蜡、结垢将抽油泵从井中起出，然后用热力或化学的方法将各种垢清除掉，再按设计要求下入试压合格的抽油泵。

计划检泵表现了人们在抽油井生产管理中的主动性和科学态度，有利于减少抽油泵的突发性故障，从而可减少检泵次数，增加原油产量。而对于躺井检泵要在抽油井生产中加强管理，积极防止躺井检泵，但是，一旦因抽油泵的突发性故障导致躺井，就应及时、高质量、高效率地进行躺井检泵，以争取及时开井生产原油。

三、修井检泵原因

引起抽油井检泵的原因很多,但归纳起来主要有以下几个方面:

(1)因油管结蜡造成检泵。

(2)由于泵漏产量下降,或达不到正常产量时,需要检泵。

(3)当油井液面、产量发生突然变化,为查明原因,要进行探砂面与冲砂等,因而需检泵。

(4)泵的游动阀或固定阀被砂、蜡或其他脏物卡死而检泵。

(5)井下抽油杆断、脱,需进行检泵。

(6)为了改变油井工作制度,需加深或上提泵挂深度,调整泵径时需要检泵。

总之,造成检泵的原因很多,有时是由于某一种原因造成的,有时是几种原因同时发生而迫使检泵的。

四、检泵作业

修井检泵的主要工作是起下抽油杆和油管柱。修井检泵中值得重视的工作是要准确计算下泵深度、合理的组装抽油杆和油管,以下入合格的抽油杆、油管和抽油泵等。这是提高检泵成功率的重要因素,为此必须做好以下几项工作。

1. 组配管柱数据

当井下为管式泵时,其全井抽油管柱的连接方式如图 2-7 所示,由已知部分尺寸可以计算如下数据:

(1)油管总长度计算。要使抽油泵下到所要求的泵挂深度,就必须求得正确的油管总长度。泵挂深度与连接管柱的各部分尺寸有如下关系式,即

泵挂深度=油补距+油管挂短节长度+泄油器长度+泵以上油管总长度+泵长度

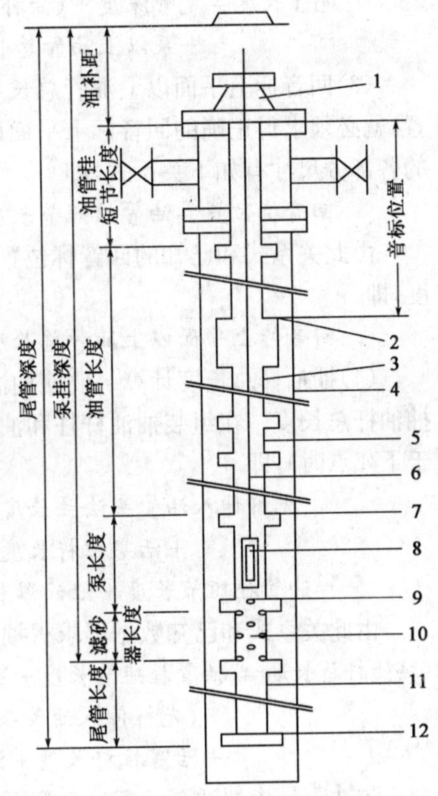

图 2-7　全井抽油管柱管式泵连接示意图

1—油管头;2—回音标;3—油管;4—套管;5—泄油器;6—抽油杆;7—泵;8—活塞;9—固定阀;10—滤砂器;11—尾管;12—堵头

由此关系式和已知的泵挂深度等尺寸可求得泵以上油管总长度，即

泵以上油管总长度＝泵挂深度－（油补距＋油管挂短节长度
＋泄油器长度＋泵长度）

（2）尾管长度计算。要使尾管下到所要求的尾管深度，还应求得正确的尾管长度。尾管深度与连接管柱的各部分尺寸有如下关系式，即

尾管深度＝油补矩＋油管挂短节长度＋泄油器长度＋泵以上油管总长度
＋泵长度＋滤砂器长度＋尾管长度

由此关系式和已知的尾管深度等尺寸可求得尾管长度，即

尾管长度＝尾管深度－（油补矩＋油管挂短节长度＋泄油器长度
＋泵以上油管总长度＋泵长度＋滤砂器长度）

（3）回音标上平面以上油管总长度计算。要使回音标下到所要求的井下位置，就必须求得正确的回音标上平面以上油管总长度。回音标位置与连接管柱的各部分尺寸有如下关系式，即

回音标位置＝油管挂短节长度＋回音标上平面以上油管总长度

由此关系式和已知的回音标位置等尺寸可求得回音标上平面以上油管总长度，即

回音标上平面以上油管总长度＝回音标位置－油管挂短节长度

（4）抽油杆总长度计算。要使抽油杆柱与油管柱组装合适，还应求得正确的抽油杆总长度。在组装抽油杆柱和油管柱时，各部分尺寸有如下关系式（驴头处于下死点时），即

光杆伸入油管头法兰长度＋抽油杆总长度＋开泄器长度
＋活塞拉杆长度＋活塞长度＋防冲距
＝油管挂短节长度＋泄油器长度＋泵以上油管总长度＋泵长度

由此关系式和已知数据可求得抽油杆总长度，即

抽油杆总长度＝（油管挂短节长度＋泄油器长度＋泵以上油管总长度＋泵长度）
－（光杆伸入油管头法兰长度＋开泄器长度
＋活塞拉杆长度＋活塞长度＋防冲距）

防冲距是指抽油泵活塞运动到下死点时游动阀和固定阀之间的距离。防冲距主要是为了防止由于抽油杆和油管在自重和载荷作用下伸长，导致游动阀和固定阀相互碰撞，保证抽油泵正常工作。防冲距要求越小越好，特别是在气量大的井中更应小些。防冲距一般是根据泵深决定的，但以不下碰上挂为准，见表2－5。

表 2-5　防冲距与泵挂深度的关系

泵挂深度，m	防冲距，m	泵挂深度，m	防冲距，m
300～500	0.20～0.25	800～1200	0.40～0.65
500～800	0.25～0.40	—	—

2. 对油管的要求

下井油管应无裂缝、无漏失、无弯曲，且螺纹完好；下井油管内外应清洁、光滑并要用内径规逐根通过验证合格；下井油管螺纹应涂抹螺纹油并上紧。

3. 对抽油杆的要求

抽油杆从井里起出后，要整齐地排放在有五个支撑点的支架上，对于上面有结蜡和泥砂的抽油杆要及时处理；严重弯曲、磨损和螺纹损坏的抽油杆不能下井，应及时更换；起抽油杆时，若抽油杆被卡不能硬拔，因为硬拔会使抽油杆变形，使抽油杆报废。

五、修井检泵质量验收标准和应取资料

1. 质量验收标准

(1)油管、油杆、回音标及泵型、泵径、泵深等数据要符合设计要求。

(2)产量要达到规定要求，检泵后不能低于检泵前的产量。

(3)检泵后三天之内抽油杆无断、脱、卡事故，否则应由作业队重修整改。

(4)作业队交井后，采油队开抽 24h 内生产应正常。但如采油队不及时开抽，造成开不起来或抽不出油，作业队不负责任。

(5)悬绳器上光杆余量为 0.8～1.5m；防冲距应符合标准，不碰不挂，能碰泵。

(6)井口不刺不漏，井口设备齐全无损，井场清洁。

2. 应取资料

应取资料包括泵型、泵径(mm)、泵长(m)和泵深(m)；油管的规范、根数和总长度(m)；抽油杆的规范、根数和总长度(m)；防冲距(m)；光杆规范(mm)和长度(m)；回音标的规范、长度(m)、在第几根油管上以及距井口油管头法兰距离(m)；附件的名称、规范、长度(m)以及连接位置；情况分析及发现问题后做出的简要说明等。

第四节　清砂与防砂

油层出砂是油层开采过程中常见的问题，它直接影响油井的正常生产和原油生产任务的完成，影响采油工艺技术措施和油田开发方案的顺利实施。

油井出砂后，将给生产带来危害。对于疏松油层，出砂是提高采油速度的主要障碍。有的油田出砂井高达总井数的92%，平均每采出1t原油出砂0.05～0.15m³，原油含砂比高达3%～10%。在采油过程中，油流带出的地层砂可在井筒内沉积形成砂堵。随着生产时间的延长，井底积砂越来越多，砂面不断上升，以致掩盖油层全部射孔段，阻碍油流，从而降低了油井产量，甚至掩埋或卡住井下管柱，造成砂卡事故，使油井停产，同时也增加了油井的工作量。另外，油井出砂还会磨损设备，如抽油泵的阀和活塞、衬套等。长期出砂严重的井甚至会引起井底坍塌，从而损坏套管。为此，必须对出砂油井进行综合治理。现场常用清砂的方法来清除井内积砂，以维持油井正常生产。对于严重出砂的井，不仅要采用清砂手段，而且还要采取防砂措施。

一、清砂方法

油层出砂后，由于采油过程中井内的液流不能将进入井筒内的砂全部带到地面，而使得井底砂子越积越多，以致堵塞油层的渗滤面和出油通道，使油井减产或停产；同时，还有可能造成难以处理的井下砂卡事故。因此，必须采取措施清除积砂。通常采用的清砂方法有两种，即水力冲砂和机械捞砂。

1. 水力冲砂

水力冲砂就是向井内泵注入冲砂液，形成油管与环形空间的循环通道，随着逐步加深油管，冲散积砂，用上返的液体将散砂携带到地面，直到冲到人工井底的过程，从而恢复与提高油井的产量或注水井的注入量。

1)冲砂液的要求与选用

冲砂液，即指冲砂时所采用的液体。一般常用的冲砂液有原油及无固相或低固相泥浆、清水、乳化液、气化液等。对冲砂的性能有如下的要求：

(1)具有一定的粘度，以保证有良好的携砂能力。

(2)具有一定的密度，以便形成适当的液柱压力，防止冲砂过程中造成井喷。

(3)性能要稳定,不损害油气层,能保护油气层的渗透性能。

(4)由于液柱压力而部分进入油层中的冲砂液,在冲砂后应能容易排出,以防止污染油层。

(5)在满足上述各要求的条件下,应尽量采用来源广、价格便宜的冲砂液。

为了防止油层污染,在冲砂液中加入表面活性剂。冲砂液的一般选用原则是油井用原油或地层水、活性水,注水井用清水或活性水,低压井用混气冲砂液。如果高压油井采用原油冲砂形成的液柱不足以平衡油层压力时,可选用清水或无固相泥浆冲砂。

2)冲砂的方法

冲砂是油水井维修中经常要进行的一项工艺技术。由于油田和油井的条件各不相同,采用的冲砂方法也不同。按冲砂液循环的方式可将冲砂的方式分为正冲、反冲、正反冲三种。按冲砂所用的管类的不同可分为油管冲砂和冲管冲砂。另外,因所用的冲砂液不同又有混气冲砂。

(1)正冲砂。指冲砂液沿着油管(冲砂管)向下流动,在流出油管时,以较高的流速冲散砂堵,被冲散的砂子与冲砂液混合一起沿着油管与套管的环形空间返至地面的冲砂方法。通常在油管下端带斜尖,这样可以防止下放太快,油管插入砂中而憋泵。也可用斜尖刺松砂堵,以便于冲砂,如图 2-8 所示。利用这种冲砂方法时,由于冲砂管直径较小,所以冲刺力大,容易冲散砂堵。但是,由于油管和套管的环形空间较大,冲砂液上返的速度比下行速度小得多,所以携砂能力较弱,大颗粒砂子不易带出,而容易在冲砂过程中发生卡钻事故。为了提高携砂能力,需要保持高液流速度,就必须提高泵的排量,这样就需增加设备的功率。

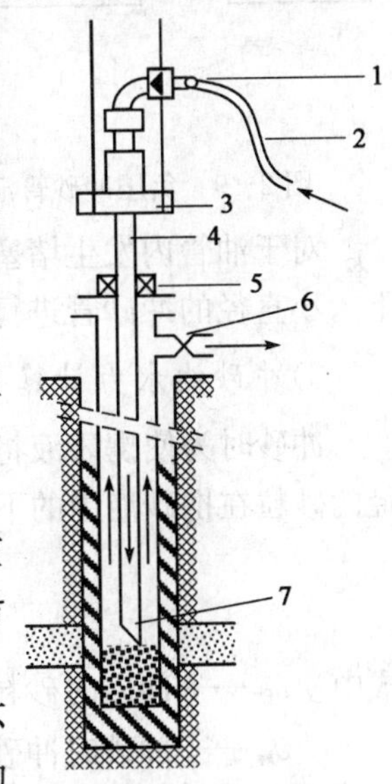

图 2-8 冲砂示意图

1—水龙带;2—活动弯头;3—吊卡;4—油管;5—封井器;6—套管出口;7—斜尖

(2)反冲砂。指冲砂液由套管与冲砂管的环形空间进入冲刺砂堵,而被冲起的泥砂与冲砂液混合后沿冲砂管上返到地面的冲砂方式。

反冲砂的优点是液流上返速度大,携砂能力强,不易在冲砂过程中发生卡钻事故。但由于油管和套管的环形空间大,液体下行时流速低,冲刺力不大,不易解除较严重的砂堵,同时还易堵塞冲砂管。

(3)正反冲砂。这是为了利用正冲砂和反冲砂的各自优点,弥补其不足而提出的一种冲砂方式。具体办法就是先用正冲砂的方式冲散砂堵，并使砂子处于悬浮状态。然后，迅速改用反冲砂方式，进行反冲洗，将冲散的泥砂从冲砂管内冲出。这样可以迅速解除较紧密的砂堵，提高冲砂效率。采用正反冲砂时，为了使倒换冲砂方式(流程)方便、迅速，地面管线上必须安装专用的总机关(阀组)。

(4)负压冲砂。又称混气冲砂或气化液冲砂，它是防止冲砂时地层漏失的工艺之一。在油田开发后期，地层压力下降，用清水冲砂时井筒内液柱压力往往因大于地层压力而产生严重漏失，所以就提出了负压冲砂工艺。由于混气冲砂液具有密度小、粘度大和携砂能力强的特点，故用其冲砂可减小井筒回压，产生极大负压，从而可防止井筒漏失。负压冲砂工艺是指将水泥车和压风机并联在井口处，如图2-9所示，并将它们分别打出的泡沫液和气体在三通处混合，然后再打入井内形成密度较小、粘度较大的气液双相泡沫，从而使井筒内的液柱压力低于地层压力，达到漏失井冲砂后不污染油层，并且有一定排液解堵作用的目的。泡沫液是由0.5%的ABS起泡剂和0.2%的Na_2CO_3稳定剂及水混合而成，泡沫液与高压气体混合后就形成了泡沫。

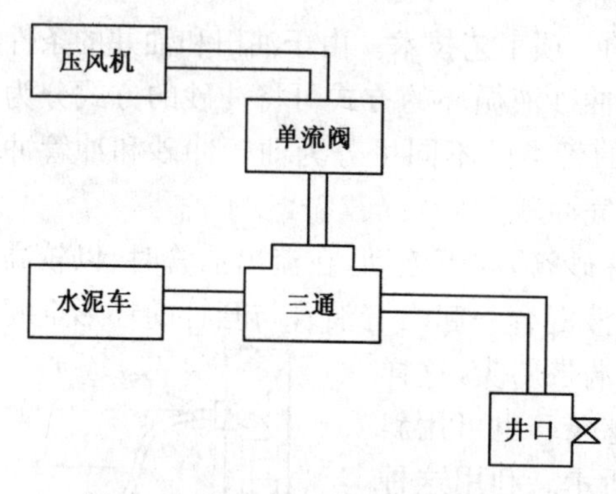

图2-9　负压冲砂管汇连接示意图

对于油管内发生堵塞或井下管柱被砂卡而不能建立循环的井，可在油管内下入小直径的冲砂管进行冲砂，即所谓的冲管砂方式。

3)冲砂的水力计算

冲砂时为使携砂液将砂子带到地面，液流在井内上返速度必须大于最大直径的砂粒在携砂液中的下沉速度，推荐速度比大于或等于2，即

$$v_{砂} = v_{液} - v_{降} \quad (2-11)$$

$$v_{实} \geqslant 2v_{降}$$

式中　$v_{砂}$——冲砂时砂粒在上升速度，m/s；

$v_{液}$——冲砂时冲砂工作液上返速度，m/s；

$v_{降}$——砂粒在静止冲砂工作液中的自由下沉速度，m/s；

$v_{实}$——保持砂子上升所需要的最低液流速度，m/s。

冲砂时泵车的最小排量为：

$$Q_{泵} = 360Av_{实} \quad (2-12)$$

式中 $Q_{泵}$——泵车排量,m^3/h;

A——冲砂工作液上返流动截面积,m^2;

$v_{实}$——保持砂子上升所需要的最低液流速度,m/s。

在固定排量下冲砂,井底砂粒返到地面的时间为:

$$T_{实} = H/v \tag{2-13}$$

$$v = v_{实} - v_{降}$$

式中 $T_{实}$——冲砂时井底砂粒返到地面的时间,s;

H——井深,m;

v——砂粒上升速度,m/s。

相对密度为2.65的石英砂在清水中自由沉降速度见表2-6,在油中自由沉降速度见表2-7。

表2-6 相对密度2.65的石英砂在清水中自由沉降速度

平均颗粒大小 mm	在水中下降速度 m/s	平均颗粒大小 mm	在水中下降速度 m/s	平均颗粒大小 mm	在水中下降速度 m/s
11.9	0.393	0.85	0.147	0.200	0.0244
10.3	0.361	1.55	0.127	0.156	0.0172
7.3	0.303	1.19	0.105	0.126	0.0120
6.4	0.289	1.04	0.094	0.116	0.0085
5.5	0.260	0.76	0.077	0.112	0.0071
4.6	0.240	0.51	0.053	0.08	0.0042
3.5	0.209	0.37	0.041	0.055	0.0021
2.8	0.191	0.30	0.034	0.032	0.0007
2.3	0.167	0.23	0.0285	0.001	0.0001

表2-7 石英砂在油中自由沉降速度

名称	原油温度,℃	20	25	30	35	40	45	50
脱气无水原油	原油粘度,mPa·s	74	41	28	25	24	—	22
	粗砂下降速度,cm/min	78	95.5	202	373	400	—	600
	细砂下降速度,cm/min	13.7	15.0	66.5	83	111	—	143
脱气乳化原油	原油粘度,mPa·s	2616	2074	1431	1169	939	737	512
	粗砂下降速度,cm/min	2.92	3.05	3.30	3.55	4.80	5.60	9.24

注:原油中粗砂平均直径0.96mm,圆度为0.685;细砂平均直径0.54mm,圆度为0.547。

4)冲砂程序及技术要求

(1)下冲砂管柱。当探砂面管柱具备冲砂条件时,可以用探砂面管柱直接冲砂;如探砂面管柱不具备冲砂条件,需下入冲砂管柱冲砂。

(2)连接冲砂管线。在井口油管上部连接轻便水龙头,接水龙带,连接地面管线至泵车,泵车的上水管连接冲砂工作液罐。水龙带要用棕绳绑在大钩上,以免冲砂时水龙带在水击振动下卸扣掉下伤人。

(3)冲砂。当管柱下到砂面以上 3m 时开泵循环,观察出口排量正常后缓慢下放管柱冲砂。冲砂时要尽量提高排量,保证把冲起的沉砂带到地面。

(4)接单根。当余出井控装置以上的油管全部冲入井内后,要大排量打入井筒容积两倍的冲砂工作液,保证把井筒内冲起的砂子全部带到地面。停泵,提出连接水龙头的油管卸下,接着下入一单根油管。连接带有水龙头的油管,提起 1～2m,开泵循环,待出口排量正常后缓慢下放管柱冲砂。如此一根接一根冲到人工井底。

(5)大排量冲洗井筒。冲至人工井底深度后,上提 1～2m,用清水大排量冲洗井筒两周。

(6)探人工井底。冲砂结束后,下放油管实探人工井底,连探三次管柱悬重下降 10～20kN,与人工井底深度误差在 0.3～0.5m,为实探人工井底深度。

(7)冲砂施工中如果发现地层严重漏失,冲砂液不能返出地面时,应立即停止冲砂,将管柱提至原始砂面以上,并反复活动管柱。

(8)高压自喷井冲砂要控制出口排量,应保持与进口排量平衡,防止井喷。

(9)冲砂至井底(灰面)或设计深度后,应保持 0.4m^3/min 以上的排量继续循环,当出口含砂量小于 0.2%时为冲砂合格。然后上提管柱 20m 以上,沉降 4h 后复探砂面,记录深度。

(10)冲砂深度必须达到设计要求。

(11)绞车、井口、泵车各岗位密切配合,根据泵压、出口排量来控制下放速度。

(12)泵车发生故障需停泵处理时,应上提管柱至原始砂面 10m 以上,并反复活动管柱。

(13)提升设备发生故障时,必须保持正常循环。

(14)采用气化液冲砂时,压风机出口与水泥车之间要安装单流阀,返出管线必须用硬管线,并固定。

2. 机械捞砂

机械捞砂就是利用绞车将不同形式的捞砂筒下入井内捞取井底积砂。这种方法一般适用于严重漏失不能建立循环的井或油层压力低而不宜采用普通冲砂的油井。捞砂也适用于井内砂柱不长，而且沉积不太紧密和井深在几百米以内的低压油井。目前现场常用的捞砂筒有活塞式捞砂筒和真空捞砂筒两种。

由于捞砂效率低、清除砂堵的时间长，耽误油井的生产时间。因此，凡是能用冲砂方法清除砂堵的油井，都尽量采用冲砂方法。

3.冲砂质量验收标准和应取资料

1)质量验收标准

冲砂应达到设计深度和要求，含砂量小于0.3%；替入净液应为井筒容积的1.2～1.5倍；冲完停泵后2h上升高度，以不超过井深的0.2%为合格；冲砂液不漏失，不损害油层，冲砂中不损坏套管。

2)应取资料

应取冲砂管下带工具的名称、规范、长度；冲砂起止深度；停泵后静沉时间；最后探得砂面深度；冲砂中发生的情况及有无喷漏现象等。

二、防砂方法简介

根据油层出砂的原因，油层岩石胶结疏松是油层出砂的主要内在因素，而开采措施不当等外在因素，将使油层出砂更为严重。对于胶结还不是很疏松的油层，井的开采措施不当往往是油井出砂的直接因素。所以，为了防止油层出砂，一方面要针对油层和油井条件，正确选择完井方法，制定合理的开采措施；另一方面要根据油层和油井的条件及出砂规律，选用科学的防砂技术进行防砂，例如，化学防砂方法与滤砂器和砾石充填防砂(机械防砂方法)、防拱防砂等防砂工艺技术措施。

生产中制定合理的开采措施是指在油水井生产管理过程中，制定合理的油水井工作制度，开、关井平稳操作以及严防造成油井“激动”等，这些都是防止油水井出砂和保护油层的重要措施。

1.化学防砂方法

化学防砂方法是指向出砂层段内挤注一种化学胶结剂，凝固后即形成具有一定强度、又有一定渗透性的防砂井壁，从而加固出砂地层，并防止地层砂流向井筒内。化学防砂根据其所用的防砂材料和工艺的不同可分为人工井壁防砂和人工胶结砂层防砂。

1)人工井壁防砂法

人工井壁防砂法通常是指在地面将固体颗粒(砂粒、核桃壳粒等)和未固化的胶结剂按一定比例拌和均匀，然后用液体携至井下挤入油层出砂部位。胶结剂固化后，将固体颗粒胶固，于是在井底附近地带形成具有一定强度和渗透性的“人工井壁”，它可起到阻止油层砂子流入井内的作用。这类防砂方法又称为颗粒防砂法。现场常用的主要有水泥砂浆、酚醛塑料砂浆等人工井壁防砂法。

(1)水泥砂浆人工井壁防砂。此法是用水泥作为胶结剂，在地面先将干水泥、砂子和水按一定比例（重量比为：水∶水泥∶石英砂＝0.5∶1∶4）拌合成水泥砂浆，然后以原油作携砂液，按普通压裂工艺将水泥砂浆挤入出砂地层，凝固后即形成防砂人工井壁。

(2)酚醛塑料砂浆人工井壁防砂。酚醛塑料是由甲醛在触媒作用下缩合而成的一种高分子化合物。将预先配成的酚醛塑料与石英砂拌合形成酚醛塑料砂浆，然后用原油或清水携带，以高压填砂方式将酚醛塑料砂浆挤入出砂地层，塑料凝固时体积收缩，砂粒间形成许多互相连通的孔隙通道，从而形成具有一定渗透性和一定强度、又能挡砂的人工井壁。

2)人工胶结砂层防砂法

人工胶结砂层防砂法是指从地面向油层出砂部位挤入液体胶结剂及增孔剂，在一定条件作用下胶结剂固化后，将井底附近的疏松砂层胶固，从而提高了砂层的胶结强度，同时又能保持一定的渗透率。这类防砂方法又称为液体防砂法，被推广使用的主要有酚醛树脂胶固疏松砂岩及酚醛溶液地下合成等防砂方法。

(1)酚醛树脂溶液胶固疏松砂岩防砂。此法是将一种酚醛树脂溶液挤入砂岩中，以达到胶固疏松砂岩防止油井出砂的目的。它是以苯酚、甲醛和氨水为原料，按比例混合后，经加热熬制成甲阶段树脂，再将其挤入欲防砂的岩层中。在盐酸（固化剂）作用下凝固胶结疏松的砂岩，以防止油井出砂。

(2)酚醛溶液地下合成防砂。此法是把苯酚、甲醛、氯化亚锡（或氢氧化钡）三者按比例混合制成酚醛溶液，并以饱和柴油为增孔剂，将其挤入砂岩地层中。在地层温度（应高于60℃）作用下，使酚醛溶液逐步缩聚形成不溶性树脂，从而达到胶固疏松砂岩，防止油井出砂的目的。

化学防砂一般适用于薄层短井段，若井段太长，视情况采取措施分段施工，此法对粉细砂层的防砂效果优于机械防砂。优点是井筒内不留下任何机械装置，便于后期处理。缺点是成本较高，树脂等化学材料易老化、寿命短，固结后地层渗透率下降明显，产能损失大，故现场目前应用程度远远低于绕丝筛管砾石充填类的机械防砂。

2. 机械防砂方法

机械防砂方法是以力学为基础的物理防砂方法。它是通过机械手段在地面制作一些防砂工具下到出砂层段来防砂。它与化学防砂方法相比具有不污染油层、不影响地层渗透率等优点。尽管这些都是些老方法，然而由于不断改进和完善施工工艺，目前在国内外一些油田仍然是一种重要的防砂手段。这种防砂方法主要有以下几种。

1)衬管防砂

衬管防砂是指将带有割缝的管子，如图 2－10 所示，下入裸眼井内，用封隔器固定在套管下部，如图 2－11 所示。当地层液体流向井筒时，液流中一定数量的小砂粒可通过缝眼进入井内，而较大的砂粒被除阻挡在衬管外形成“砂桥”或“砂拱”。这种较大的砂粒又成为较小砂粒的滤器，把较小砂粒阻止在更外面，就这样通过自然选择，在井壁处形成一个由粗到细的滤砂器，从而起到防砂作用。这种衬管即具有良好的通过能力，又能阻止油层大量出砂。

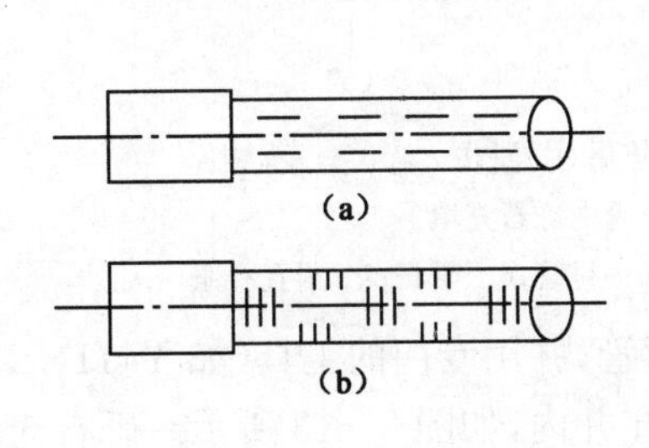

图 2－10 割缝衬管示意图

(a)垂直割缝衬管；(b)水平割缝衬管

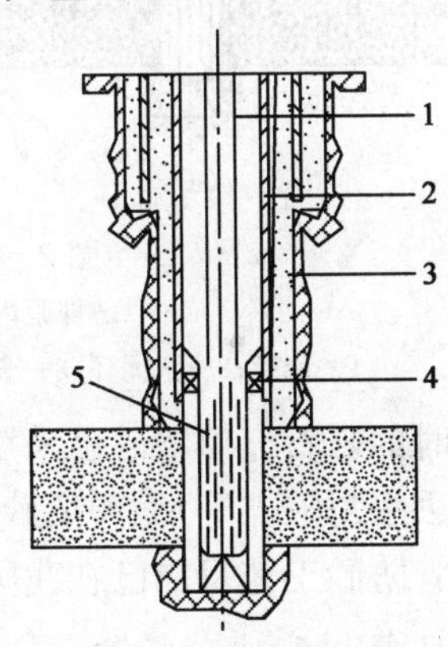

图 2－11 衬管完井示意图

1—油管；2—套管；3—水泥环；4—封隔器；5—衬管

衬管防砂的主要作用原理是建立在砂粒在缝眼处形成砂拱的基础上。由于衬管是利用砂粒成拱作用通过自然选择形成的滤器来防砂，所形成的滤器人们是无法控制的，因而限制了它的防砂效果。由于它往往不能控制细砂，易发生堵塞，并且如果要求割缝宽度很小，加工也困难，因此，根据衬管防砂的原理提出了充填砾石防砂的方法。

2)砾石充填防砂

砾石充填防砂是将人工在地面上选好的具有一定粒度的砾石(砂)用液体携

带到井内，充填于井底，在井壁处构成一个砾石滤器来阻止砂粒流入井内，以达到保护井壁(裸眼井)防砂入井的目的。

常用的砾石充填有两种：裸眼内砾石充填和套管内砾石充填。裸眼内砾石充填是用于裸眼完成的井，如图 2-12(a)所示；套管内砾石充填用于射孔完成的井，如图 2-12(b)所示。

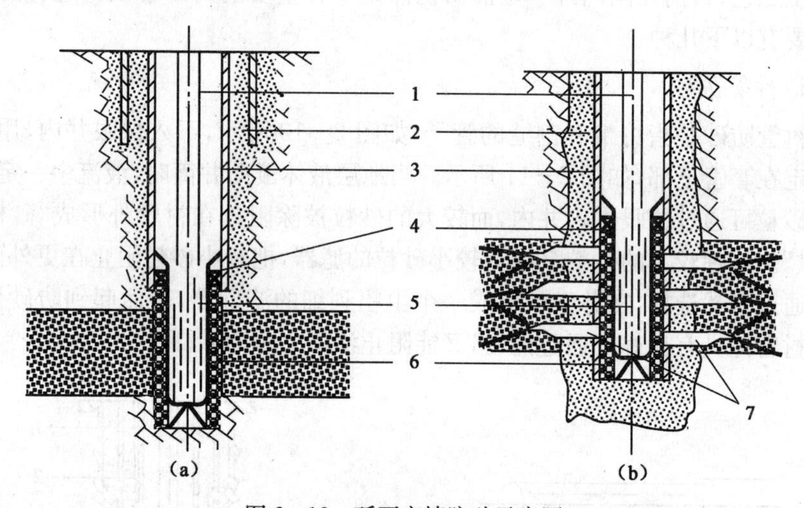

图 2-12　砾石充填防砂示意图

(a)裸眼内砾石充填；(b)套管内砾石充填

1—油管；2—水泥环；3—套管；4—封隔器；5—衬管；6—砾石；7—射孔孔眼

现时的砾石充填防砂已采用金属绕丝筛管，并用专门的工具(如 Y411-114 型填砂丢手封隔器等)循环填砂后将丢手留在井内，如图 2-13 所示。砾石充填绕丝筛管防砂工艺目前已在我国各油田推广使用，取得了良好的防砂效果。

3)环氧树脂滤砂管防砂

环氧树脂滤砂管是用具有良好粘结性能的环氧树脂作胶结剂，以具有一定硬度和颗粒直径的石英砂为骨料，按一定比例混合，在加有固化剂条件下，成型加温固化而成单体滤砂器，然后将滤砂器分别装配于已打孔的中心管上(中心管长度有 1.7m、2.7m、3.7m 三种)，两边用引鞋固定，并用玻璃丝布包扎涂抹环氧树脂封严而成，如图 2-14 所示。环氧树脂滤砂管下到井内出砂部位后，用封隔器丢手留在井内，使原油只能经滤砂管进入井筒内，原油中带出的地层砂被阻挡在外面而起到防砂的作用。

在采用滤砂管防砂时，要求套管不能有损坏和变形，防砂层段不能过长，不适用于需要分层的井。滤砂管防砂施工较简便，但失效后更换时，需要套铣打捞。

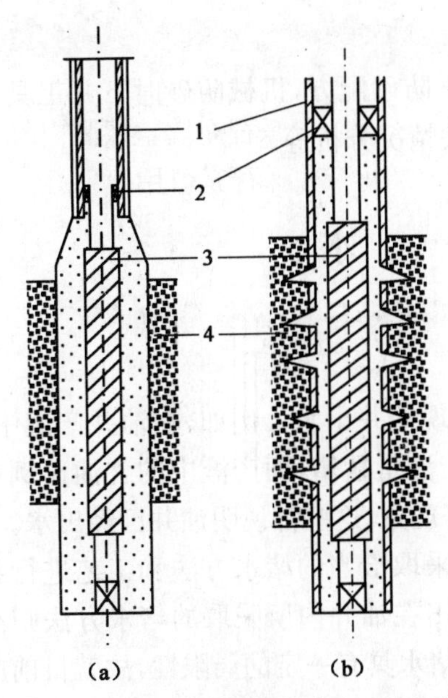

图 2－13 砾石充填绕丝筛管防砂示意图

(a)绕丝筛管裸眼砾石充填完井法；(b)绕丝筛管管内砾石充填完井法

1—套管；2—封隔器；3—绕丝筛管；4—油层

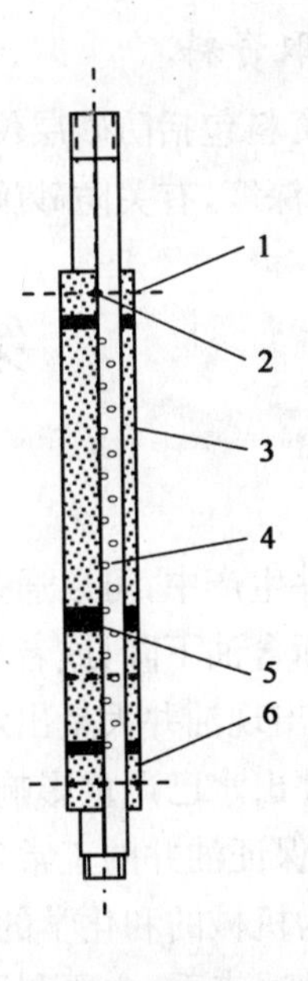

图 2－14 环氧树脂滤砂管结构示意图

1—上引鞋；2—引鞋固定螺钉(4 个)；3—滤砂器；4—带眼中心管；5—环氧树脂玻璃丝布封固；6—下引鞋

3. 砂拱防砂

砂拱防砂是一种在油(气)井射孔完成后，不再下入任何机械装置或挤入化学剂的防砂方法。它防砂的实质要靠一种机械作用力强迫压实出砂的裸眼井壁，以提高井眼周围的地层应力水平，达到甚至超过地层未钻开前的原始应力。此方法优点在于井筒内无任何机械装置，容易进行补救性作业。此外，地层渗透率未受到显著伤害，故油井防砂后，产能损失小。缺点是砂拱稳定性差，防砂效果不易保证，一般只用于出砂不严重的中、粗砂层和中、低产井，不适用于粉细砂岩、流砂层和高产井。

4. 防砂质量验收标准和应取资料

1)质量验收标准

防砂后按油井正常工作制度，原油含砂量低于 0.2%，防砂有效期应至少在三个月以上，防砂后产量下降不能超过 30%。另外，化学防砂的配方和机械防砂的下井工具以及所用防砂措施的施工等均应达到设计要求。

2)应取资料

应取资料包括防砂层位、有效厚度,化学防砂配方,机械防砂时下井工具名称、规范和深度,有关防砂施工参数以及有关情况分析等。

第五节 堵 水

在油井生产中,可以通过某些现象来发现油井出水。例如,在油井产液中,含水上升而含油下降,或者井口压力突增,产液量猛增,而产液中的含油比例却下降,甚至出现油井大量出水,几乎不出油等现象,这些都说明油井已经出水。

当油井出水已严重影响产量时,就应当采取恰当的堵水方法和工艺进行封堵水层,以保证油井的正常生产。目前各油田在油井内所采取的堵水方法归纳起来可分为机械的和化学的两类,由于机械堵水具有一定的局限性,故就目前应用和发展情况来看,主要利用化学堵水法。化学堵水根据所用堵水剂对油层和水层的堵塞作用不同可分为非选择性堵水和选择性堵水。

由于油井出水原因不同,所以采取的封堵方法也不同。一般来讲,对于外来水或者水淹后不再准备生产的水淹油层,在搞清出水层位并有可能与出油层分隔开时,可采用非选择性堵剂(如水泥、树脂等)堵死出水层位或用封隔器将出水层与出油层分隔开。不具备与出油层封隔开的条件时,可采用具有一定选择性的堵剂(如油基水泥等)进行封堵。对于同层水(边水和注入水)普遍采用选择性堵水剂进行堵水。为了控制个别水淹层的含水,消除合采时的层间干扰,大多采用封隔器来暂封住高含水层。对于底水则采用在井底附近油水界面处建立隔板的方法来阻止锥进。

目前非选择性堵水剂和选择性堵水剂都有多种类型,在使用中应该根据油水层性质、出水情况、油井条件、工艺条件及堵剂性质和来源进行选择。以下简要介绍一些有代表性的堵水工艺技术。

一、油井化学法堵水

油井化学法堵水是利用化学堵水剂的物理化学作用对水层造成堵塞来封堵油井出水的方法。由于堵水剂的性质和作用不同,因此化学法堵水可分为非选择性堵水和选择性堵水两类。

1. 非选择性堵水

非选择性堵水所用的堵水剂对水层和油层均可造成堵塞，而无选择性。施工时，必须首先找出出水层段，并采用适当的工艺措施将油层和水层分开，然后将堵剂挤入水层，凝固成一种不透水的人工隔板，造成封堵。非选择性堵剂主要用于单一水层（油层的上层水、下层水或夹层水）、大厚度油层的底水锥进以及严重水淹或油层厚度不太大的高含水油层。常用的非选择性堵水的方法有水基水泥浆堵水、合成树脂堵水、水玻璃—氯化钙堵水及速凝三合土堵水等。

(1)水基水泥浆堵水。水基水泥浆是一种非选择性堵剂，主要是利用水泥浆遇水发生化学反应而变硬的特性，造成一个不透水的水泥封隔层来进行封堵。现场通常用打水泥塞法封堵下层水（其以下再无油层），或采用向出水层内挤注水泥浆的方法直接封堵上层水或夹层水。

由于水泥颗粒不易挤入地层孔道，因而用水泥浆挤入水层的方法堵水时，往往封堵强度不高，成功率低，有效期短。为此，大量研究和试验了各种易挤入地层孔道的液态和胶状堵水剂。在这方面已应用的有合成树脂（酚醛树脂、糠醛树脂）、硅酸钙及硅酸凝胶等。

(2)树脂堵水。树脂堵水的原理是将液体树脂（酚醛或糠醛）挤入水层，在固化剂（草酸或磷酸）的作用下，形成具有一定强度的固态树脂而堵塞水层岩石孔隙，以达到封堵水层的目的。树脂封堵水层的方法主要有酚醛树脂堵水和糠醛树脂堵水等。

树脂堵水有易挤入地层、封堵强度大和效果好等优点，但成本高、施工复杂。

(3)水玻璃—氯化钙堵水。这是用来封堵底水锥进和窜通的一种有效的方法。它是利用水玻璃（Na_2SiO_3）和氯化钙溶液，中间以柴油隔离，依次挤入地层，使水玻璃与氯化钙在地层内相遇，生成白色硅酸钙沉淀，用以堵塞地层孔隙。其反应式为

$$Na_2SiO_3 + CaCl_2 = 2NaCl + CaSiO_3 \downarrow$$

这种封堵剂来源广、成本低，施工安全简便，封堵效果较好，但在施工中必须采取有效保护油层的措施，否则会堵塞油层。

(4)速凝三合土堵水。速凝三合土是一种非选择性堵剂，它是由水玻璃、黄土和水泥组成。它主要用于封堵油层裂缝，也用于封堵漏井、喷井的炮眼、套管损坏引起的出水井段和易产生离子交换的晶格反应而稠化来达到封堵的目的。在反应过程中，由于反应中的 Ca^{2+}、Mg^{2+} 离子浓度逐渐减少，所以其离子交换和水化反应速度减慢，使稠化到固化的时间拖得较长，这对封堵比较有利。

这种封堵剂具有稠化快、固化慢以及有一定强度和膨胀性能等优点，但由于

堵剂速凝，现场施工一旦掌握不好，易堵泵、堵井，造成施工失败，因此，现场施工必须配方准确。

2)选择性堵水

选择性堵水所用的堵剂有选择能力，它只与水起作用，而不与油起作用；只堵塞水层孔隙，而不堵塞油层孔隙；或者可改变油、水、岩石之间的界面张力，降低水的相渗透率，因而只起堵水，而不堵油的作用。进入油层的堵剂可在生产和排液过程中随油、气排出。目前选择性堵水的方法发展很快，选择性堵剂的种类也很多，尽管选择性堵剂的堵水原理有很大不同，但它们都是利用油和水及出油层和出水层之间的差异来达到选择性堵水的。

(1)油基水泥浆堵水。如果油水层交错，当采用水基水泥浆挤入出水层封堵水层时，由于在工艺上无法确保油、水层分开，将会造成油层堵塞。为此，可用油基水泥浆代替普通水基水泥浆来封堵。

油基水泥浆是指以油作基液，将水泥颗粒分散悬浮于其中。把油基水泥浆挤入水层后，因水泥本身具有亲水性，故油基水泥浆中的油被水替置而使水泥固化，将水层堵死；如果挤入油层(不含水)，因为水泥本身亲水而不亲油，故不会固化，施工后可从油层返出。所以油基水泥浆具有一定的选择性，但选择性不高，因为只要油层有少量水与其混合就会明显地改变其流动性，从而影响油层的渗透率，实际上大多数油层或多或少都含有水。

(2)泡沫堵水。泡沫是气体分散在水中并加入起泡剂、稳定剂等添加剂而形成的分散体系。由于它的分散介质是水，所以它也易于进入出水层。在出水层中，泡沫是通过气阻效应(即贾敏效应)的叠加产生堵塞。泡沫也会进入油层，但泡沫在油层中是不稳定的。由于油—水界面张力远小于水—气界面张力，所以当油—水界面与水—气界面共存时，根据界面能趋于减小的规律，活性剂将大量由水—气界面转到油—水界面，引起泡沫破坏，所以进入油层的泡沫不堵塞油层。

(3)松香酸钠皂堵水。松香酸钠皂是一种选择性堵剂，它是由松香皂(含80%～90%松香酸)与碳酸钠或烧碱反应生成。由于地层水含有大量的钙、镁离子，当松香酸钠皂与这两种离子相遇后，立即发生反应生成不溶于水的松香酸钙和松香酸镁灰白色沉淀，将出水层孔隙堵塞，阻挡水流入井内。由于出油层不含钙、镁离子，所以不会堵塞油层。

松香酸钠皂适用于水中钙、镁离子含量较高的油井堵水，但因松香酸钠皂的强度小，故不适用于疏松的砂岩油层堵水。

(4)部分水解聚丙烯酰胺堵水。由于出水层的含水饱和度较高，因而部分水解聚丙烯酰胺可以较容易地进入出水层。在出水层中,部分水解聚丙烯酰胺中的酰基—$CONH_2$ 和羟基—COOH 可通过氢键吸附在砂岩的羟基表面,而不吸附的部分则留在空间堵塞出水层。进入油层的部分水解聚丙烯酰胺,由于砂岩表面为油所覆盖,所以在油层不发生吸附,故不堵塞油层。聚丙烯酰胺堵水是一种很有前途的选择性堵水剂,正处在国内外广泛研究和试用阶段,同时也是一种很好的驱油剂,也常被应用在提高油田采收率的采油工艺中。

根据地层中油、水流动的情况分析,出水油井附近油、水流动的情况极为复杂。在对地下油、水活动了解不清的情况下采用选择性封堵水层的方法,往往成功率很低,不是堵水有效期短,就是堵塞油层、产量降低,有时甚至导致油层完全堵死。从理论上讲,选择性堵水也存在很多问题,需要进一步研究和探讨。

二、油井机械法堵水

油井机械法堵水就是用封隔器将出水层封隔起来,使不含水或低含水油层不受出水层的干扰,以发挥其正常产油的能力。机械法堵水的原理和施工与油井分层配产完全相同。多油层自喷井上封堵出水层时的管柱结构如图 2-15 所示。被封隔器封隔的出水层可用光油管通过,或者用装死嘴子的配产器通过。

抽油井用机械法堵水时的管柱结构如图 2-16 所示。其中图 2-16(a)表示出水层在油井射孔的底部时用一级卡瓦式丢手封隔器封隔水层的情况;图 2-16(b)表示出水层在油井射孔段的中部时,用一级支撑式封隔器和一级卡瓦式丢手封隔器封隔水层的情况。

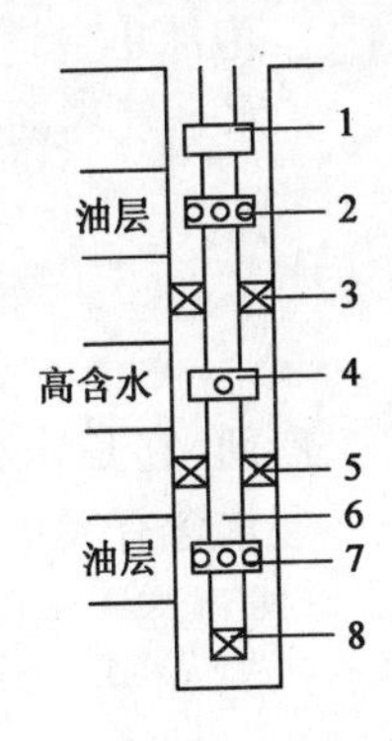

图 2-15 封隔器堵水管柱结构示意图

1—工作筒;2、7—配产器(带油嘴);3、5—封隔器;4—配产器(带死嘴);6—光油管;8—丝堵

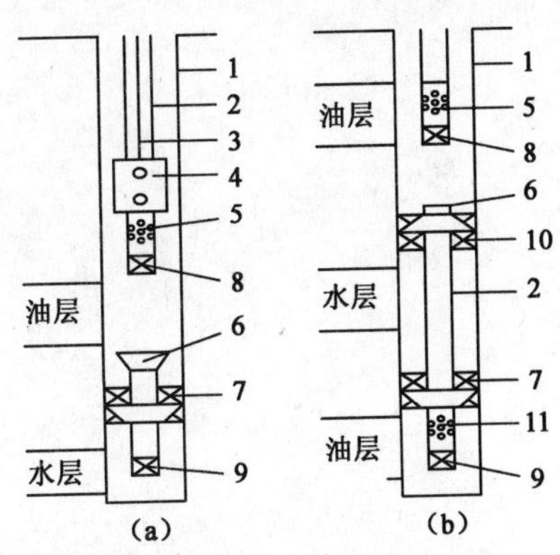

图 2-16 丢手封隔器堵水管柱结构示意图

1—套管;2—油管;3—抽油杆;4—抽油泵;5、11—筛管;6—丢手接头;7—卡瓦式丢手封隔器;8、9—丝堵;10—支撑式封隔器

机械法堵水效果普遍较好，成功率比较高，但是具有局限性，仅适用于封堵单纯出水层，并且在出水层与油层之间应有1.5m以上的稳定夹层。这种方法要求套管无损坏，且要求堵水管柱的封隔器等井下工具质量高、可靠性能好。

三、油井堵水效果评价标准

近几年，油田堵水技术发展较快，多种经济有效的堵水方法已为各油田所采用。但是必须对堵水方法的选择是否合理、堵水施工后是否成功和有效给予正确评价。根据目前工艺技术和设备条件以及中国石油天然气集团公司有关专业会议的规定，制定评价堵水效果标准如下：

1. 选择性堵水效果标准

以下四种情况均属堵水成功井(对比效果应以该井堵前一个月生产的平均值为依据)：

(1)堵水后产油量上升，含水下降。

(2)堵水后产油量上升20%，含水不变。

(3)堵水后的产油量不变或产油量下降小于10%，含水下降大于20%。

(4)改变工作制度后产油量上升20%，含水下降或不变。

2. 非选择性堵水效果标准

根据分层测试找水资料，堵水后该层产液量较堵前下降70%以上，全井产油量以不下降为有效。

第三章　油水井大修

石油井在生产过程中，往往由于种种原因出现各种故障或井下事故。这些故障或事故都对油井套管有不同程度的损坏，严重时会导致石油井报废。因此，分析井下事故发生的原因，及时妥善地预防和处理井下事故是保证油井正常生产的一项重要工作，对于确保油井高产稳产有十分重要的意义。

井下事故的类型很多，按事故大小划分为：工艺技术事故、井下卡钻（物）事故和井下落物事故及套管损坏四大类型。处理时，可按照事故的性质、现状及造成事故的原因采取相应的技术措施。第一类事故是在工艺过程中发生的，可以针对事故发生的原因加以处理，也可以针对类似工艺技术事故发生的原因事先采取相应的预防措施。其他类事故则是井下作业修井工程中经常遇到的事故，也是影响石油井正常生产的主要原因，是修井工作的一项主要内容。尽管井下事故多种多样，处理较难，但多年来已经积累了比较丰富的经验，一般的井下事故都是可以处理的。根据各油田的经验，一般处理井下事故必须做好如下几方面的工作：

（1）要搞清楚井下事故的形状、位置、状态、大小、深度、性质、程度和时间等。为达到此目的，必须进行调查研究，一是记录与描述事故的情况，二是采取措施，直接探视井下事故的目前现状，进行事故分析，做到事故发生情况清，事故目前状况清，处理事故方向明。

稠油井在开采过程中，进行频繁的注汽等措施作业，以及自身油稠、地层胶结疏松和出砂等原因，使油井工程事故较稀油井多。虽然很多油田在完井工艺、套管选型、注汽管理、生产管理等方面做了大量工作，但井下工程事故的问题还时常发生。

油井大修工艺技术随着油田开发过程的不断发展完善，已由简单的打捞、堵封窜、冲砂防砂等发展到目前的解卡打捞、套管整形、套管补贴、取换套管、磨铣下筛管或开窗磨铣下筛管、开窗侧钻等多项修复技术。现场应用时，可根据油井的状况，并结合投入的资金情况，选择经济适用的工艺。

稠油井套管损坏事故的主要类型为套管变形或损坏、热采封隔器卡井、隔热管和油管等卡、脱落井等情况，其中以套管变形损坏为最多，根据辽河油田统计，这类占整个事故井数的70%以上。辽河油田分公司目前有停产待修井2800余口，其中因地质、工程因素以及后期的增产措施造成的套管变形、套管损坏井约占25%以上，而且每年以15%的速度递增，对后期修井作业造成了极大的困难，严重地影响了原油生产。

第一节　井下落物打捞

井下落物事故是油田常见的井下事故，为了提高油(水)井的利用率，延长井的使用寿命，要分析各种落物事故的原因，采取积极的措施，避免和减少井下落物事故的发生。出现了井下落物事故后，要认真分析落物事故的原因，进行细致的调查研究工作，按照处理井下落物事故的程序进行妥善处理，以便及时恢复油(水)井的正常生产。

一、相关名词

1. 井下落物

凡是断落在井内的钻杆、钻铤、钻头、油管、抽油杆、打捞工具、绳类、仪器，以及井内掉落的妨碍生产和施工的物体，统称为井下落物，现场俗称为落鱼。

2. 鱼顶和鱼底

井下落物的顶端称为鱼顶，现场俗称为鱼头。鱼顶井深是指鱼顶所在井下位置到转盘方补心的距离，如图3－1所示。鱼底是指井下落物的底端。鱼底井深是指鱼底所在井下位置到转盘方补心之间的距离。当落鱼在井下处于铅垂状态时，鱼底井深等于鱼顶井深加上落鱼长度。

3. 探鱼和摸鱼

探鱼，是为了解落鱼鱼头在井下的位置和状态，利用下接打捞工具或仪器的管柱探测鱼头的过程。摸鱼，是为了打捞井下落物，利用钻杆(或油管)柱下接适当的打捞工具，下入井内寻找或拨正倾倒的落鱼，并使之进入打捞工具内的过程。

4. 方入和造扣方入

方入，是指打捞井下落物时所使用的打捞管柱上部的方钻杆进入转盘内的长度。在数值上，方入等于打捞工具的顶部碰到鱼顶时方钻杆进入转盘内的长度。从打捞工具(公锥、母锥等)开始造扣到造扣完毕，方钻杆进入转盘内的长度称为造扣方入，也称为打捞方入。

当采用造扣方法打捞井下落物时，可以根据造扣方入来判断井下打捞情况。如图3-2所示，根据L_1计算出的钻具长度而求出的方入为鱼顶方入；根据L_2计算出的钻具长度而求出的方入为造扣方入。

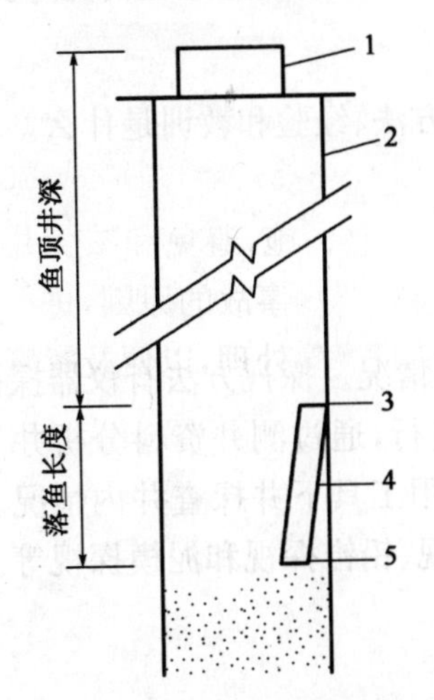

图3-1　井下落物示意图

1—转盘；2—套管；3—鱼顶；4—落鱼；5—鱼底

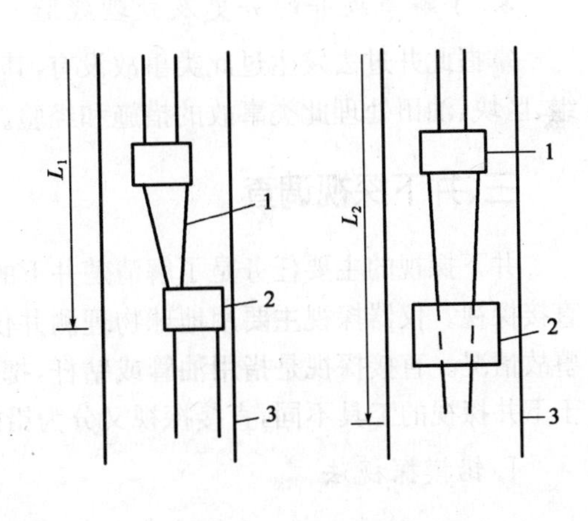

图3-2　造扣打捞示意图

1—公锥；2—落鱼；3—套管

5. 方余

方余是与方入相对而言的，系指打捞工具的端部碰到鱼顶时打捞钻杆(或油管)柱或方钻杆在转盘上部剩余的长度。

二、处理前的调查

为了解除井下事故，在处理前必须做好调查工作才能取得预期的效果。调查内容包括事故井调查和井下探视调查两个方面。

1. 了解井身结构情况

首先搞清楚事故井的套管组合、规范、深度，变形和损坏，固井及水泥返高、人工井底等情况。其次是了解地层(包括岩性、厚度、孔隙度和断层等)和开发资料，对于油井要了解油压、套压、油嘴、生产压差、日产油量、气油比与含水等；对注水井，要了解套压、油压、水嘴、注水压差、日注水量等。还要了解射孔情况，即射孔枪型、射孔段有无误射等。最后，事故井的一些特殊情况，包括见水与否、出砂情况、腐蚀与刺漏等也要了解清楚。

2. 了解目前井下情况

了解目前井下情况是处理井下事故的最直接、最可靠的依据，必须了解清楚。要搞清楚事故发生的时间、经过及现状，还要搞清落物的深度、位置和鱼头情况，有无破坏与变动，事故有没有发展，以前有没有处理过及处理情况等。

3. 了解事故井的井史及处理经验

掌握此井过去发生过此类事故没有，其处理方法、经验和教训是什么。本井组、区块、油田处理此类事故的措施和经验。

三、井下探视调查

井下探视的主要任务是了解清楚井下的实际情况。探视方法有仪器探视和直接探视。仪器探视主要用地球物理测井仪器进行，通过测井资料分析井下的事故情况。直接探视是指用油管或钻杆，携带专用工具下井探查井内情况。由于下井探视的工具不同，直接探视又分为铅模探视、铅锥探视和泥模探视等。

1. 铅模探视法

1)铅模的作用

(1)探视井下落物准确深度。将铅模下入井内探及落物后，根据下入钻具(或管柱)的深度、油补距和铅模本身长度，即可算出井下落物位置深度。

(2)检查套管内径和变化。依据下入的铅模外径尺寸可以确定所查套管的内径。依据铅模通过不同井段时的刻痕与变化，可以判断套管内径的变化情况。

(3)判断井下落物状况及方位。下入适宜的铅模，从铅模印痕形状与大小可以判断落物所处位置和方位，检查出套管变形裂缝大小以及有否砂埋等情况。

(4)判断落事故性质，确定处理措施及工具。可以根据铅模印痕的形状及程度等资料，搞清事故的性质及处理的难易程度。如铅模打印证明井下落物鱼头是油管接箍，则下油管外螺纹或油管打捞矛即可打捞上来。如果铅模印痕是油管外螺纹且鱼头有破坏，或者有小件落物挤在一旁，事故就比较复杂，处理难度就大些，处理时要特别慎重。经过铅模探视检查可以为处理井下事故提供可靠的依据，指出可行的处理措施。

2)铅模的类型及结构原理

利用金属铅既有一定硬度(可成型),但硬度又远低于井下落物的特点所制成的筒状工具,称为铅模。

当将铅模下至井内欲探视位置触及落物或套管破损位置时,由于铅模的硬度低于井下落物或破损井段,就会在铅模上留下触及物形状和大小的印痕。分析这些印痕,就可以判断出井下落物的情况,这就是铅模探视的原理。

铅模具有制作简单、成本低、使用方便、判断可靠等优点,在井下作业中应用很广。铅模的种类较多,主要有以下四种类型:

(1)A 型铅模。其结构如图 3-3 所示,其主体为上部车有油管(或钻杆)内螺纹的大小头,在主体的大头部分钻 4~6 个孔,孔中穿有铁棒并焊牢,然后用熔化铅灌满铅壳。此铅模适用于探视井下落物鱼顶。其优点是制作较简单,适应性好,准确性高,不容易造成铅壳脱落等。缺点是用于套管变形打印时有局限性。

(2)B 型铅模。主体由 2⅞in 钻杆制成。主体上钻有 4~8 个对称孔眼,在孔洞中间穿过铁棒。钻棒在主体外面露出 1in 长,最后灌熔化铅制成,如图 3-4 所示。此铅模外径可以扩大为主体的几倍,故可以测出各种不同套管内径的变形,具有适应性好,刻痕明显等优点。缺点是较 A 型铅模制作复杂,容易产生铅壳脱落事故等。

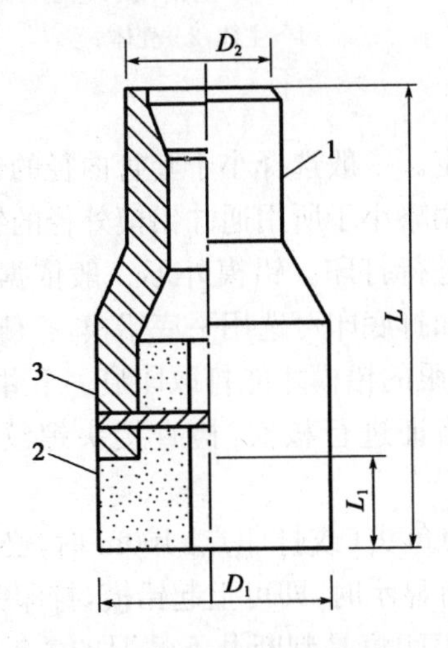

图 3-3　A 型铅模示意图

1—主体;2—壳体;3—铁棒

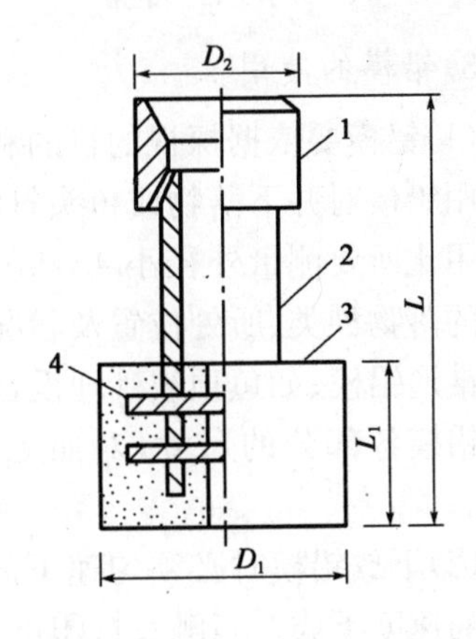

图 3-4　B 型铅模示意图

1—钻杆接头;2—钻杆本体;3—铅壳;4—铁棒

(3)C型铅模。该铅模是由A型铅模改进而成的一种铅模,与A型铅模不同处是,C型铅模大小头的大头内车有锥度孔,熔化铅浇灌成楔型嵌装其中,比较牢固,如图3-5所示。因此,在恶劣的环境中使用时,也不会产生铅壳脱落的事故。缺点是加工制作较A型铅模困难、复杂。

(4)D型铅模。其结构如图3-6所示,是由B型铅模改进而来的。不同点是主体外缘车成凸凹形状。当溶化铅浇灌后,铅壳有多处呈环状嵌镶在主体上,加固了主体与铅壳的连接,在恶劣的环境下铅壳也不至于脱落。缺点是制作复杂。

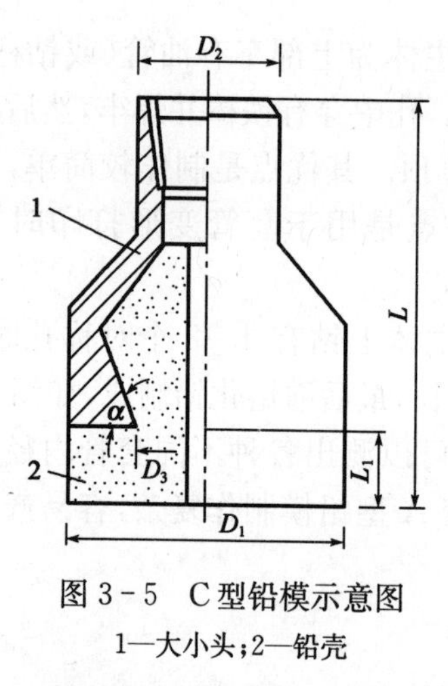

图3-5 C型铅模示意图

1—大小头;2—铅壳

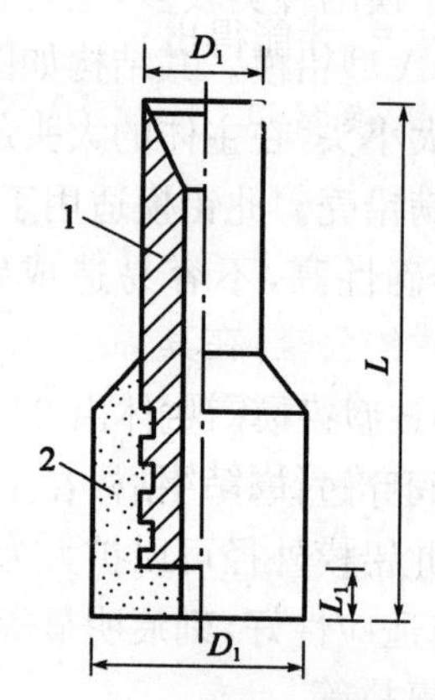

图3-6 D型铅模示意图

1—主体;2—壳体

3)铅模的使用

(1)铅模要依据探视的目的和对象来选定。一般选择小于套管内径的铅模;如果用铅模对井下落物或鱼头打印时,可选用略小于所用通井铅模外径的铅模,一般用比所要测量外径小4～5mm的铅模进行打印。铅模外形一般依据需要打印的落物种类、所处位置及状况而确定。如打底印可选用平底铅模,打侧印可选用锥形铅模;如鱼顶被砂埋没,应选用带水眼的铅模才能打取印痕。下井前要量度铅模各部分的尺寸,对照工具出厂合格证进行核实,检查接头螺纹完好情况。

(2)下放铅模时必须匀速下放,当下至距鱼头(或打印点)100m时,必须以最慢的速度下放。当触及打印点,指重表略有显示时,即可上起铅模,打印完成。打印次数只此一次,不能重复进行。检查铅模印痕是判断井下情况的关键的一步,必须十分重视才能取得准确的探视结果。

(3)必须将所打印痕原形不变的描绘下来,不能增减,否则会得出错误的判

断。印痕为一圆形带有小破口，表明井下落物鱼顶是油管外螺纹且有破裂现象。如果描绘印痕时添一段圆弧，将会错误地判断鱼头是完好的油管外螺纹。按此错误的判断去打捞处理，必然要破坏鱼头，使事故更复杂化。

(4)必须准确描绘铅模印痕，不丢掉任何一条细痕，不擅自改变印痕上任何一个微小处，取得完整正确的铅模探视资料。

(5)必须周密的考虑，做出定性、定量的判断。解释铅模印痕要依据铅模探取的资料，还要结合其他资料(调查了解的资料)和油田上的经验全面分析，判断出井下落物是何物、所处环境，并准确地计算出鱼头大小、深度、状况等。只有做到上述要求，才能得出正确的判断，制定出切实可行的措施。

2. 铅锥探视

当需要探测井下落物中小直径孔道的尺寸、形状，如落鱼的水眼或其他工具的小孔径时，应使用铅锥探视。所谓铅锥，就是根据探测需要选用适合井下落物孔径尺寸的公锥，在其上浇灌熔化铅所制成的锥状铅壳体。铅锥探视法的原理和操作均与铅模探视法相同。对铅锥的技术要求是制作时必须将公锥上的油擦干净，使铁锥壳固结牢，以防下井脱落。

3. 泥模探视

泥模探视应用较少。当落物体积和重量较小，落物材质较软用铅模打印会使落鱼变形，或落鱼可以活动，用铅模打印会使落鱼移动时可应用这种方法。泥模的结构较简单，用一个普通的短铣管，在距开口 100mm 处加焊 3～4 个弹簧片，上部是钻杆接头，铣管内加满红粘土与碎麻绳加水调制成的粘团，用木棒捣实即成。起下时，为了防止钻杆内外压差把泥模中的红粘土混合物挤入钻杆内，在泥模上面接一个回压阀。在回压阀和铣管中间也塞满粘泥土团，就可避免环形空间的液柱压力顶坏泥模。

4. 通井规检查

通井规是专门检查井径的工具。井径的检查除用测井方法之外，使用通井规检查有一定实用工程价值。它具有工具简单，使用方便，检测可靠、准确，无需用测井设备及测井队施工测试的优点。通井规由上接头和不同直径的规身所组成，如图 3－7 所示。使用通井规时，应根据预测井井径大小合理选用，通井深度要求通至人工井底或射孔井段以下 30m 为合格。

四、处理井下事故的原则

井下事故处理的目的是恢复井筒畅通，以满足作业、增产措施及注采的

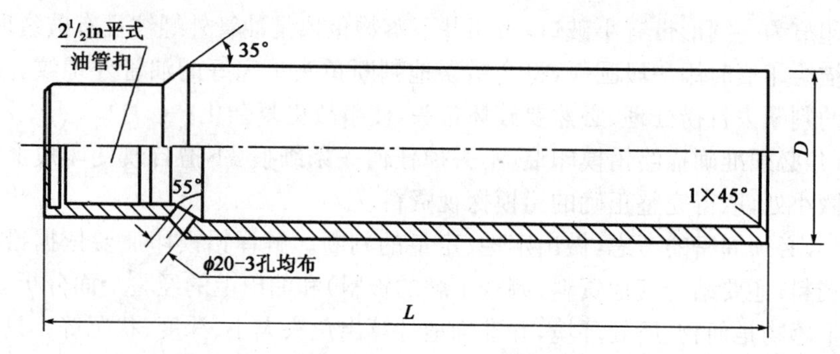

图 3-7　通井规示意图

需要。

根据井下事故处理的目的，处理井下事故应遵守的基本原则是：

(1)保护油水层不受污染和破坏。

(2)不损坏油层套管(或不损坏井身)。

井下事故处理必须是越处理越简单，落物越少，不能越处理落物越多，越复杂。因此，从技术管理角度出发，应做好以下几方面的工作。

1. 查清井况

查清井况，做到“四清”：

(1)历史状况清。上修前要查清采油、注水、修井、试油、增产措施、含水及周围水井影响程度和本次上修目的等。

(2)鱼头清。目前鱼头形状、规范、是否靠边、有无残缺等。

(3)复杂情况清。鱼顶周围套管是否损坏，损坏程度如何，井内是否出砂，鱼头是否砂埋，鱼头内外是否有其他落物等。

(4)井深数据清。送修数据、下井钻具及捞出物长度等数据与井深或鱼头位置是否相符，若有差异，分析产生的原因。

2. 正确选择工具

选择合适的打捞工具是成功的关键之一，必须考虑套管规范、鱼头尺寸、形状、工具下井的安全性、可靠性等。在上述前提下，应尽可能选用结构简单、操作方便、灵活的工具。在一些特殊井况下，必须加工一部分特殊工具。

3. 正确的打捞措施

正确的打捞措施是复杂井处理的关键，同一种工具，操作方法和辅助措施不同，捞获效果明显不同，如果方法不当，不仅影响打捞成功率，甚至有可能造成新的事故。

4. 充分发挥人的主观能动因素

在打捞过程中，充分发挥人的主观能动性，严格执行正确的打捞措施，认真操作这是处理事故的关键因素。

五、打捞类型及工具

分析和研究井下落物事故的类型，将有助于事故的处理。划分井下落物事故类型的方法有下述几种。

1. 按落物形状和大小划分

(1)管类落物。在油(水)井生产、实施工艺技术措施或修井过程中，油管或钻杆脱扣、折断或顿钻造成断落事故。

(2)杆类落物。这类落物大多数是抽油杆，也有测试工具下井时用的加重杆等。

(3)小件落物。凡是在采油、注水和修井过程中掉入井内的铅锤、刮蜡片、螺栓、压力表、工具、通井规、取样器、阀座及阀球等，影响油(水)井生产，均属小件落物事故。

(4)绳类落物。在进行井下测试、探视井底，压送工具仪器、投送堵塞器或配产器时，因为井内出砂或操作问题所造成的钢丝或钢丝绳落井、断落等均属绳类落物事故。

2. 按工程打捞难易程度划分

按工程处理时的难易程度来划分有简单打捞和复杂打捞两种。简单打捞泛指落物在井下未被卡死，落物顶部没有变化情况下的打捞。复杂打捞是指井内落物被卡死或落物顶部严重变形、重复落物等情况下的打捞。复杂打捞的范围与简单打捞相同，只是程度不同，打捞处理措施和处理时间不同而已。

3. 打捞管类落物

打捞前应首先掌握油(水)井基础数据，即了解钻井和采油资料、搞清井身结构和有无早期落物等；其次搞清楚造成落物的原因，落物落井后有无变形及砂面掩埋等情况；计算打捞时可能达到的最大负荷，加固井架和绷绳坑；还要考虑到捞住落物后再次遇卡应采取的措施等。

1)打捞步骤

(1)下铅模进行井下探视，了解落物的位置和形状等。

(2)依据落物情况及落物与套管环形空间大小，选择和制作合适的打捞工具。

(3)编写施工设计和安全措施，按呈报手续经有关部门批准后，按施工设计进行打捞处理。下井工具要画示意图，打捞时操作要平稳。

(4)对打捞上来的落物进行分析，写出总结，并画出落物示意图，标注尺寸大小。

2)常用打捞工具

(1)公锥。公锥是修井中常用的打捞工具。在一截圆锥形的钢杆两端车有螺纹，上端连接钻杆或油管，下端连接打捞工具。公锥主要用来打捞断落或卡于井内的钻杆、油管及其他管类落物。当鱼顶是断裂管类或油管外螺纹时，不宜使用公锥，以免撑破鱼顶，使事故复杂化。

公锥的种类很多，按打捞过程中用途不同分为正扣公锥和反扣公锥。正扣公锥用于直接打捞井下落物；反扣公锥用来先倒扣、处理鱼顶之后再打捞。

在套管与落物间隙不大的井中打捞时，采用单独公锥(又称不带引鞋公锥，或简称公锥)打捞，如图3-8所示。在较大内径套管里打捞时，由于套管与落物间隙大，打捞时应采用引鞋和有定向找中装置的公锥。下公锥前应检查公锥表面有无裂纹、疤、砂眼及其他问题，螺纹内不得有铁屑及泥砂等脏物。为了防止捞上落物后井下发生卡钻，应接有安全接头。打捞时，应详细丈量钻具，计算好鱼顶方入和造扣方入，并在钻具上做好记号。操作时要平稳，严格按操作规程操作。

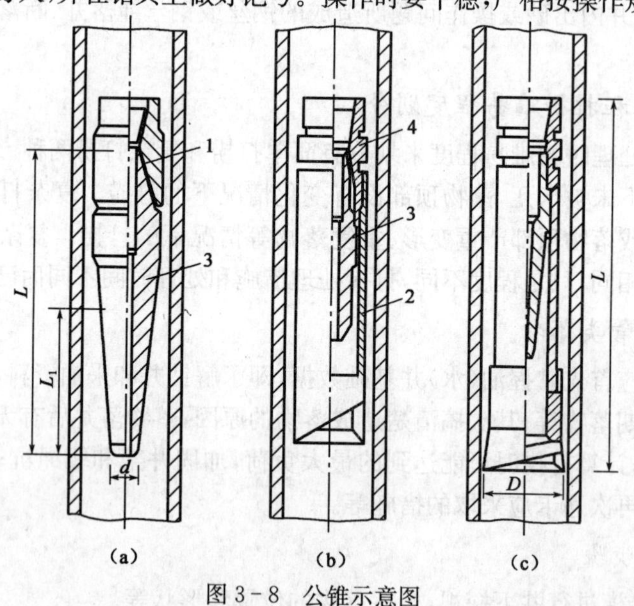

图3-8 公锥示意图

1—引鞋；2—引管；3—公锥；4—接头

打捞过程中是否捞上落鱼，其判断方法是：校对方入，观察指重表总重量变化，对比打捞前后钻具深度。捞上落鱼后，钻具放不到原来深度。

(2)母锥。母锥由锻制短钢管制成，上部焊(或车)有钻杆内螺纹，下部车有带锥度的打捞内螺纹，并刨有切屑槽，如图 3-9 所示。使用母锥打捞落物时，也存在有扶正问题。解决的办法，一是母锥下面带引鞋；二是在母锥外缘车螺纹，以便连接大直径的引鞋工具。

使用母锥打捞的方法基本同于公锥打捞。不同之处是母锥适合于打捞断裂的、薄的或不规则的管类，以及油管和钻杆本体。母锥也有正反扣之分，使用时需要进行选择。

(3)捞矛。这是打捞管类落物的一种专用工具，由捞矛杆、卡瓦、挡键、滑块等组成。捞矛杆是捞矛的主体，是圆杆上刨一个或两个斜面。斜面中间有键槽，上面有可滑动卡瓦牙块。卡瓦牙块上有齿部向上的梳形牙齿，靠自重可以下滑。打捞落物时，靠梳形齿牙摩擦落物内壁，上提杆体而卡紧并捞起落物。打捞矛具有制作简单、使用方便、打捞准确、安全可靠、捞获效率高等优点，现场广泛应用。它适用于打捞完好的鱼顶、接箍、长杆或其他工具接头，不适用于破坏了的鱼顶，油管外螺纹或薄壁管等。如果落物鱼顶被砂埋没，应选用空心捞矛，通过打捞矛水眼冲洗鱼顶砂面，边冲边捞效果较好。如果套管与落物间隙大，可采用带引鞋捞矛进行打捞。打捞矛有正、反扣之分。正扣打捞矛用于直接打捞落物；反扣打捞矛用于倒扣打捞。为了适应在各种不同管径内的落物打捞，打捞矛的规范也有所不同。

(4)卡瓦打捞筒。这是从管子外壁打捞管类落物的一种专用工具。其结构主要有壳体、卡瓦、配合接头和引鞋等几部分，如图 3-10 所示。

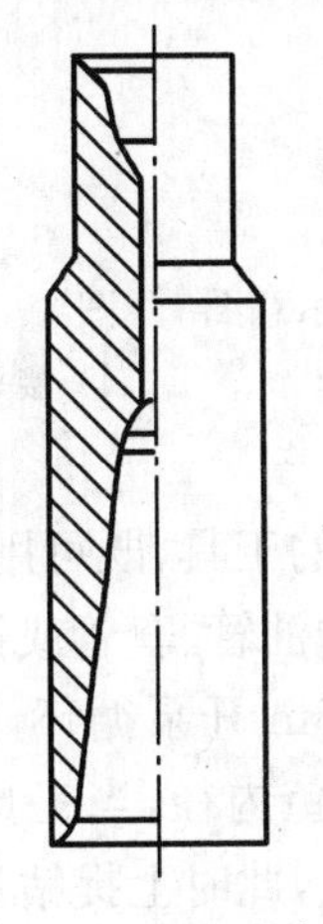

图 3-9 母锥示意图

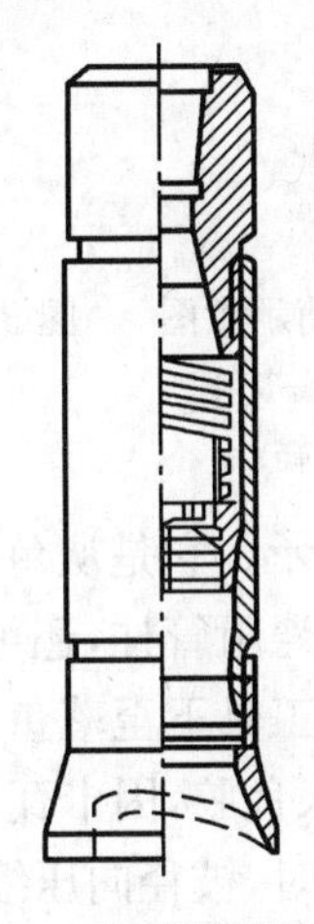

图 3-10 卡瓦打捞筒示意图

在打捞筒壳体斜坡上装有两个键，用于控制卡瓦上下活动。当打捞时，落物进入卡瓦打捞筒内腔，将卡瓦推到上部。落物顺利进入卡瓦打捞筒，靠弹簧力将卡瓦推到下部紧贴落物管壁。上提时，靠卡瓦牙与管壁摩擦力将落物捞住。

卡瓦打捞筒也有正、反扣之分，正扣卡瓦打捞筒用于直接打捞落物；反扣卡瓦打捞筒则用于对落物进行倒扣打捞。在具体使用时，不同尺寸的落物应选用不同规格的卡瓦打捞筒。

在打捞筒下至鱼顶前，应慢速下放，边下边冲洗循环，同时向不同方向转动下放，直至捞上落鱼。

(5)弹簧捞筒和开窗捞筒。弹簧捞筒主要由接头、壳体、簧片、铆钉、引鞋等组成，如图 3-11 所示。

开窗捞筒主要由薄壁套筒开长梯形三个方向的开口，而将所有梯形弹片向内张开，其上部焊有接头，下部做成导角引鞋或铣牙，如图 3-12 所示。

这两种打捞筒制作简单，适用于打捞接头、接箍或短而不卡的井下落物。

(6)水力捞锚和大头锥。其结构分别如图 3-13 所示，打捞内径较大的井下管类落物时，使用这两种工具。

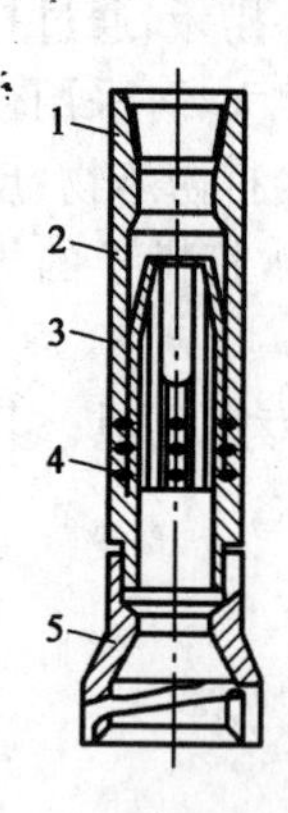

图 3-11　弹簧捞筒示意图
1—接头；2—壳体；3—簧片；
4—铆钉；5—引鞋

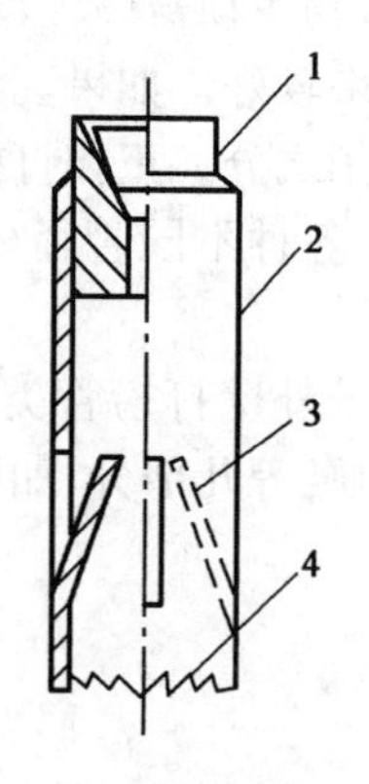

图 3-12　开窗捞筒示意图
1—接头；2—铣管；
3—簧片；4—铣牙

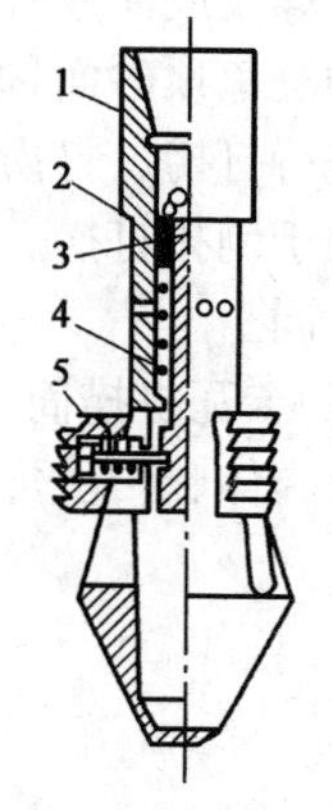

图 3-13　水力捞锚示意图
1—接头；2—活塞；3—密封圈；
4—弹簧；5—卡瓦

(7)可退式捞矛。它是从鱼腔内进行打捞的工具，既可用于打捞自由状态下的管柱，也可捞获遇阻管柱，还可用来打捞各种油管、套管或钻杆。

打捞落鱼时，工具下至落鱼顶部以上 2～3m 开泵循环，冲洗鱼顶，探鱼顶，用引鞋将工具引入鱼腔，因卡瓦外径略大于落鱼内径，当工具进入鱼腔时，卡瓦被推向上窜动，同时，被径向压缩进入打捞位置，此时上提钻具，因卡瓦牙紧贴落物内壁产生的摩擦力导致卡瓦不动，芯轴上行，芯轴与卡瓦上的锯齿形螺纹相互吻合，使卡瓦产生径向力，其卡瓦牙吃入落鱼内壁而实现打捞。

若落鱼卡死，需退出工具，此时给芯轴一定的下击力，迫使卡瓦与芯轴的内外锯齿形螺纹脱开，再正转钻柱 2～3 圈，使其产生相对位移，促使卡瓦沿芯轴螺纹下行，直至卡瓦与释放环上端接触为止，上提钻具，即可退出。

打捞落鱼操作方法与注意事项：

①根据落鱼尺寸选择合适的可退式捞矛；

②检查工作，使卡瓦的轴向窜动量符合要求，用手转动卡瓦使其靠近释放环，此时工具处于自由状态，并检查水眼是否畅通；

③接好钻具下钻，下至鱼顶以上 2m 左右时，开泵循环并缓慢下放钻具至鱼顶；

④探准鱼顶后，试提打捞管柱并记录悬重；

⑤正式打捞，当捞矛进入鱼腔，悬重有下降显示时（约下降 5kN，切忌将捞矛全部插入鱼腔，致使提不动时无法退出）反转钻具 1～2 圈，芯轴对卡瓦产生径向推动，迫使芯轴上行，使卡瓦卡住落鱼而捞获；

⑥上提钻具，若负荷增加说明捞获，即可起钻，若悬重不增加，可重复上述操作直至捞获；

⑦如上提力接近或大于钻具安全负荷时，可用钻杆下击芯轴，并正转钻具 2～3 圈后上提钻具，即可退出。

(8)可退式卡瓦打捞筒。可退式卡瓦打捞筒是从管子外部进行打捞的工具，可用于打捞不同尺寸油管、钻杆和套管等鱼顶为圆柱形的落鱼，也可打捞卡钻的落物，又可进行循环洗井，同时也可对轻度变形的鱼顶进行修服，是管类无节箍落物的首选工具。

当可退式卡瓦打捞筒捞获落鱼后，上提钻具，卡瓦外螺纹锯齿形锥面与筒体相应的齿面有相对位移，而将落物卡紧捞出。

打捞落鱼操作方法与注意事项：

①根据落鱼尺寸及套管内径选择合适的工具尺寸，在下井前用手推动卡瓦是否灵活，键槽是否合格；

②将工具下至鱼顶以上 2～3m 时，停止下放，记录悬重，然后开泵循环冲洗鱼顶；

③缓慢上提，若悬重大于原悬重，说明已捞获，否则重新打捞，如果上提力接近或大于工具安全负荷时，应停止上提，说明遇卡严重，可用钻杆自身重量下击捞筒，然后正转管柱，同时上提钻具退出工具；

④使用篮式卡瓦打捞筒在磨铣修复鱼顶时，加压不能超过10kN；

⑤因捞筒内有密封圈，当捞筒循环洗井时，应注意泵压变化，防止憋泵；

⑥由于工具外径较大，应考虑到捞筒与套管间隙，同时保证套管无问题，井内必须洗井清洁，防止沉砂卡钻；

⑦如果所捞管柱未卡，可直接下打捞筒打捞；如果遇卡严重，可与震击解卡工具配合使用。

(9)开窗捞筒。开窗捞筒用于打捞带台肩或节箍的无卡阻油管、钻杆等管类落物。当落鱼进入筒体并顶入窗舌时，窗舌外胀，其反弹力紧紧咬住落鱼本体，窗舌也牢牢地卡住台阶，即可把落物捞出。

打捞落鱼操作方法与注意事项：

①根据井内套管内径及完好情况，选择合适的开窗捞筒；

②检查各部螺纹或焊缝是否完全牢固，测量窗舌尺寸与闭合状态的最小内径是否能与落鱼配合，并留图待查；

③将工具下至鱼顶以上2～3m时，开泵循环洗井，慢转钻柱下放，观察指重表及方入变化，记好碰鱼方入，引导筒体入鱼；

④继续下放钻柱，使落鱼进入工具筒体内腔，若落鱼长度较短，井较深，方入及悬重变化难于判断时，可在一次打捞之后，将钻柱上提起1～2m，再旋转下放，重复数次，即可起钻；

⑤应根据套管完好情况及有无卡、阻情况，慎重选择捞筒。

(10)接箍(对扣、分瓣)捞矛。它是专门用于捞取鱼顶为节箍或内螺纹的工具。

接箍捞矛实质是一种内、外螺纹的对扣打捞，为了能使接箍捞矛进入接箍，卡瓦纵向开了若干个槽，每一个槽间便是一个瓦片，依其弹性变形进入接箍内螺纹中，又靠芯轴和卡瓦内外锥面贴合后的径向胀力，保持对扣后的径向胀力，紧紧捞住落物而实现打捞。

打捞落鱼操作方法与注意事项：

①根据井内鱼顶的接箍规格，选择捞矛及卡瓦；

②将工具拧紧在打捞管柱最下端，下入井中，在下至距鱼顶1～2m处，开泵循环冲洗鱼顶，带循环正常后停泵，入鱼；

③当悬重下降停止下放，慢慢上提，若悬重增加说明打捞成功；

④起钻；

⑤被打捞落物接箍必须是完好的；

⑥出井后右转卡瓦，即可退出落鱼；

⑦此种工具不能造扣,落鱼卡阻较大的情况不宜使用。

4. 打捞杆类落物

这类落物大部分是抽油杆,也有加重杆和仪表等。落物有落到套管里的,也有落到油管里的。后者容易打捞处理,前者打捞困难。这是因为抽油杆细长,刚度小,易弯曲,易拔断,落井形状复杂。打捞作业分油管内落物打捞和套管内落物打捞两种。

在各类落物打捞中,杆类落物最常见、最复杂,如果打捞方法不得当,很容易造成转大修或死井,所以在杆类打捞中应当选择最合理的工具和严格执行操作规程。

1)光杆的打捞

光杆落井主要有三种情况:一是在抽油生产的过程中,由于管脱及泵脱,使光杆落入油管内;二是在修井作业过程中,未见液面就投光杆,将泵砸脱或泵已经砸脱却投光杆;三是由于管、杆卡等原因,大力上提抽油杆将抽油杆提断。

(1)打捞管脱及杆脱的光杆。

①打捞方法:

不管是管脱还是杆脱,都不能提油管,首先要进行打捞,可选择油管规格的光杆打捞器,下抽油杆打捞,捞出抽油杆及活塞后,再进行起管作业。

②易出现的问题:

没有经过油管试压等处理,直接起出油管,易将抽油杆脱放在套管内,造成以后打捞困难;起管过程中,下放管柱,易将抽油杆压弯或折断;下管探砂面,这种情况是最容易将管脱的抽油杆压弯或压断。

(2)投杆将泵砸掉或泵已脱投杆。

①打捞方法:

要根据套管规格选择合适的带引鞋的三球打捞器。在打捞过程中,要在下入原有泵挂深度后,每下一根管,认真观察拉力表,慢慢旋转管柱下放直到捞住为止。其次可采用侧钩打捞,打捞方法与上述方法相同。此外,在确认没有套变的情况下,且是泵断后脱落井内的,可以下开窗捞筒打捞。

②易出现的问题:

下钻模打印,这是最容易出现的问题。

2)抽油杆的打捞

(1)管内抽油杆的打捞。抽油杆在油管内一般不会重叠,所以一般采用抽油杆接箍捞矛打捞。如果起出的抽油杆接箍的螺纹没有损坏也可直接采用对扣的方法打捞。

(2)管外抽油杆的打捞。对于直抽油杆的打捞,根据套管类型选择合适的三球打捞器,用内径大于抽油杆接箍的管材下入,在接近抽油杆鱼顶以上 50m 时要慢慢旋转下入,每根要有试提操作,直到捞到为止。

打捞管柱内径太小,抽油杆接箍不能顺利通过,会造成捞不到抽油杆或将抽油杆压弯;打捞工具与抽油杆对顶,会使抽油杆弯曲造成打捞困难;打捞工具早已捞住落物却不知道,会造成起管时操作困难。

对于弯曲抽油杆的打捞,这类事故处理方法很多,问题也比较复杂,但总的处理原则是先用钩、后套、最后铣。

使用套铣筒打捞,在确定套管没有损坏的情况下,对弯曲较严重的抽油杆可采取开窗套铣筒或套铣筒的方法打捞,打捞时要边旋转边下放,但加压负荷不能过大。最关键的问题是套铣筒的焊制,各项强度必须达到要求。在各种打捞工具都失败的情况下,就要进行套铣处理。在套铣过程中要注意,首先要保证不损坏套管,其次要不能压实抽油杆,再次要保证铁屑及时返到地面,并且不能污染油田。在经过套铣处理后,一般采用母锥及内钩等外捞工具打捞。

3)油管和抽油杆混合落物的打捞

此类事故主要是发生在处理事故的后一阶段,有四种情况:

(1)油杆在油管的内部。一般要求尽量打捞油管,避免捞杆后再捞管的重复作业,可根据抽油杆在油管内的深度,选择合适的油管打捞工具打捞。

(2)杆和油管深度接近。一般选择油管的外捞工具,在油管外部环空较小,而且油管螺纹完好的情况下,对扣打捞油管也是可行的办法。

(3)抽油杆的鱼顶在油管的上部。一般先捞抽油杆,再捞油管。但在打捞时要注意不能将抽油杆压弯及破坏油管鱼顶。

(4)抽油杆在油管的上部且弯曲。如果抽油杆出油管鱼顶较长,可使用内、外钩等工具结合使用打捞抽油杆。如果抽油杆在油管上部不多,可适当选用母锥、开窗捞筒等工具打捞,必要时可用磨鞋磨铣。

抽油杆和油管混合打捞是一项细致又复杂的打捞过程,要求施工者认真丈量起出或捞出的管、杆,并加以对比,准确分析出鱼顶情况,制定出合理的打捞措施。同时,这类打捞工具选择性很大,有一些工具是根据现场实际自己制作,要求在制作过程中,有专人把关,加强工具质量。最后在打捞完成后起打捞管柱时,一定要控制起管速度,不能让管柱回放,以免发生脱钩现象。

4)套管内打捞

(1)带拨钩引鞋卡瓦打捞筒。这种工具由接头、外壳、卡瓦和拨钩引鞋等组

成，如图 3－14 所示。使用这种工具时，必须慢转慢放，以防压弯落物使之变形。当打捞筒下至距鱼顶 1m 左右时转动下放，将鱼顶拨正，使之进入引鞋。当落鱼顶着卡瓦上行一段距离后，靠弹簧力下滑卡住落物便将落物打捞上来。

(2)活页打捞器。该工具由接头、主体、活页和引鞋组成，如图 3－15 所示。落物进入打捞器内顶开活页，进入一定距离后，活页落下，卡住上部落物的接头部分，便将落物捞住。

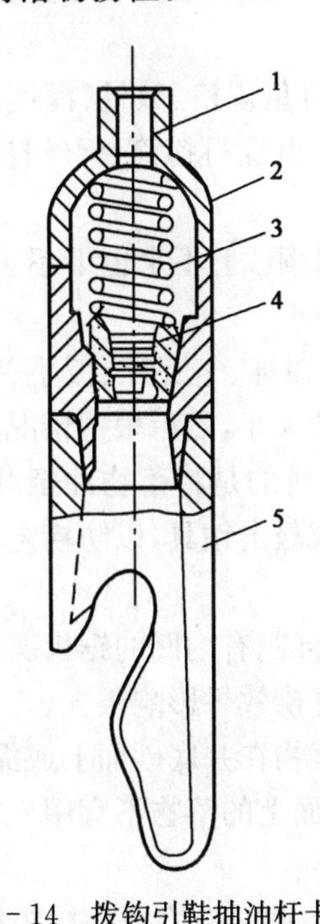

图 3－14　拨钩引鞋抽油杆卡瓦打捞筒示意图

1—接头；2—外壳；3—弹簧；4—卡瓦；5—拨钩引鞋

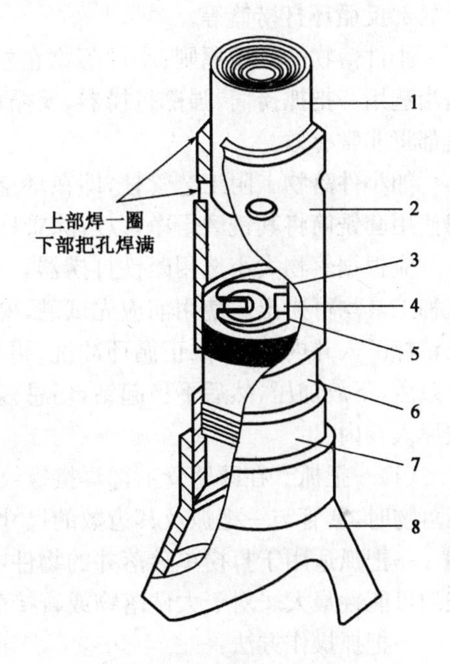

图 3－15　活页打捞器示意图

1—管接箍；2—连接头；3—轴；4—轴架；5—活页；6—座子；7—引鞋；8—大引鞋

(3)捞钩。在油管下端相对称的两边割缝，将割片一端插入管内并焊死，最后将钻杆下端割成斜切口的引鞋。将捞钩下过第二根油杆的上接头，转圈使之进入钩内，则割片便卡住接头，这时即可捞上。如果落物压弯或成团，则需根据具体情况制造内钩或外钩进行打捞。

(4)套磨捞组合法。以上方法打捞不上来，可用套铣筒套，或用大水眼磨鞋磨。然后，再用磁铁打捞器或反循环打捞蓝打捞碎屑，直至捞净井下落物。

5. 打捞小件落物

小件落物打捞有它自己的特点，由于落物结构较小，在井内掉落的方向不定，工具捞上或没有捞上，地面无显示，而每捞一次，井内落鱼都有可能有新的变化。因此，必须特别注意打捞工具及打捞操作。

小件落物的种类包括深井泵衬套、钢球、阀座、活塞、扳手、管钳牙、液压钳牙、大锤头、油套管碎片、井口螺钉、小钢圈、卡盘芯子活页、吊卡销子、手柄销子、电泵卡子等。

小件落物的打捞工具：磁铁打捞器、打捞筒、一把抓、老虎嘴、反循环打捞篮及局部反循环打捞篮等。

小件落物的打捞原则：小件落物在检测清楚落鱼规格、数量、深度、形状后，适当选用一把抓捞筒、强磁打捞器、反循环打捞篮、开窗打捞筒、钢丝打捞筒等工具都将非常有效。

如小件落物卡阻工艺管柱，即在环空某位置卡阻，上不来也下不去时，可考虑使用套铣筒将其铣磨干净，以解除管柱的卡阻。

应根据落物大小选用磁铁打捞器，一般阀球、钳牙、卡瓦牙、扳手、手锤等用这种工具均可捞出。使用前应先试磁，检查其磁性大小，然后根据情况使用油管或钻杆下入井内，先开泵正循环冲洗，再反冲。其目的是将落物冲至井底中心。停泵后，下放加压，然后平稳起钻，切忌猛提猛刹或敲击钻具，以防捞上的落物再次掉入井内。

(1)一把抓。在薄壁管上部焊接螺纹接头，下部割有内凹的锯齿。用一把抓捞落物时，套管与一把抓及其齿数的尺寸配合对打捞效果影响很大。

一把抓适用于打捞单独落井的物件，特别是落物在井底砂面上或泥面上，捞获的可能性最大。对于大件落物或直接落在水泥面上的落物不宜用一把抓。

一把抓操作方法：

①根据井内套管内径及落鱼几何形状选择好一把抓，检查好接头螺纹及焊接部位是否牢固；

②把工具接在管柱下面，下至井底或落物以上1～2m时，开泵洗井，将落物上的砂子冲净后停泵；

③下放钻柱，当指重表略有显示时，核对井底方入，上提钻柱并转动一个角度后再下放，如此找出最大方入；

④继续下放管柱，加压20～30kN，再转动管柱3～4圈，待拉力表悬重恢复后，再加压10kN左右，转动管柱5～7圈；

⑤以上操作完毕后，将钻柱提离井底，转动钻柱使其离开旋转后的位置，再下放加压20～30kN，将变形抓齿顿死，即可起钻。

使用一把抓注意事项：

①一把抓齿形应根据落物种类、形状选择或设计，若选用不当会造成打捞失败，以保证抓齿的弯曲性能；

②若落物几何形状为球形或类似球形，而尺寸较大时，抓齿可以设计的粗短一些，齿数也可少些；

③落鱼几何形状为细长物，抓齿可以设计得细长一些，齿数可较多一些；

④提钻应尽量轻提轻放，不允许敲打管柱，以免造成卡取不牢，落物重新落入井内。

(2)老虎嘴。该工具用无缝钢管割制而成，分嘴腔、嘴角、嘴唇三部分。老虎嘴是一种简单的打捞工具。适用于打捞油管短节、接箍、螺钉、绳类等。

打捞时将老虎嘴下至鱼顶上部，开泵循环冲洗干净，然后朝不同方向旋转，上下活动待落物进入后，上起管柱即捞获。

(3)磁力打捞器。磁力打捞器是用来打捞在钻井、修井作业中掉入井内的钻头巴掌、牙轮、钳牙、手柄及作业中的各种铁磁性落物的工具。

磁力打捞器是一个以铁壳体、引鞋和芯铁为两个同心环形磁级，是靠磁钢作为打捞的能源，由于合理地设计了磁路，使很强的磁场强度全部集中在磁钢的端面上，而打捞筒外表的磁场几乎为零，因此，在磁铁打捞器下井时，打捞器不会吸附在套管壁上，而只会吸附井底落物。

磁力打捞器操作方法：

①根据井内落物特点，选择合适的引鞋及打捞器，并检查水眼是否畅通；

②将工具拧在打捞管柱下部上紧下井；

③当磁铁打捞器下至井底或落物以上 3～5m 时，开泵循环冲洗鱼顶或井底；

④待井底冲洗干净后，在保持循环的前提下，缓慢下放管柱触及落物，此时钻压不得超过 10kN，然后上提钻具 0.5～1.0m，将打捞器转动 90°，再重复上述操作；

⑤确定落物已被吸住，上提钻具 0.5～1.0m 停泵。

使用磁力打捞器注意事项：

①磁铁打捞器下井前，必须用木板或胶皮同其他铁磁性设备隔开；

②去下护磁板及被吸住的落物时，操纵者的施力方向应与工具中心线垂直；

③操纵者不准手持磁性工具接近磁力打捞器底部，以防伤人；

④在使用装卸过程中不得剧烈摔碰及用火烧。

6. 打捞绳类落物

当井下落物是钢丝绳或电缆时，需采用钩类打捞工具。

(1)内钩。该工具主要由接头、钩体和钩子等组成,如图3-16所示,打捞时应轻放,正转试提,如负荷增大,证明已经捞上。打捞时,应使钩子插入落绳顶部,钩住适量钢丝绳,防止一次下入很深,钩住过多,造成拔断钩子或提拉成团卡钻事故。

(2)外钩。该工具主要由接头、防卡引帽、钩身和钩子等组成,如图3-17所示。用外钩打捞落物时,让钻具下放至打捞位置轻轻转动,便可捞住落物。切忌将钩子插入过深,致使上提成团,使事故复杂化。

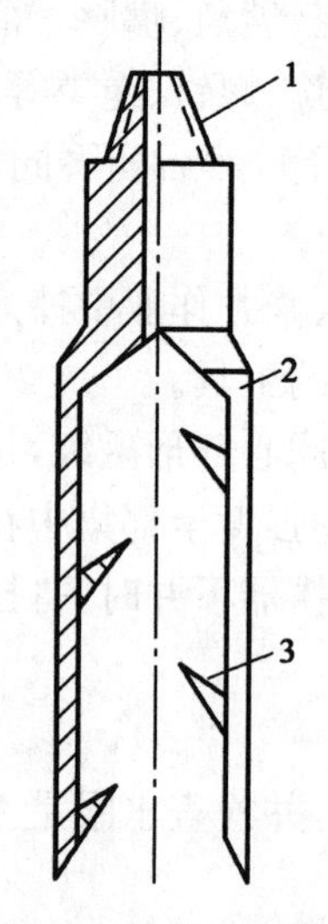

图3-16　内钩示意图

1—接头;2—钩身;3—钩子

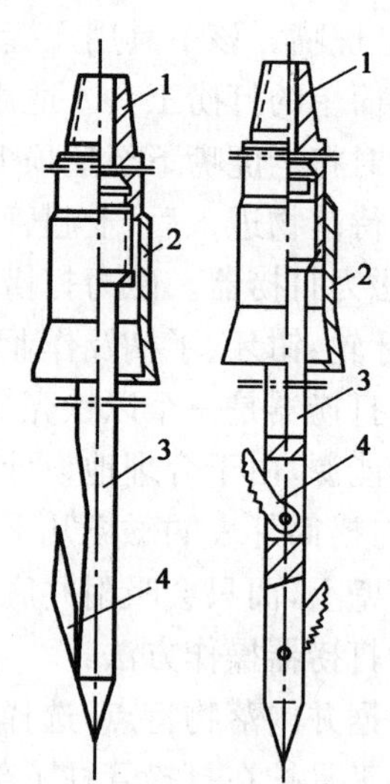

图3-17　外钩示意图

1—接头;2—防卡引帽;3—钩身;4—钩子

(3)钨钢套铣管(套磨法)。当落物无法捞取或由于其他方法导致落物压实无法用内钩、外钩打捞时,应采用钨钢铺焊的套铣管进行磨铣处理。

(4)井下割绳器。当井下电缆或钢丝绳较多,难于打捞时,尤其断成数段或成团发生卡钻的时候,不应用力上提,以免造成事故复杂化。这时应使用井下割绳器在井下把钢丝绳或电缆割断,然后再捞。

井下割绳器的结构如图3-18所示。它由外壳、内筒组成。在外壳和内筒的同一方向开有纵向槽一个,槽内嵌有刀片,并用螺钉把刀片和外壳固定。在内筒下部装有环形刀片,刀片下面接有大螺帽,以防止环形刀片滑出。在内管上面用螺纹连接有配合接头,外壳上部有引导短管,引导短管和外壳在内筒外面。

当需要割断被卡死而未掉落井下的钢丝绳时,在钻台上把钢丝绳从割绳器下面穿入,再由纵向槽中穿出。然后将之绕在原电缆或钢丝绳的滚筒上,开始下

钻时把电缆或钢丝绳松开，下完后，割绳器碰到钢丝绳所接连的炮身或捞筒等物时即上提电缆钢丝绳，然后猛提钻具。这时，割绳器内筒上升，环形刀片和外壳的刀片就可以把电缆或钢丝绳割断。上起时，应先起出被割断的钢丝绳再起钻。

7. 套管内落物的预防

套管内落物有两种：一个是井下落物；另一个是井口落物。预防井下落物的方法是严格执行起下管柱和打捞操作规程。使用钻头及打捞工具时，必须详细检查，不合格或与出厂合格证有出入者不能下井。对井底的情况未搞清楚之前不要随便使用打捞工具。自行设计制造和新装的打捞工具，要考虑是否有应力集中以及电焊对强度的影响，必要时进行强度校核。在打捞时如果井底出现不正常现象，必须起出管柱检查，在未弄清楚原因之前不可继续打捞。在井口工作时禁止把小件工具，如钢球、螺栓等放在井口及转盘上，以防发生落物。井内无管柱时，一定盖好井口。如井内有管柱而停止工作时，一定放上吊卡或卡瓦，然后用帆布围好井口。交接班前后，必须详细检查游动系统的各部分工作是否正常。

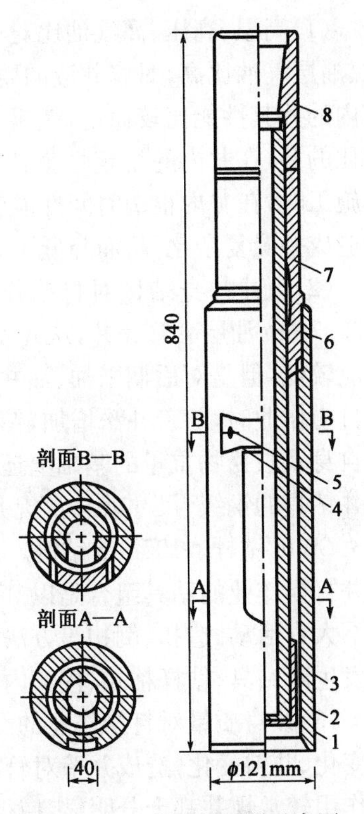

图 3-18 井下割绳器示意图

1—外壳；2—大螺帽；3—环形刀片；4—刀片；5—螺钉；6—引导短管；7—内筒；8—配合接头

六、深井打捞工艺

1. 深井特点

修井深度是按油田技术水平及装备能力来确定属深井或超深井范畴的。大修作业的一般界定是：当深度在 3000～4000m 为深井，而超过 4000m 属超深井范围。随着修井技术的发展，深井打捞工具和打捞技术也得到了改进和发展，几乎每一项打捞作业都有其特殊性，因此，需要对打捞程序的每一环节进行仔细分析并做出判断。深井最明显的特点是井底温度高、压力高、相对井眼小，打捞工艺与常规井相似，但具体情况和难易程度不同。其主要表现为：

(1)高温、高压、高气油比对修井液的影响。由于深井井下温度高、地层压力大、油层气油比高，对修井液的要求也相应要高，目前高密度修井液用于3000m以内的井其性能比较稳定，能满足作业要求，但对3000m以上高压、高温、高气油比的井，在井内的稳定性就比较差。对于深井使用密度1.6g/cm^{3}以上修井液施工时，在井内很短时间性能就发生变化，严重时修井液在井内出现沉淀，容易造成井况复杂化，从而降低了大修效率，增加了修井成本。

(2)深井井身结构对打捞作业的影响。目前新疆油田绝大部分深井选用ϕ139.7mm油层套管完井，从开发的角度讲，选用ϕ139.7mm油层套管完井成本相应较低，但是对后期采油、油井维修以及打捞作业均带来诸多不便。这是因为在打捞作业时，随着井深增加，钻具长度及重量也随着增加，首先打捞钻具在满足自身及被捞物重量的基础上还要克服钻具及被捞物在井内的摩擦阻力，因此，深井钻具的钢级、尺寸就与常规井有所不同。目前在ϕ139.7mm套管内只能选用ϕ73mm钻杆、ϕ105mm钻铤。使用打捞工具最大尺寸在ϕ116mm以内。目前深井打捞作业的钻具组合是以ϕ73mm钻杆为主，因为打捞作业主要是以紧扣、上下大力活动、造扣、倒扣等方法来实现的，上述尺寸的钻杆在深井打捞作业中易发生断钻具、钻杆粘扣、接箍内螺纹被拧成喇叭口等事故。

(3)井身质量对打捞作业的影响。当深井井身质量差时，由于井眼轴线的方位变化、井斜变化，造成井壁对管柱的摩阻作用及井内管柱的弹性弯曲。管柱自重作用较常规井都十分明显，使得深井打捞时操作、判断也不同于常规井，比较困难、复杂。

2. 深井打捞施工应注意的事项

打捞施工的最终目的是将井内物体卡点解除，并将其从井内顺利起出。深井打捞方法与常规井打捞方法即有相同之处又有其特殊性。深井打捞方法在遵循常规井打捞方法的原则上必须还要遵循以下原则：

(1)活动解卡的原则。

①活动前必须紧扣，否则会因扣未上满而拉脱扣，如果从某一深度拔断，可根据情况考虑用正扣管柱下带可退打捞工具紧扣、活动；

②必须在钻具和落鱼允许强度内进行活动，否则会因拉力过高而将钻具或落鱼拉断，一般ϕ73mm平式油管拉力在450kN以内，ϕ73mm外加厚油管拉力在650kN以内，ϕ73mm钻杆拉力在1000kN以内，且考虑在起升设备安全范围内活动；

③上提拉力必须逐渐逐次增加，并且上拉与下击结合，在允许的条件下，可用转动配合解卡。

(2)倒扣有关数据确定。

①倒扣时上提悬重的确定,即

$$Q = Hg/100 + q \quad (3-1)$$

式中 Q——上提悬重,kN;

H——卡点深度,m;

g——在压井液中每米管柱质量,kg/m;

q——附加上提拉力,kN。

②倒扣圈数的确定:常见平式油管倒扣总圈数不超过 20 圈,外加厚油管倒扣总圈数不超过 16 圈,钻杆倒扣总圈数不超过 12 圈。

③允许扭转圈数的确定:为了避免有时倒扣倒不开而需要强扭时将管柱扭断,必须掌握允许扭转圈数,其计算公式为

$$N = 50\sigma_s L/gSD\pi \quad (3-2)$$

式中 N——抗扭圈数,圈;

L——卡点以上管柱长,m;

g——钢材剪切弹性系数,8.0×10^4MPa;

S——安全系数,取 1.5;

D——管柱外径,cm;

σ_s——钢材屈服强度,MPa。

一般情况下,ϕ73mm 油管强扭每 1000m 不超过 9 圈,ϕ73mm 钻杆强扭每 1000m 不超过 12 圈。

第二节 卡钻事故处理

卡钻是指在起下钻具过程中,当提升系统使用与井下钻具重量相等的拉力不能起下钻或者起下钻阻力很大,不能正常进行起下钻作业的现象。卡钻发生后,被卡钻柱的最高点位置称为卡点。卡点的深度对于判断卡钻的性质和制定卡钻的处理措施有密切的关系。当一口井发生卡钻现象后,首先预测卡点的位置,再用计算校核得出卡点的准确位置。这对于制定恰当的处理措施和以后的事故处理是十分重要的。

一、卡钻计算

发生井下卡钻事故后，第一步工作就是搞清卡点的位置，这是制定处理井下事故方案的重要前提和依据，通常采取卡点预测和卡点计算方法来确定卡点位置。

1．卡点预测

预测卡点要依据所掌握的卡钻情况和现场经验进行判断。一般砂卡的卡点是在管柱的底部或者两个封隔器卡距之间；泥饼粘吸卡钻的卡点在井壁不规则凹凸的裸眼井部位，如图3－19所示；井下落物卡钻的卡点多在井下管柱凸起的部位，如封隔器、扶正器和支撑卡瓦等；套管变形卡钻的卡点多在套管变形处或破损部位。预测判断卡点应结合不同油田和地区同类卡钻的特点考虑，也应注意到该卡钻井的特殊情况以及卡钻后的初期处理过程，这样才能得出较为准确的判断。正确的预测卡点将有利于卡钻事故的排除。

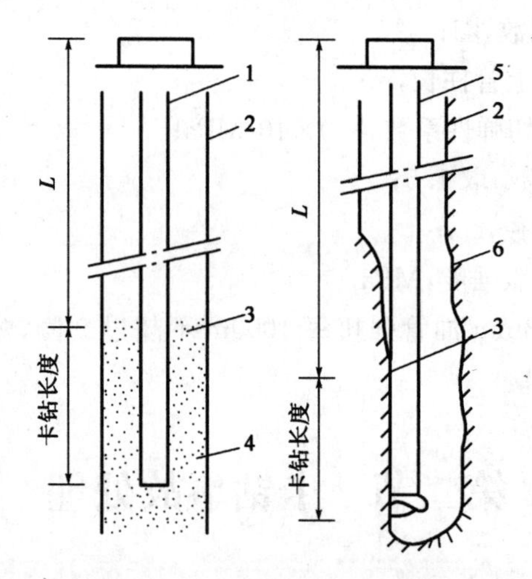

图3－19　砂卡泥饼卡钻示意图

1—油管；2—套管；3—卡点；4—沉砂；5—钻具；6—裸眼井壁

2．卡点计算

根据管柱受拉后弹性伸长的原理，测取拉力与伸长的对应值，即可算出卡点的位置，其公式为

$$H = EF\lambda/10p \qquad (3-3)$$

式中　H——卡点深度，m；

E——钢材弹性系数，$2.1\times10^7\,N/cm^2$；

p——上提拉力平均值，N；

F——被卡钻柱截面积，cm^2；

λ——平均伸长，cm。

在拉伸测试中，指重表必须灵活、准确，丈量尽可能使误差最小，井内液体对拉伸值无影响。拉伸值的确定方法：一般使用比悬重多一点的力上提井下被卡钻具，用上提两次以上的上提力之和除以上提的次数，得出上提平均拉力值。而钻柱被两次不同大小的力上提的距离就是钻具伸长的值；两次上提力的差值就是上提拉力。为了使求得的数值精确，可以多次求平均值。

3. 测卡仪测卡点法

这种仪器测得的卡点直观准确。具体做法是用 2～3m 长的方钻杆连接井内被卡管柱，将测卡仪通过井架天车经方钻杆下入井内直至遇阻，然后上提或扭转被卡管柱，在最少三个不同负荷或转动圈数下，测卡仪即可将被卡管柱的卡点深度直观准确地在地面接收面板上显示出来。

二、中和点

处理卡钻事故时，如果用小于被卡管柱重量的上提力上提，则管柱的上部受拉力，下部仍受压力，两种受力状态的过渡点既不受拉也不受压力，这一特殊点称为中和点。

中和点由于它的特殊受力状态，在处理井下卡钻事故时有着十分重要的意义，往往在进行倒扣解卡处理时容易从此处倒开扣而解卡。

三、卡钻的处理

1. 卡钻的类型原因

根据现场事故分析，卡钻的类型可分为：砂卡、蜡卡、封隔器卡、水泥卡、小件落物卡、套管卡等。卡钻的原因分析如下所述。

1）砂卡原因

凡是由于井内砂子所造成的卡钻事故，统称为砂卡事故，简称砂卡。造成砂卡的原因主要有：

（1）在生产过程中，地层砂随油流进入井内，随着流速的变化，部分砂子逐渐沉淀，从而埋住部分生产管柱，造成卡钻。

(2)冲砂时，泵排量低，冲砂液携砂性能差，冲砂工作不连续，使用大直径的其他工具代替冲砂工具等，造成冲起的砂子重新回落并沉淀造成卡钻。井口倒罐或接单根时间过长，砂子下沉造成砂卡。

(3)填砂施工中失败，修井时不及时向井内补充压井液造成井喷，注采过程中工作制度不合理等。

(4)油井生产时，油层中的砂子随着油流进入套管，随压力降低逐渐沉淀，使砂面上升埋住封隔器或一部分油管造成砂卡。注水井在注水过程中，由于压力不稳定或停注造成倒流现象，使砂子进入套管，也会造成砂卡。

(5)压裂时所用管柱的尾管过长，含砂比大，排量小，压裂后放压过猛等，均能造成砂卡。

(6)其他作业施工时，如填砂或注水井喷水降压时喷率过大等，也能造成砂卡。

2)蜡卡原因

原油中含蜡量过高，随着原油从井底向井口流动，井筒温度逐渐降低，当温度低于蜡的凝析点时，蜡质物质便开始沉积在管壁上，造成卡钻。

3)封隔器卡

由于分采分注或套管试压等工作需要，往往需要下封隔器配合完成，一旦解封生效，就可造成卡钻。

4)水泥卡

(1)打完水泥塞后，没有及时反洗井或上提管柱，水泥固封将管柱卡住。

(2)憋压挤水泥时，没有检查上部套管的破损，使水泥浆上行至套管破损位置而短路，将上部管柱固封在井里造成卡钻。

(3)挤水泥时间过长或添加剂用量不准，使水泥在施工中凝固。

(4)井下温度过高，对水泥浆又未加处理，或井下遇到高压盐水层，使水泥浆性能变坏，以至早期固结。

(5)计算错误，或挤注水泥时发生故障，造成管柱或封隔器固封在井中。

(6)在注水泥后，未等井内水泥凝固，盲目探水泥面，误认为注水泥失败，此时，不上提管柱，又不洗井，造成卡钻。

(7)挤注水泥候凝过程中，由于井口渗漏，使水泥浆上返，造成井下管柱固封。

5)小件落物卡

在修井施工中，因操作失误或检查不细，致使一些工具(管钳、牙板、扳手、牙片等)、井口螺栓等掉入井内造成卡钻。

6)套管卡

(1)在修井或其他技术措施施工中,未严格执行操作规程和规章制度,或者技术措施不当造成套管损坏,而将井下管柱、设备或工具等卡住。

(2)在注水或采油过程中,由于泥岩膨胀或井壁坍塌造成套管变形、损坏而将井下设备、工具等卡在井内。

(3)由于大地构造运动或地震等原因造成套管损坏,发生卡钻事故。

2.卡钻的处理方法

卡钻的处理方法较多,应根据卡钻的类型及原因、卡点深度等综合考虑并分析研究选择不同的解卡方式,解除卡钻。

(1)活动解卡。在井内管柱及设备能力允许范围内,通过上提下放反复活动管柱,以达到解卡的目的。活动解卡适用于各种管柱或落物卡钻。

(2)倒扣解卡。在井内被卡管柱较长,活动解卡无法解卡时,可采用反扣打捞工具,将被卡管柱捞获分别倒出,以分解卡点力量,达到解卡的目的。

(3)套铣解卡。采用合适的套铣工具,将卡点周围的致卡物套铣干净,达到解卡的目的。套铣解卡适用于砂、水泥、封隔器及小件落物卡等。

(4)磨蚀解卡。利用磨铣工具,对卡点进行磨铣,以达到解除卡钻的目的。磨蚀解卡适用于打捞物内、外捞工具无法进入及其他工艺无法解卡时使用。

1)解除砂卡的方法

(1)活动管柱解卡。对卡钻时间不长或卡钻不严重的井,可上提或下放井下管柱,使砂子疏松解除卡钻事故。对于砂卡较严重的井,有用上提时慢慢增加负荷到一定值后,立即下放而迅速卸载的,也有活动一段时间后,提紧管柱刹住车,使管柱在拉伸情况下悬吊一段时间,使拉力逐渐传递、扩散到下部管柱,再迅速下放而解卡的。采用这种方法处理比较简便,不用特殊的工具设备,只需加固井架绷绳,采用灵敏准确的指重表(或拉力器)即可。

(2)憋压反循环解卡。发现砂卡后应立即开泵循环,进行反洗井,若能洗通,砂卡即解除,如洗不通,可采取憋压后放压的方法进行解卡。憋压解卡时,压力应由小到大逐渐增加,不可一下憋死,可多放几次空。与此同时活动管柱,效果会更好。采用这种方法解卡,一定要把螺纹、活接头上紧,以防发生刺漏和憋断管线。

(3)冲管解卡。利用小直径且出口带斜面的冲管下至砂面以上5～10m处,在油管内进行循环冲洗带出砂子,逐渐解除砂卡。

利用这种方法解卡，要选择合适的冲管。施工中停泵时间不能过长，以防沉砂埋住冲管使事故复杂化。

(4)诱喷法解卡。当地层压力较高时，可采用靠地层压力引起套管井喷，使部分砂子随油流带到地面的方法解卡。利用此方法时，井口控制器必须灵活好用，以防造成无控制井喷事故。

(5)大力上提解卡。在设备载荷及井下管柱强度许可的范围内(不断、不滑脱螺纹)，采用大力上提而解卡。上提前，要详细检查设备离合器、刹车、井架、天车、游动滑车、钢丝绳等，绷绳要加固，指重表要灵敏，各要点有专人观察以防发生其他重大事故。

(6)千斤顶解卡。当砂卡比较严重，井内管柱强度较大，修井机的绞车、井架等负荷达不到要求时，可用千斤顶为动力进行解卡。用千斤顶解卡时，一定要垫好木方并固定结实，防止千斤顶滑出伤人。

(7)倒扣套铣解卡。将反扣钻杆下接反扣打捞工具(反扣公锥、母锥、油管打捞矛等)，将被卡管柱砂面以上部分倒出。然后用套铣筒冲去被砂埋住部分管柱外面的砂子，再倒出这部分管柱，交替使用套铣和倒扣的方法，直到起出全部被卡管柱为止。

2)水泥卡钻的处理方法

对于卡得不牢，能开泵循环的井，用15%浓度的盐酸进行循环，破坏水泥环而解卡。对于卡得牢，不能开泵循环的井，可采用下述方法处理。

(1)倒扣套铣解卡。将水泥面以上管柱倒出，再用套铣筒将油套环形空间水泥铣掉。铣出一根倒出一根，直至将被卡管柱全部倒出。套铣筒需采用壁厚大于5mm的无缝钢管制成，并且要有足够的强度，没有弯曲、变形等现象。其结构是上面为钻杆内螺纹接头，下面是不同形式的套铣鞋。根据套铣鞋形式不同，可分为三种常用的套铣筒：锯齿套铣筒，齿高15～20mm，适于处理水泥环卡钻；钨钢套铣筒，它是将套铣筒下部车出槽孔，然后将钨钢块压入并焊牢，它适于处理较硬的水泥卡钻；钻头套铣筒，下部焊接一个直径适合的岩心钻头，它适用于处理卡钻坚硬的水泥环。

(2)喷钻法。当被卡管柱偏靠套管壁一侧，套铣筒不易下入用倒扣套铣法时，可采用喷钻法解卡。喷射器是用两根¾in的无缝钢管并排焊接，目的是避免插入鱼腔。下部各接一个方向朝下的喷嘴，下至水泥面以上1m处开泵循环。正常后加砂喷钻，达到被卡管位置后，方可采用套铣倒扣法捞出被卡管柱。

(3)磨铣法。当套管内径较小或被卡管柱较小时，先将水泥面以上油管设法取出，再用磨鞋将被卡管柱连同水泥环一起磨掉，常用的有平底磨鞋或锅底磨鞋。

3)落物卡钻事故的解除

落物卡钻多数是由于施工中责任心不强,或工具构件质量低劣造成的。钳牙、卡瓦牙、井口螺钉、撬杠、小件工具等落井,都可将工具(封隔器、套铣筒等)卡住,造成落物卡钻事故。处理落物卡钻切忌大力上提,以防卡死,造成事故复杂化。一般处理的方法有两种:如被卡管柱可转动时,轻提慢转管柱有可能挤碎或者拨去落物,使井下管柱解卡;如轻提慢转处理不了,需用壁钩拨正鱼顶后再捞落物。

4)解除套管卡钻事故

套管卡钻事故,一般都是比较复杂的卡钻事故。所谓套管卡钻,是指井下管柱、工具仪器等卡在套管内,用与井下管柱悬重相等或稍大一些的力不能正常地在套管内进行起下作业的现象。套管卡钻事故直接关系到井身结构,处理不当有报废油井的可能。因此,解除套管卡钻事故必须较处理其他事故持更为慎重的态度。

套管卡钻的原因虽多,但导致卡钻的基本原因是套管损坏。所以,处理套管卡钻的方法一般是首先将卡点以上被卡井下管柱起出,然后探视、分析套管损坏的类型、程度和原因,制定修复的技术措施。

处理套管卡钻事故的主要步骤和要求是:

(1)起出卡点以上部分。起出的方法可以采取倒扣倒出,下入内割刀或外割刀,切断管柱后起出。也可采用爆炸切断等。

(2)用通井规通井至卡点之上,查明卡点以上套管内径的变化和状况,以便于测井时仪器能顺利起下,防止出现新的事故。

(3)进行工程测井,进一步探明套管损坏情况及卡钻的状况与性质。也可在套管侧面打印,搞准套管损坏与卡钻的情况。

(4)制定切合实际的处理方案,编写处理套管卡钻事故施工设计书。

(5)做好施工的准备工作,按照施工设计进行解除套管卡钻的作业。

(6)再次进行工程测井,检查套管修复和解卡效果。

5)解卡工具

处理井下事故是一项经常性的工作,也是一项复杂的工作,不仅需要一些专用工具,而且还要一定的辅助工具,才能保证处理事故的顺利进行。因此,对它们的结构、性能以及使用必须了解清楚。

(1)倒扣捞筒。倒扣捞筒既可用于直接打捞、倒扣,又可释放落鱼,还能进行洗井液循环，在打捞中是倒扣器配套工具之一，同时又可与反扣钻杆配套使用，是内捞落井管柱、钻杆的工具之一。

①打捞。

工具下至落鱼顶部被引鞋引入至卡瓦下端面，由于卡瓦内径略小于落鱼外径，卡瓦被落鱼上顶，此时，限位座压缩弹簧至上接头下端面处挡住，而卡瓦下端锥面沿筒体内圆锥表面上行，使内径变小引进落鱼，待落鱼鱼顶上行被限位座挡住时停止引入，上提工具，在卡瓦牙与落鱼表面的摩擦力和上部弹簧推力的作用下，使卡瓦沿筒体内锥面下行，其内径收缩产生夹紧力紧紧咬住落鱼。

②倒扣。

如在捞获提不动的情况下，可与反扣钻杆配合左旋转管柱实现倒扣，若与倒扣器配合则右旋管柱即可实现倒扣。筒体上的键通过卡瓦将扭矩传递。

③释放。

如需释放落鱼，退出工具，可下压钻具，使卡瓦相对筒体上行与锥面脱开，然后右旋钻具一定角度，使限位座上凸台正好卡在筒体上部的键槽上，而此时卡瓦下端大内倒角进入筒体下部的内倾斜面夹角中，筒体带动卡瓦一起转动上提钻具，工具即可退出。

④操作方法与注意事项：

根据落鱼尺寸及套管内径选择合适的捞筒，检查工具卡瓦尺寸是否合适，拧紧引鞋上部接头处螺纹，并上在管柱下面拧紧下井。

距鱼顶 1～2m 时，停止下放，记录悬重，然后开泵循环冲洗鱼顶，待循环正常后停泵。在缓慢右旋的同时下放工具，待悬重下降有打捞显示时，停止下放及旋转。

上提负荷增加说明捞获，当需要倒扣时，上提至设计的倒扣负荷开始倒扣，当左旋力矩减少时，说明倒扣成功。

当需要释放落鱼时，可用钻杆下击，右旋约 1/4～1/2 圈，上提钻具即可退出。

(2)倒扣捞矛。该工具既可用于打捞、倒扣、又可释放落鱼，还能进行洗井液循环，是一种常见的打捞工具。

①打捞。

工具下至落鱼顶部开泵循环，冲洗鱼顶，鱼顶露出为止，矛杆头伸入鱼孔内，因卡瓦外径略大于落鱼通孔，卡瓦沿矛杆内倾斜面向上滑动，而外径逐渐收缩，当卡瓦上端上行顶住连接套下端面时，卡瓦被迫压入落鱼孔内，使卡瓦牙紧紧贴住落鱼内壁，此时停止下放，上提钻具，矛杆上行，卡瓦内孔与矛杆相对滑动，当卡瓦内斜锥面与矛杆锥面相吻合时，卡瓦牙吃入落鱼内壁，随着上提力增加，吃入越深，继续上提即可将落鱼捞获。

②倒扣。

如在捞获提不动的情况下，可在钻杆上施加扭矩，通过工具上接头的牙连接套的内花键和矛杆上的键把扭矩传至卡瓦使落鱼倒扣。

③释放。

如需退出落鱼，可下压钻具，此时矛杆下行，而卡瓦相对矛杆上行，至端面与连接套下端面接触，此时卡瓦与矛杆内锥面脱开，向右旋开钻杆，矛杆转动一定角度至单键与卡瓦筒体内 1/4 凹弧形孔的侧面接触，而卡瓦下端面正处于矛杆锥面三键的最上端，上提钻具卡瓦下行时被三键所阻，不能实现锥面贴合，可退出工具。

④操作方法与注意事项：

a. 检查工具卡瓦尺寸是否符合所打捞的油管或钻杆尺寸；

b. 拧紧各部连接螺纹，下井；

c. 距鱼顶 1～2m 时，停止下放，记录悬重，然后开泵循环冲洗鱼顶，待循环正常后停泵；

d. 缓慢右旋的同时下放工具，待悬重下降有打捞显示时，停止下放及旋转；

e. 上提负荷增加说明捞获，当需要倒扣时，上提至设计的倒扣负荷开始倒扣，当左旋力矩减少时，说明倒扣成功；

f. 当需要释放落鱼时，可下击钻具，右旋约 1/4～1/2 圈，上提钻具即可退出。

(3) 安全接头。该工具主要由螺杆和螺母两部分组成，如图 3-20 所示。螺杆上部为内螺纹，便于使用时与钻具相连接。其下部为螺距较大的方外螺纹，以便与螺母相连接。螺母上部为螺距较大的方内螺纹，下井时与井下管柱或工具相连接。螺杆与螺母均有止扣台阶，其作用是防止螺纹旋转过紧难以卸开。安全接头的方扣与钻具相反，而其上部和下部连接螺纹则与油管(或钻杆)螺纹相配合。在处理井下复杂事故时如遇下井工具被卡(或抓住落鱼而解

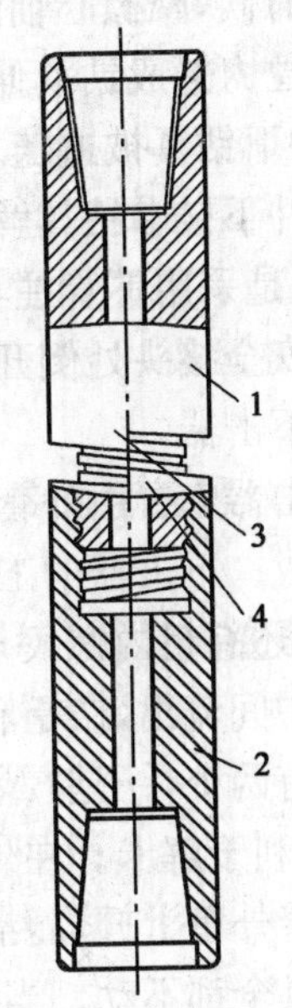

图 3-20 安全接头示意图

1—螺杆；2—螺母；3—方外螺纹；4—方内螺纹

脱不开),利用螺杆与螺母之间方扣容易卸扣的特点将正扣钻杆正转(或反扣钻杆反转),便可将井下管柱从安全接头的螺杆与螺母处卸开,避免再次造成井下事故。

在使用时,安全接头接在打捞工具的上部或者封隔器的下部。安全接头的螺杆与螺母卸扣时,一定要注意下钻悬重。卸扣之后退出安全接头时,要按照下钻时的悬重来倒扣。

(4)震击器。当遇有泥饼粘吸卡钻、砂卡及轻型落物卡钻时,可以采用上击器解卡。遇有压裂、找水、封堵水层及试油造成卡钻事故时,也可以用这种方法处理。在处理事故中,遇有管柱(或工具)下井困难或发生落物卡钻,也可以用下击器把工具送到井底或用它解卡。震击器在实际工作中用途较广,常用的有以下几种:

①上击器。

上击器主要由撞击接头、摩擦心轴、摩擦卡瓦调解环、外壳等组成。调节和检修上击器时,需使用一种专用工具。上击器的工作原理:借摩擦心轴和摩擦卡瓦间的摩擦力,使上击器上面的钻具由于上提拉力而伸长。当上提拉力大于摩擦力的时候,摩擦心轴由摩擦卡瓦中心滑出。此时,由于拉力突然降低,原来若干千牛拉力造成钻具伸长一个极大的恢复力,便猛烈地撞击在上击器的接头上。于是,井下钻具被迫随之而产生振动。这样连续的进行上提下放产生振动,就有可能使井下被卡钻具解卡。使用上击器时,必须在上击器下面连接一个安全接头,最好是采用下管柱与落鱼鱼顶进行对扣。这样,当利用上击器不能解卡时,可以从安全接头处倒开扣取出上击器,以便于采取下一步处理措施。

②下击器。

下击器主要由外套、四条镶条、V形密封填料、压紧螺帽、防松弹簧及下接头等组成。下击器的工作原理:上接头上部为钻杆扣,下部有粗外螺纹和外套连接;下部还有粗内螺纹与内管相连。内管的作用一是装置密封填料防止液体由下击器中间流出,二是和外套一起夹带着滑套,在下击时保持下击平稳。外套的作用也有两个,一是产生下击作用,二是利用其内的花键槽带动滑套的花键一起转动,以利于解卡。在外套和滑套下边有四条镶条,上提钻具时,上接头由粗外螺纹带着外套上升,而滑套带动镶条上升,镶条和滑套产生滑动。这时,滑套与被卡钻具全都不动。当镶条的上台肩碰到滑套的下台肩时,靠台肩带动上升。因滑套和下接头由粗扣相接,故可带动被卡钻具,上升便能解卡。若不能解卡时,猛放钻具,两台肩首先分开,下击器以上钻具在其重量作用下下滑一段距离,使外套的下击台肩猛击下接头的上击台肩。这样,就产生了所需要的下击作用。

使用下击器的注意事项是：在下击器上面接2～4根钻铤，用以增加下击时的下击力量，提高处理事故效果。在下击器下面接安全接头，以便在使用下击器不能解卡时可以将下击器起出。

若每次下放到台肩相碰的方入时悬重即下降，说明未能解卡；若悬重不下降，则说明已经解卡。

由于井下作业和修井工艺技术的发展，我国有的油田研制了震击器。震击器包括液压上击器和机械式下击器。液压上击器所产生的震击力与管柱长度、震击器距卡点距离、大钩上提力、压井液相对密度等因素有关。

加速器是上击器的辅助工具，它的作用是协助上击器工作，增加上击器的上击力量。

(5)常用钻杆及钻杆接头。

①常用钻杆。

在修井过程中，进行打捞、倒扣、磨铣等作业时，常用的钻杆有2⅜in、2⅞in、3½in、4in、5in、5½in六种规格。如果按其连接扣型来分，可分为正扣和反扣钻杆。目前，我国常用的钻杆按其端部形状分为内加厚钻杆和外加厚钻杆两种。内加厚钻杆，是在钻杆端部的内壁加厚，用以加强其强度，如图3-21所示。使用此类钻杆可以增加钻具强度和提捞能力，还可以使配合接头外径减小，增加接头与井壁间隙。缺点是钻杆外径不变，端头内径加厚，通道变小，增大了水力损失。外加厚钻杆，是在钻杆端部的外面加厚，用以增加钻杆的强度，如图3-22所示。此类钻杆的优点是钻杆内径通道不变，不会增加液流通过时的水力损失，加厚部分强度高。缺点是配合接头的外径增大，钻杆接头与井壁间隙变小，增加了打捞难度。

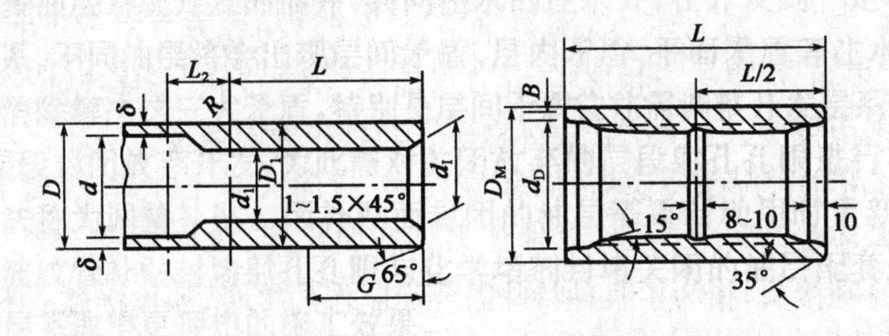

图3-21 国产内加厚钻杆及其接箍尺寸示意图

②钻杆接头。

在处理井下事故中，需要钻杆与打捞工具相连接。有些地方可以用接箍来连接，但有些地方只用接箍连接满足不了需要。这就需要一种特殊的接头——

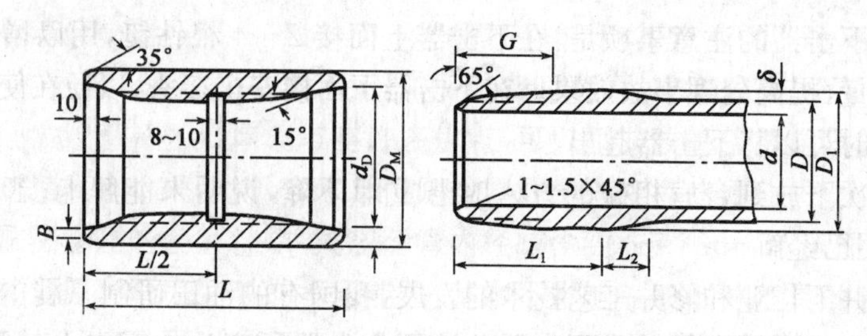

图 3－22　外加厚钻杆及其接箍尺寸示意图

钻杆接头。一般接头都是成对的，连接螺纹为粗扣。由于现场需要连接的管(杆)类繁多，故钻杆接头规格种类也比较多，在使用时，必须对其结构规范和使用要求加以了解。

a. 钻杆接头的种类：

目前，油田上常用的钻杆接头主要分为内平式接头、贯眼式接头和正规式接头三种。

内平式接头用在外加厚钻杆的连接上。它的水眼直径与外加厚钻杆的内径相等，液体在其内流动时阻力小。其外径比同种规格的钻杆接头大，因此在作业、修井中容易磨损。它与套管之间的间隙小，给施工带来困难。贯眼式接头用在内加厚钻杆的连接上。它的水眼直径与内加厚部分相等，液体在其中流时的阻力较内平式接头流动阻力要大。正规式接头的内径比内加厚部分还要小，因而液体阻力较内平式流动阻力还大。

b. 现场常用钻杆接头规范表示法：

现场上为了便于记忆和利于施工，通常采用三个并排的阿拉伯数字表示钻杆接头的规范。其方法是：并排的第一个数字表示钻杆的公称尺寸，如"2"代表 2⅞in 钻杆；第二个数 B 字表示钻杆的形式，如"1"代表内平扣，"2"代表贯眼扣，"3"代表正规扣，如果是反扣接头，在其后面要写有"反扣"字样；第三个数字表示外螺纹或者内螺纹，如用"0"代表外螺纹，用"1"代表内螺纹。例如，"230"钻杆接头即为 2⅞in 正规内螺纹接头。

③特殊接头：

所谓特殊接头，指为了某种特殊需要而制作的接头，如连接规范不相同的钻杆，就必须特制一个分别与所要连接钻杆规范相同的接头，一般称之为"异径钻杆接头"。又如，需要把钻杆与油管(或油管扣的修井工具)相连接，则必须制作一个一端是钻杆扣，另一端是油管扣的特殊接头，这种接头称为"钻杆油管接头"。再如，需要连接的两根钻杆类型相同但螺纹类型不相同，一个是粗扣，另一个是细扣，这样就要制作一个一端是粗扣，一端是细扣的"粗细扣钻杆接头"等。

(6)指重表。指重表是井下作业中的重要仪表，通过它，可以把井下钻具悬重和钻压反映到地面。根据指重表针的变化判断井下情况，能保证快速、优质地完成井下作业任务。指重表的种类很多，现将常用的几种简介如下。

①液压式指重表。

常用的 FNB-2 型液压式指重表如图 3-23 所示，由传压器、灵敏表、直接读数压力表、自动记录压力表、手压泵和储液杯等组成。使用时将传压器固定在钢丝绳端，传压器将钢丝绳死绳所受的拉力传给压缩液体，受压缩的液体通过连接管线同时送到各仪表的波登管里，并通过各仪表机构的作用在表盘上指示出这一拉力数值来。钢丝绳所受力等于沉没在井内液体中钻具的重量与提升系统的有效绳数之比。

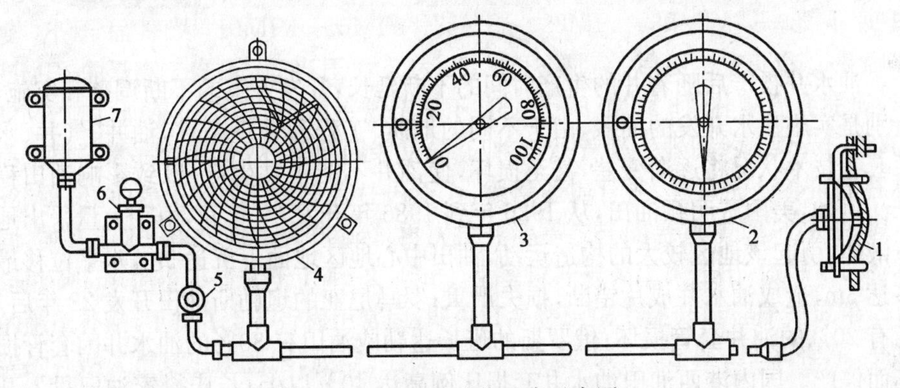

图 3-23　液压式指重表示意图

1—传压器；2—灵敏表；3—直接读数压力表；4—自动记录压力表；5—阀门；6—手压泵；7—储液杯

指重表使用时必须经仪表工检验，校正时所用的钢丝绳应与使用的钢丝绳直径相同。校正后的指重表每大格(10 小格)所代表的力的大小应填在登记表上，作为使用时计算的依据。实际使用时，将空滑车及大钩停于钻台上 0.5～1m 处，使指针指到 10 格上。考虑到热胀冷缩的影响，一般白天工作时应对到 9～12 格，晚上工作时对到 10～12 格。

起下作业前要检查各仪表总成的密封性。指重表要安装在安全处，并便于操作人员观察，避免将其固定在井架或修井机上，受外界震动影响精确性。使用指重表时应先卸松放气丝堵，轻拍紫铜管，将传压器及管线内的气体排净。指重表中使用的液体，夏天用清水，冬天用甘油酒精之混合液，严禁用柴油、煤油等油类，以免损坏传压器内的橡皮膜。

②电子指重表。

电子指重表的优点是精度高，灵敏度高，使用方便。传感器和指示仪系统误差为1%。在一个表盘内有三个指针，可分别指示钻柱的总重、悬重和钻压。电子指重表工作可靠，不受外界温度、振动、碰撞的影响，可预报卡钻、遛钻等事故，以便及时采取措施排除事故。信号可以远距离传送，实现遥控。D-2型电子指重表由指示仪、电阻传感器、电子式记录仪三部分组成。它是利用电桥原理进行工作的。当悬重发生变化时，电桥产生一个不平衡电压，此不平衡电压经电子放大器放大后带动可逆马达旋转，然后又通过机械传动机构滑臂和指针转动，直至电桥平衡为止。这时，悬重指针就指示出悬重值。

第三节 套管损坏的修理

油水井投产后随着井的生产时间的不断延长，开发方案的不断调整和实施，特别是实施注水开发的油藏，由于不同的地质、工程和管理条件，油井、气井、水井套管技术状况将逐渐变差，甚至损坏，使油井不能正常生产，以致影响油田稳产。例如，美国威明顿油田，从1926年到1986年开发60年间，由于大量采出地下液体，引起该地区较大的构造运动，油田中心地区地面下沉达9m，水平位移最多达3m，造成油水井成片错断，损失严重；罗马尼亚的坦勒斯油田开发22年后，已有20%的油井套管损坏；俄罗斯的班长达勒威油田有30%的油水井因套管损坏而停产。国内港西油田油水井套损比例高达40%以上；长庆樊家油田投入开发仅13年，油水井套损比例达34%；套损影响油田生产，其经济损失巨大，在套损井大修方面的投资也是巨大的。不仅如此，套损井还会造成注采系统不完善、产量递减加快等严重后果，间接损失更大。因此掌握、学习油田套管损坏的防治技术对油田预防和修复套损井、减少套损井、完善注采关系及油田可持续开发具有重要意义。导致油水井套管技术状况变差的原因是多方面的，从国内外油田开发几十年的资料统计、分析，可以将导致油水井套管损坏的因素概括为地质因素和工程因素两大类，并认为地层(油层)的非均质性、油层倾向、岩石性质、地层断层活动、地震活动、地壳运动、地层腐蚀等地质因素是导致油水井套管技术状况变差的客观条件。这些内在因素一经外部因素(如注入的高压水窜入泥页岩层)引发，使局部地区应力产生巨大变化，区块间产生较大压差，转移到套管上，使之受到严重损坏，导致成片套管损坏区的出现及局部小区块套管损坏区的出现，严重干扰油田开发方案的实施，威胁油田生产，给作业、修井施工增加了极大难度。当今，越来越多的强化采油措施应用于油田生产，如高压注水、压裂、大型

酸化、注蒸汽等工程技术措施。这些强化采油措施一方面提高油田产量,取得了明显的经济效益,另一方面也使油水井套管的工作环境不断恶化,诱发各种地质因素对套管的破坏作用,套管所受的外部载荷不断增加,直至套管损坏。而多年来套管强度设计的理论和方法均以完井施工作为主要考虑因素,对采油、注水作业中地应力变化过程中的一系列因素考虑较少或未予考虑,而现场实际情况表明,油水井投产后,套管承受的外载比完井时大得多,这也是造成套管损坏的一个重要原因。

中国的辽河、胜利和河南等许多油田都就稠油开发井的套管损坏检测与评价、套管损坏规律及机理进行研究,套管内开窗侧钻工艺、衬管加固技术、燃爆技术等在套管损坏综合治理等方面发挥了巨大作用。

一、套管损坏的主要原因

导致油井套管技术状况变差、损坏的因素是多方面的,概括起来可分为地质因素、工程因素及后期增产措施作业等管理因素。对一个具体区块的油井来讲,这三个因素很可能有的是主导因素,有的是次要因素,而更多的则是三种因素的组合。

1. 地质因素

地层(油层)的非均质性、油层倾角、岩石性质、地层断层活动、地下地震活动、地壳运动、地层蠕变或腐蚀等情况将导致油井套管技术状况变差,最终套管损坏。

1)地层的非均质性

油藏渗透性差别导致油层的非均质性,造成注汽开发的不均衡,从而引发地层压力场不均匀分布,造成套管损坏。

2)岩石性质

注汽井开发的泥砂岩及油层以上的页岩被注入汽侵蚀后,使套管受岩石膨胀力的挤压,使套管受到损坏。

3)断层活动

由于地球不断运动,各地区地壳沉降速度不尽相同,将造成套管损坏。

4)地壳运动

地壳是在不停的缓慢运动中,其运动方向有两个:一是水平运动(板块运动);二是升降运动,地壳缓慢的升降运动产生的应力可以导致套管被拉伸损坏。

升降运动的速度也直接影响着套管损坏的速度。

2. 工程因素

地质因素的客观存在,往往在其他因素引发下成为套管损坏的主导因素。采油过程中注汽,油层改造中的压裂、酸化,钻完井过程中的套管本身材质,固井质量,将引发地质因素损坏套管。

1)套管材质问题

套管本身质量、螺纹加工不符合要求造成套管损坏。

2)固井质量问题

固井质量不合格,容易造成管外窜槽,注采过程中汽窜或水窜导致套管受力不均匀,使得套管弯曲、变形。

3)完井质量

套管壁厚、钢级的选择,特别是射孔工艺选择不当,均会造成套管损坏,主要表现是:

(1)出现套管外水泥环破裂。

(2)射孔时深度误差过大。

(3)射孔密度选择不当将会影响套管强度。

4)开发单元内外地层压力大幅度下降问题

注汽开发区块,由于高压注汽将引起裂隙骨架的膨胀与收缩,最终导致套管损坏井的出现。

5)注汽侵入泥页岩问题

在注汽压力较高的条件下,注入水和汽有时从泥岩的原生微裂缝或沿泥砂界面侵入,形成侵水域导致岩体膨胀,最终导致套管损坏。

6)蒸汽吞吐对套管强度的影响

(1)油层套管由于受射孔的影响,油层段套管应力集中,注汽过程中套管受热应力释放,套管容易变形。

(2)热敏封隔器密封性能差,伸缩管热补偿较小,使套管损坏加快。

(3)频繁注汽轮次增多,套管热胀冷缩,加剧套管的损坏。

3. 管理因素

(1)注汽放喷等生产制度不合理,将造成套管损坏。

(2)氮气隔热井补氮不及时,造成套管变形、套管损坏。

(3)封隔器卡封部位不合理,产生套管损坏。

(4)注汽层段选择不合理,油井汽窜没有得到有效控制,造成套管损坏。

(5)油井措施选择不当、方案设计参数不合理,以及措施时机确定不佳,造成套管损坏。

(6)油井防砂措施不到位或效果不佳,使油井大量出砂,尤其是坍塌性出砂造成套管损坏。

二、套管损坏的类型

根据大量资料的分析总结,结合套管损坏原因,可将套管损坏的类型分成下述六种类型。

1. 径向凹陷变形型

由于套管本身某局部位置质量差,强度不够,在固井质量差及长期注采压差作用下,套管局部某处产生缩径,而某处扩径,使套管在横截面上呈内凹形椭圆形。据资料统计,一般长短轴差在14mm以上,当此值大20mm以上时,套管可能发生破裂。

这种径向内凹陷型套管变形是套管损坏井中的基本变形形式。

2. 套管腐蚀孔洞、破裂型

由于地表浅层水的电化学作用,长期作用在套管某一局部位置,或者由于螺纹不密封等长期影响,套管某一局部位置将会因腐蚀而穿孔,或因注采压差等作业施工压力过高而破损。

腐蚀孔洞、破裂等情况,多发生在油层顶部以上,特别是无水泥环固结井段往往造成井筒周围地面冒油、漏气,严重的还会造成地面塌陷。

3. 多点变形型

由于套管受水平地应力作用,在多轮次注汽的条件下,地层滑移而迫使套管受多向水平剪切,致使套管径向内凹形多点变形。

4. 严重弯曲变形

由于泥岩、页岩在长期水侵作用下,岩体发生膨胀,产生巨大地应力变化,岩层相对滑移剪切套管,使套管按水平地应力方向弯曲,并在径向上出现严重变形。

严重弯曲变形的套管,内径已不规则,多呈基本椭圆形,长短轴相差不太大,但两点或三点变形间距小,近距点一般3m以内,若两点距离过小则形成硬性急弯(即小于150°角),2m的通井规不能通过。这是较多见的复杂套管损坏井况,也是较难修复的高难井况。

5. 套管错断型(非坍塌型)

油水井的泥岩、页岩层由于长期受注入水侵入形成侵水域,泥岩、页岩经长期水侵,膨胀而产生岩体滑移。当这种地壳升降、滑移速度超过30mm/a时,将导致套管被剪断,发生横向(水平)错位,由于套管在固井时受拉伸载荷及钢材自身收缩力作用,在套管产生横向错断后,便向上、向下即各自轴向方向收缩。套管错断是修井工作中最多见的套管损坏类型。

套管错断形式有:

(1)ϕ65mm以上大通径型错断,即套管上下断口横向位移,两断口间的上、下轴线间尚有5mm以上通道,这种井况尚可实施修复措施。

(2)ϕ5mm以下小通径型错断,即套管上、下断层横向位移,两断口间通道小于ϕ5mm或者无通道,这种小通道错断井是目前修复措施难以实施的复杂井况,尤其是断口以下还有原井部分管柱和下井工具,这给修复又带来很大的困难。

(3)断口通径基本无变化的上、下位移型,即上、下断口间水平通径大于118mm(套管)。

6. 坍塌型套管错断

地层滑移、地壳升降等因素,导致套管错断,其地应力首先作用在管外水泥环上,使水泥环脱落、岩壁坍塌,泥、砂和脱落的水泥环及岩壁碎屑、小直径的碎块等,则在地层压力流体作用下由错断口处涌入井筒,堆落井底并向上不断涌积,卡埋井内管柱及工具,在井筒内压力较高时,这种涌入不断向井口延展。

三、套管损坏井修复技术

针对因套管损坏(变形或错断)而停产的井,通过各种工艺进行技术修复,使油井、水井、气井恢复原有产能的工艺措施,称为套管损坏井修复技术。目前常用的套管损坏井修复技术有五项:取换套管技术、套管整形技术、磨铣下筛管或开窗磨铣下筛管技术、套管补贴技术及开窗侧钻技术。

针对套管损坏越来越复杂,套管损坏井段越来越长的现状,以及套管补贴技术投入成本较低,周期较短,适用范围较大的技术特点,很多技术和管理人员对套管补贴技术进行完善与工具的研制配套。配套的工艺技术缩减修井成本投入,在不打更新井、侧钻井的情况下,完善开发地下井网,避免了中浅层和中深层取换套管或开窗侧钻成本较高的现状,提高套管损坏井修复的有效率及综合利用率。

1.套管整形和修复技术

套管在井下始终承受变化着的地层压力和流体的内外挤压力而引起套管损坏变形,根据套管损坏的类型和程度的不同,所采用的修复方法和措施也不相同。

1)胀修

其工具为梨形胀管器,是用以修复套管变形量较小的整形工具,它依靠钻具本身的重量或下击,下击器施加的冲击力迫使工具的锥形头部楔入变形套管部位进行挤胀,以恢复其内通径要求尺寸的目的,操作方法及注意事项如下:

(1)下印模式通径规,证实变形部位的最大通径;

(2)选用比最大通径大2mm的胀管器,接上钻具下井,当井较深,钻具力量足够大时,可不下下击器,否则要增加钻具重量或在工具上接下击器;

(3)胀管器下至变形井段以上一单根时开泵洗井,然后下探遇阻深度,做好方入记号;

(4)上提钻具2～3m后,以较快速度下放钻具,当方入记号离转盘面0.1～0.3m时,突然刹车,让钻具的惯性伸长使工具冲胀变形套管,重复操作,直至胀管器通过;

(5)第一级胀管器通过后,第二级胀竹器的外径只能比第一级大1.5～2mm,以后逐级按1.5～2mm增量操作,直到达到通往要求。

注意事项:按上述方法多次胀不开,此时切忌高速下放冲胀,由于速度及下放高度的增加所产生瞬时冲击力很大,胀管器虽可强行通过,但套管被挤胀之后钢材本身的弹性恢复力将使胀管器通过的尺寸缩小,造成卡钻。

2)整形

偏心辊子整形器和三锥辊整形器,该类工具对油水井轻度变形的套管进行整形修复,最大可以恢复到原套管内径的98%。

(1)偏心辊子整形器。

当钻柱沿自身轴线旋转时,上、下辊绕自身轴线做旋转运动,中辊轴线与上、下辊线有一偏心矩 e,必绕钻具中心线以 $\frac{1}{2}D+e$ 为半径做圆周运动,这样就形成一组曲轴凸轮机构,以上、下辊为支点,中辊以旋转挤压的形式对变形部位套管进行整形(整形量的计算和辊子尺寸的选择,参阅工具手册)。用棍子整形时操作注意事项如下:

①用卡钳检查各辊子尺寸是否符合设计要求，各辊子孔径与轴的间隙不得大于 0.5mm；

②安装后用手转动各辊子是否灵活，上下滑动辊子其窜动量不得大于 1mm；

③检查滚珠口丝堵是否上紧，上紧后锥辊应灵活转动，不能有任何卡阻现象；

④将工具各部涂油，接上钻柱下入井中；

⑤下至变形位置以上 1～2m 处，开泵循环，待洗井平稳后启动转盘空转；

⑥慢放钻柱，使辊子逐渐进入变形井段，转盘扭矩增大后，缓慢进尺，直至通过变形井段；

⑦上提钻柱，用较高的转速反复进行划眼，直至上下能比较顺利通过为止。

(2)三锥辊套管整形器。

在随钻具旋转和所施加钻压后的作用下进入整形段。锥辊除随芯轴转动外，还绕销轴自转，对变形部位进行挤胀和辊压，使变形段逐渐复原。

三锥辊套管整形操作方法及注意事项如下：

①根据套管变形情况选择三锥辊整形器，并检查锥辊滚动是否灵活，水眼是否畅通；

②检查合格后，拧紧在钻具下端，下入井内；

③下至离变形部位以上 2～3m 开泵洗井，待洗井正常后一边慢慢旋转，一边下放钻具；

④当三锥辊接触变形部位时，下放遇阻后施加钻压 10～20kN；

⑤当钻压减少，钻具震动明显减轻或无震动时，说明整形已通过变形段，边转边上起整形器退出套管变形段；

⑥如此上、下整形数次，直至钻压为零，扭矩值小而稳定时，整形完毕。

整形时注意必须保证循环洗井畅通，下钻过程中如遇阻，可缓慢转动和下放钻具。

3)磨铣

对于套管由于射孔、腐蚀破坏后形成的卷边和毛刺，一般采用磨铣的方法进行修理。常用的修理工具为套管刮削器或梨形磨鞋。

将套管刮削器式梨形磨鞋连接在钻具的底部，通过钻具的旋转带动工具切削套管内毛刺或卷边，使其顺畅。

刮削器操作方法及注意事项如下：

(1)地面检查工具是否完好，刀片外形、刀刃壳体是否适用。

(2)接上钻柱后,在井口需加压下入,若重量不够,可在下端接上一定数量的尾管。

(3)下放速度要慢,防止突然遇阻而将刀片壳体顿坏,如遇阻 10kN 左右时,应停止下钻并接上水龙头洗井,启动转盘,旋转下放,下放的速度视阻力大小而定。

(4)工具与钻具的连接必须达到上扣力矩,以防止因刀片所产生的螺旋效应而倒扣。

(5)对下一步施工作业要求高的井段(如坐封井段),应充分刮削,反复多次划眼,刮削完毕之后应充分洗井。

4)爆炸修复

当使用机械整形、胀修无法施工或效果极差时,可采用爆炸整形的办法来修复变形。该方法的作业程序为:

(1)用探伤仪测出变形位置,或用小直径工具将变形井段修复出一定直径的通道,使其加重杆能通过。

(2)用电缆将爆炸器下到变形位置。

(3)用定位器测定其深度,使其无误。

(4)引爆。

(5)下通井规或电测井径检查修复效果。

2. 套管加固技术

1)不密封加固技术

不密封加固技术是利用油管柱将加固器送到设计深度后投钢球憋压,完成加固管上部丢手装置的丢手脱节动作,实现上部完井管柱与加固管及其悬挂装置的脱离,为以后的作业及其他改造措施提供方便。加固管与其他丢手悬挂装置通径较大,可以下入小直径分采工具,实现分采分注和油层改造措施的实施,也可通过较小泵径的抽油泵实现机采。加固器由悬挂器、丢手接头和加固管三部分组成。从上接头内投入 ϕ36mm 钢球,当钢球到达丢手活塞上端球座时,加固器通道被堵,然后从油管内打压,在压力作用下,大活塞向下运动推动锥套下行,当压力超过 4MPa 时,锥套将圆卡瓦涨开,迫使卡瓦胀大并卡于套管内壁上。

当压力达到 17MPa 时,悬挂力约 218kN,此时剪断销钉被剪断,丢手活塞行至下死点,油管内高压通过中心管的泄压槽泄压,此时油管、套管连通。同时,定位套随同丢手活塞一起下行,给丢手卡簧让开收拢位置,当上提管柱时,连接套迫使丢手卡簧卡爪向中心收拢,即可起出上接头、中心管、丢手活塞、丢手卡簧、定位套等，从而完成加固和丢手。

(1)技术规范如下：

①加固器最大外径 ϕ117mm，丢手后内通径 ϕ100mm；

②卡瓦悬挂力大于 98kN；

③丢手压力 17MPa；

④适用套损井类型：可整形的套管变形井及不出砂能扶正的活动型套管错断井。

(2)使用过程中施工方法如下：

①用外径 ϕ118mm，长度比加固管长 10～15mm 的通径规通井，其夹持力不得大于 20kN；

②检查各部件连件是否松动，加固器通道是否畅通，不允许有堵塞物留在加固器内；

③将加固器、加固管连接于配好深度管柱(ϕ62mm 油管)，下至井内，使加固管中部对准预加固部位；

④从油管内投入 ϕ36mm 钢球，连接泵车打压，当压力升至 15MPa 时，稳压 5～10min，再提高压力至 16MPa 以上，压力急剧下降，证明悬挂和丢手动作已完成；

⑤起出全部投送管柱及丢手工具，下入生产管柱。

2)液压密封加固技术

液压密封加固技术适用于经磨铣或爆炸打通道后的错断井井段的加固。其特点是：加固后的井段密封，错断口外的油、水、泥砂、岩块等不易窜入井内，寿命长，加固后的通径相对较大(ϕ100mm)，可以下入 ϕ56mm 以下的抽油泵生产，也可下入小直径工具实现分采分注，及实施油层改造等措施。

密封加固器由动力坐封工具和补贴器、丢手机构三部分组成。动力坐封工具主要由液压缸和坐封套组成。中心管将动力坐封工具分为内、外腔，中心管上部有两个均匀分布的导压孔，压力通过导压孔作用于活塞，中心管、缸体产生相对运动，产生两个大小相等，方向相反的机械力。其中向下的力通过坐封套作用于上锥套，向上的力通过拉杆、丢手机构作用于下锥套，上、下锥套将金属锚胀大贴在套管内壁上，达到密封加固的目的。当压力继续上升时，释放套被拉断，完成丢手。

(1)主要技术指标如下：

①工具最大外径：ϕ119mm(对 ϕ140mm 套管而言)、ϕ156mm(对 ϕ177.8mm 套管而言)；

②补贴后内通径：ϕ100mm（对 ϕ140mm 套管而言）、ϕ138mm（对 ϕ177.8mm 套管而言）；

③丢手拉力：330kN；

④补贴后承受内、外压：35MPa；

⑤补贴器悬挂力大于 50kN；

⑥寿命大于 5 年。

(2)使用过程中，施工方法如下：

①井径仪测井；

②用 ϕ120mm×L 模拟通井规通井（L 的长度根据测井资料确定），并注意观察通井管柱通过扩径井段时指重表的数值变化，通径规遇阻负荷不得大于 13kN，若顺利通过套损段则进行下一步工序；若无法通过则采取相应措施继续扩径，直到模拟通径规顺利通过扩径井段为止；

③封隔器找漏（按井下作业施工找漏标准执行），验证破损井段及破损井段上、下各 3m 内有无漏失；

④下水力加固工具，用（ϕ62mm 油管连接加固工具，扶正缓慢下入井中，直到加固管中部对准磨铣扩径的套管中间部位；

⑤磁性定位测井校核加固器下入深度；

⑥核实深度无误后，用水泥车将管柱灌满清水后打压 10MPa，稳压 10min 各三次，当压力上升至 15～20MPa 时，突然下降，油套压力平衡，然后下放管柱，负荷降至零，说明加固成功，起出投送管柱；

⑦验封：下 K344－95 封隔器，打压 12MPa，稳压 15min；

⑧下完井管柱。

3)爆炸焊接技术

爆炸焊接技术简称为焊接加固。这种焊接不同于地面上的电焊、气焊，它是在油水井内的介质中进行的，与水下焊接相类似。但是任何焊接，在无空气条件下或在井内介质中实现两种金属板材的焊接，在理论上不太可能，在实践中也无法实现，而爆炸焊接其实是在高压下，两金属管材在高速相撞下的重新结合、组合。爆炸焊接是同类或不同类金属的结合过程，可使绝大多数金属材料相互复合在一起形成具有多种金属性能的复合材料。

(1)工艺原理。

利用专用的适合于油水井套管内介质（泥浆、水、油水混合液等）中使用的微型火箭发动机及火药、炸药及其辅助工具、用具等与焊管，用管柱送入井内的预焊接加固井段。经校深无误后，撞击点火或定时点火，引燃火药，微型火箭发动机工作，排出高温、高压气体，高温、高压气体则使环焊接加固井段的介质排出，一部分向上压缩介质向井口方向流动，一部分向错断口外挤出。使此使加固井段上下形成气体段塞。此时火箭发动机工作完成，火药燃烧完成。而此时焊管内的雷管炸药在点火时间延迟元件作用下，引爆雷管、炸药（TNT）而爆炸。爆炸产生的强大爆速、爆压，使焊管径向以 5～7km/s 的速度扩展，并与套管产生斜碰撞，这种碰撞的结果使两金属管材之间（即焊管外壁与套管内壁）形成一股速度高达 5～7m/s 的金属射流。这种射流使金属管材内外侧表面有5%～7%的金属层从表面被剥离。这种剥离过程使两金属板之间获得新鲜清洁的表面，在高压下互相结合组合，形成新的有机整体，从而使焊管上、下两端很大外表面与套管内表面结合组合，完成密封式焊接加固。

（2）焊接条件。

在井下上千米的介质中实现爆炸焊接，必须创造出与地面相近似的环境条件。

①焊管与预加固套管之间必须是气体段塞；

②焊接材料表面必须清洁；

③焊管外壁与套管内壁间有一定的碰撞角度；

④焊接速度（爆速）应低于被焊材料的声速。

（3）焊接炸弹。

井下的爆炸焊接是通过焊接炸弹（即焊管内的炸药装置）来完成的，因而焊接炸弹的外壳需要用高强度、大延伸率的特种钢管制成，焊接炸弹由装药系统、排气系统、控制系统三个系统组成。

①装药系统。装药系统是实现爆炸焊接的关键，它由以下五部分组成：

a. 环焊装药，如图 3－24 所示，环焊装药的作用是将焊接钢管炸出环向凸起，以撞击套管内壁，形成类似螺纹连接（焊接管外凸起撞击套管内壁，套管相应地形成外凸起），在凸起接触面形成爆炸焊接接触面。在变形错断口附近的 A—A 井段的焊管，爆炸后扩张到所要求的尺寸（如 ϕ140mm 套管整形复位恢复到 ϕ120mm，用 ϕ114.7mm 的焊管爆炸后内径达 110mm 以上）并紧贴套管内壁，而 A—A′和 B—B′两环面则实现局部环向凸起焊接。因此，环焊装药药量较大，药盒尺寸相对较大，以保证焊管两端爆炸后的凸起速度和形状及加固质量。一般焊管的凸起速度为 568m/s 时（取 550～600m/s）碰撞套管，焊管、套管都不发生破裂，凸起角度也能满足焊接要求。

b. 焊管两端实现径向较大凸起，与套管实现凸起碰撞环形焊接，其两端的装药量应充足，药性应选准确，一般应选用 TNT 炸药。这种情况在套管外约束

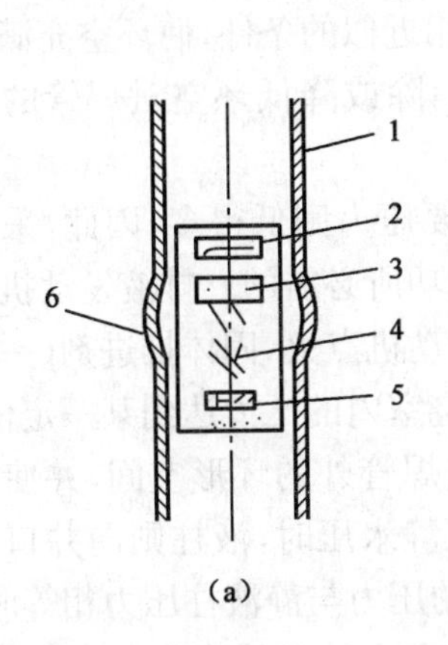

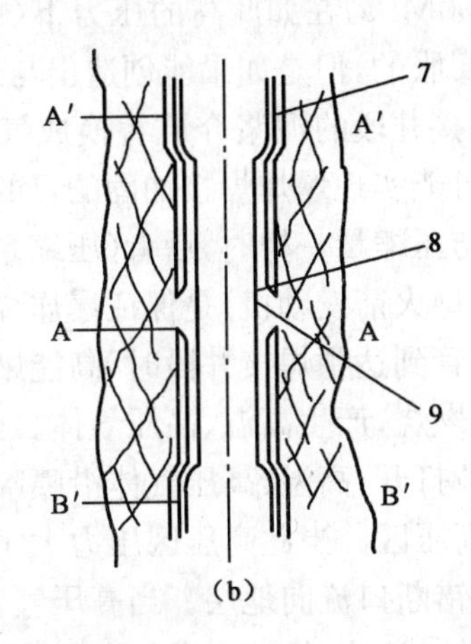

图 3-24 环焊装药示意图

(a)装药;(b)焊接

1—套管;2—脱扣装药;3—环焊装药;4—扩径装药;5—引焊装药;6—扩径复位点;

7—焊后外凸套管;8—整形复位后扩径套管;9—焊后扩径焊管

力较大时(好套管外)尤为重要,要使套管有向外凸起一个合适位移。焊管内装药量很大,按最大限度装药(药盒直径相当于管内径),由于爆轰产物对管壁的压力很高,远远超过材料的强度,所以对焊管壁外无阻力情况做如下近似处理:焊管在运动过程中视为理想的不可压缩流动,金属管截面运动主要是径向的,忽略轴向运动,各截面都保持平面且彼此无关,爆炸时除对焊管两端进行凸起环焊,同时还对中间部分扩径,而扩径部分装药量比环焊药量少,以保证扩径通径即可。

c. 脱扣装药。脱扣装药的作用是使爆炸后,与其连接的管柱螺纹松扣,以便退出,起出管柱。

d. 引爆装药。引爆装药的作用是保证当排气推进系统、燃烧排液系统燃烧排液完成后,仍有足够的能量引爆焊管中的炸药,完成爆炸焊接动作。

e. 焊管。爆炸焊接用特种钢管,一般多用低碳钢,延伸率不低于 30%,抗拉、抗压、抗挤等强度应略高于被焊套管强度 5%~10%即可。

②排气系统。排气系统的作用是使预焊接加固管井段瞬时形成一个气体段塞,为爆炸焊接创造出一个相近地面的环境条件。

当焊管内的装药被引爆时,爆炸所产生的高压气体迅速推动焊管发生径向膨胀,环形空间泥浆被压缩,形成高压区,推动套管向外扩张运动,又阻止焊管径向膨胀。这种情况难于实现焊管与套管的爆炸焊接加固,当密度压缩 4.4%时,压力高达 1000MPa,在如此高的压力下(已接近焊管内的爆轰压力),焊管是很难产生径向膨胀的,但是如果能创造出与地面相近似的条件,使环空充满可压缩气体,将预焊接井段的泥浆介质替换成气体,消除或降低环空对焊管的膨胀阻力,那么,就可能实现爆炸焊接加固的目的。

当密度与压缩量一样时,后者(压缩量)需要压力则低得多,因此,采用排液发动机(即微型火箭发动机)是保证爆炸焊接成功所必需的。排液发动机的工作原理是,当焊管到达预焊接井段时,高能燃气发动机点火,固体推进剂(一般为火药)实现端面燃烧,产生高温、高压气体。当燃烧室内的压力达到某一定值时,排气喷嘴封堵被打开,高温、高压气体沿喷嘴喷向焊管外的环形空间,并使喷嘴周围形成局部高压区。当此高压区压力大于液柱静水压时,液柱则向井口方向流动,同时也经错断口流向地层。当高压气室内的压力与静液柱压力相等时,由于惯性作用,液柱(液流)继续向上向断口流动,气室中的气体膨胀,压力降低。当液体停止向上向断口流动时,则气室中的压力最低。此时,爆炸点火时间延迟,元件开始工作,焊管中的焊接装药及扩径装药被引爆,焊管在爆轰波的高压气体推动下,迅速发生径向膨胀,与套管内壁相撞,结合组成一体,焊接即告完成。

排气系统中关键是发动机火药装药量的大小,除取决于固体推进剂的性质外,还取决于焊管井段的深度、套管内径、需排液高度等因素。装药量小,达不到完全排液目的(排液高度应大于焊管长度 2～4m),装药量多,不但浪费,还会使气室压力高而影响扩径及环焊效果和质量。所以,发动机装药量应准确选择计算,可以根据能量守恒原理来确定装药量。

(4)爆炸焊接用加固管。

爆炸焊接用加固管,通称焊管,为特种钢管制成,其径向延展率不低于30%。其基本结构形式如图 3-25 所示。

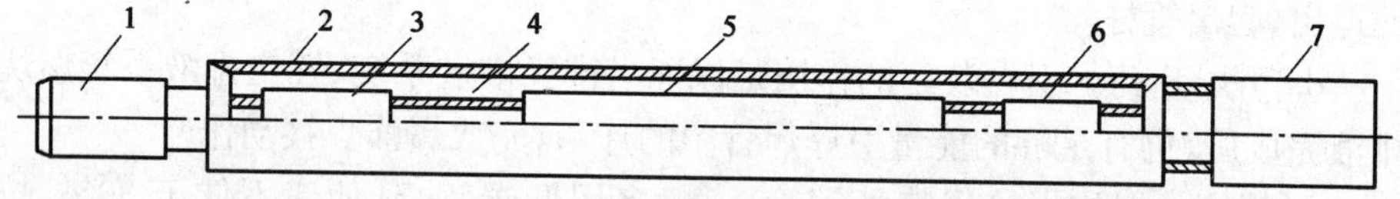

图 3-25　焊管结构示意图

1—管接头;2—焊管;3—环焊装药;4—连接管;5—扩径装药;6—环焊装药及引爆装置;7—排气发动机

四、套管补贴技术

油水井外漏破损包括腐蚀孔洞、破裂、螺纹失效等形式,不但影响正常生产,还严重污染环境。破损漏失部位往往在无水泥封固的空井段,套管受地表水、电化学等因素作用而腐蚀破损。破损一般在50～500m较常见，有些井在井口附近或距井口10～20m处也常发生破损外漏。

套管补贴技术是针对套管漏失、变形、错断、误射等情况，通过下衬管并密封衬管两端而形成完整通道的工艺技术，它既适用于中浅层套管损坏，又适用于中深层套管损坏，周期相对较短，投入成本相对较少。

1. 补贴工艺原理

套管补贴，就是利用特制钢管，对破漏部位的套管进行贴补，采用机械力使特制钢管紧紧补贴在套管内壁上，封堵漏点。目前补贴修复(堵漏)常用特制波纹管，利用专用补贴工具进行补贴施工，其工艺原理是：用油管柱将补贴波纹管和补贴工具送至套管破损部位，然后管柱内憋压，在液压作用下，补贴工具中液缸及活塞拉杆将液压力转变成机械动力，使拉杆急速回缩上行，带动胀头胀开波纹管。

2. 补贴修复运用范围

补贴法修复工艺技术，适应井况范围较广泛，从补贴工艺发展应用的情况来看，目前可以推广应用在以下几个方面。

1)修复补贴

修复补贴适用的井况包括套管腐蚀孔洞、穿孔、破裂裂纹、破裂裂缝、螺纹失效、误射孔补救等。这种井况下的补贴修复，修复效果明显，成功率高，修复后井的利用率高。

2)调整补贴

对于多油层系统开发的油井，共同注水的注水井，在开发到一定程度后，同井不同层系、不同油层将会出现层间矛盾、层内矛盾、平面矛盾等注水开发三大矛盾。为消除解决这三大矛盾，特别是层间矛盾往往需调整开发层系，使某一层系，某一层段封闭放弃开发，为此需对关闭放弃的层段射孔孔眼进行补贴封闭，这种补贴法称为调整补贴。因补贴而封闭的油层需重新动用时重新补射孔即可。利用波纹管补贴封堵射孔孔眼与化学堵剂封堵关闭的油层配套进行，可使调整开发层系取得更理想的施工效果。

3)封堵高含水层段

油井含水高，这种高含水将随油田注水开发时间的增长而增高，而处理高含水井况，往往用机械卡堵即双封隔器卡堵高含水层段，其结果是高含水部位被卡堵，而低含水部位的油也同时被卡堵产不出来。另一方面双封隔器堵水因其工具及配套配产(水)器所限，一般一次工艺管柱只能卡堵5～7层，而又受工具寿命所限，往往需起下管柱更换堵水工具，所以费时费力，成本较高，而效果也并不理想。利用波纹管补贴封堵漏点有许多优点，可以用波纹管代替封隔器堵水，而波纹管只封堵高含水部位，低含水部位则被释放出来发挥作用。

经补贴法修复的套管补贴井段，套管内径减少约6～7mm，承压能力基本可以达到或接近原套管完好时的承压能力，基本不影响一般下井工具的起下作业，因此补贴完成后完全可以进行正常生产。以5in套管为例，油层顶部套管破损外漏补贴修复后，原套管壁厚6.2mm，套管内径为139.7－2×6.2＝127.3(mm)，补贴后套管内径减少6.6mm，则为127.3－6.6＝120.7(mm)，油层部位套管壁厚7.72mm，补贴后剩117.66mm，基本不影响φ70mm抽油泵和φ114mm工具的起下。

3.补贴工具

全套补贴工具由(自上而下)滑阀、震击器、水力锚、双作用液压缸、止动环、拉杆(波纹管)、安全接头、刚性胀头、弹性胀头、导向头、油管柱、滑阀、震击器、水力锚、液缸、波纹管(波纹管内穿过活塞拉杆、加长杆、安全接头)、刚性接头、弹性胀头、导向头组成。滑阀以上接一根1～1.5m长提升短节。

1)配制固化剂

补贴工具、波纹管连接完毕，开始下井前15min配制固化剂，粘接剂与固化剂配比为2∶1，充分搅拌均匀后，向波纹管外部的玻璃丝布上涂抹固化剂，涂抹应均匀，无漏涂现象。波纹管过长时，可边下井，边涂抹固化剂。注意固化剂涂完后6h内需完成补贴，否则固化剂将固化，固化后再补贴，密封效果变差，并且固化后的固化剂变硬，将影响补贴的波纹管的胀圆，甚至会造成卡阻胀头等事故，因此超过6h不能补贴时，应起出补贴管柱，处理固化剂后重下补贴。

2)下补贴管柱

将连接好的补贴工具、波纹管缓缓提起，导向头对正井口，缓慢下放入井。提吊补贴工具、波纹管时，应注意保护工具的加长杆、拉杆不被压弯，波纹不被划碰。波纹管超过10m长时，应先用卡盘卡紧下井，然后将拉杆、加长杆穿入波纹管，再一同提起，连接下部安全接头、胀头等。所有入井油管、补贴工具的连接旋紧扭矩应不低于320N·m，螺纹应涂抹防粘扣密封脂。补贴工具的弹性胀头通过井口困难时，可用卡盘收拢球瓣工作面，然后入井。补贴工具下井后，下放速度一般不超过1m/s，遇阻后应右转管柱，不得猛顿猛放，4h内应下完管柱。

3)补贴

(1)波纹管下到补贴井段后,核对补贴管柱深度,波纹管中部应对正补贴井段中部,补贴深度误差不超过±0.2m,校核管柱悬重并记录备案。悬重误差不超过0.5%,井口最后一根油管方余不超过1.5m。

(2)加深油管1.5m,连接井口及地面流程管线,地面流程管线为硬管线,配三组以上活动弯头,以便上提管柱时地面管线可自由提高。地面流程试压压力为补贴工具最高工作压力,稳压5min,压力降不超过0.5MPa为合格。

(3)开泵循环工作液1~2周,正常后,上提管柱1.5m,关闭滑阀。

(4)补贴方法:

①连续憋压法补贴。工作液循环正常后,关闭滑阀,管柱内憋压,升压应缓慢,升压程序为10MPa—15MPa—25MPa—28MPa—32MPa,一般不使用35MPa的最高工作压力,当压力点达25.2MPa时,各稳压2~5min。最后达32MPa时,应最少稳压5min,一般情况下,压力达32MPa时,补贴已经完成,即活塞拉杆第一个1.5m行程已回缩完成,已将波纹管胀大胀圆约1.5m长距离。32MPa压力稳压完成后放净管柱内压力,缓慢上提管柱,悬重应与补前管柱相同,或略高2~3kN(200~300kg),再次拉开活塞拉杆的悬重增加,上提行程不超过1.5m,但也不应低于1.4~1.45m。活塞拉杆被第二次拉出,做好第二行程的憋压补贴,上提1.5m行程正常后,即可开泵憋压按上述升压程序完成第二行程的补贴。重复上述憋压、放空、上提1.5m,憋压、放空、上提1.5m程序,一直将入井波纹管完全胀开胀圆,完成补贴。

②憋压连续上提法补贴。憋压连续上提法补贴,就是第一行程需经水力锚定位波纹管,靠液缸将液压力转变成胀头的机械上提动作,实现对波纹管的胀挤。之后,上提管柱1.5m行程,水力锚已对波纹管失去定位作用,而已胀圆补贴在套管内壁上1.5m的波纹管,已具有相当的摩擦阻力,使波纹管相对稳定不动。此时即可用连续憋压法完成以后长度波纹管的补贴,也可使用连续上提法完成对余下的波纹管的胀挤补贴。而连续憋压法实施时相对麻烦些,需放空、上提、憋压、稳定,并且在憋压时,胀头上升过快,对波纹管的挤胀作用时间太短,特别是补贴最后一行程,胀头弹跳波纹过快,不足以消除波纹管的弹性应变力,波纹管上端口容易回弹造成卷边。而采用连续缓慢上提完成补贴,可减少上述麻烦与可能发生的工程问题,因此现场施工时,往往采取连续上提进行补贴,此法还有一优点,就是很容易观察判断补贴正常与否。波纹管下到补贴井段后,用憋压法完成第一行程的补贴,之后,放净管柱压力,缓慢上提管柱,在1.5m的空载行程内(即再次拉开活塞拉杆的行程),管柱悬重应无明显变化,只稍微增加2~

3kN 的活塞拉杆拉开的摩擦阻力。当行程已达 1.5m 时，管柱悬重已开始增加，一般情况下，当悬重增加较明显，已超过管柱净悬重 10kN 以上时，说明第一行程补贴已发生作用，上提补贴已开始，即胀头已对波纹管余下的长度做功，此时保持 100kN 以内的上提负荷完成补贴。上提补贴，必须憋压完成 1.5m 的补贴后才可使用，上提应缓慢，一般不超过 0.1m/s，提到波纹管上端口 1m 左右时，应控制上提速度在 0.05m/s 以内，提到端口时，停止上提，使胀头稳定挤压波纹管端口，稳定时间不少于 10min。上提法补贴时，应严格注意管柱悬重变化，发现异常应立即停止上提，判明情况处理正常后，可继续上提完成补贴。

(5)补贴情况判断与处理。判断补贴是否成功，尤其是判断第一行程的憋压补贴是否成功，对余下的波纹管补贴至关重要。

①第一行程憋压补贴后，上提管柱 1.5m 行程即再次拉开活塞拉杆的行程，指重无变化，也无拉开拉杆的微小悬重增加(约 2～4kN)，可能是第一行程的补贴动作未发生。这种情况可能是液缸进液孔被堵塞，液缸内无液压，拉开未收回，此时应停止任何形式的补贴，起出管柱，检查、清洗补贴工具，然后重下补贴。

②第一行程憋压补贴后，上提 1.5m 行程后，管柱悬重增加不明显或增加不多(低于 10kN)可能是波纹管内径较大而弹性胀头工作面外径较小，补贴波纹管对套管贴补不牢，上提时波纹管随管柱一同上行。这种情况也应起出管柱、工具，检查、清洗工具，更换波纹管，选用相互配套的波纹管、弹性胀头，重下补贴。

③第一行程憋压补贴完成后，上提 1.5m 空载行程时，管柱悬重有所增加，或刚一上提悬重即有所增加，说明第一行程憋压补贴未完全完成，可能是弹性胀头遇卡阻(井口小物件落井卡胀头)，或弹性胀头工作面尺寸与波纹管内径不匹配，外径过大胀头只将波纹管挤开少许部分而遇阻卡。这种情况应在某一深度位置再次试提，悬重增加明显且又较快，而又在 1.5m 行程内，说明弹性胀头确实遇卡阻，应停止上提，设法倒开安全接头，收回以上工具及管柱，处理波纹管，然后打捞胀头部分。

4)候凝固化

补贴全部完成后，起出补贴工具、管柱，候凝固化时间不少于 48h。

5)检测补贴深度位置

候凝 12h 后，可以进行井径仪测井，检验核对补贴深度位置，测井深度为补贴井段上、下 20m 内，并重复测井一次，横向比例 1:200，测井后现场解释结果给出波纹管上端面深度、补贴井段波纹管补贴的最大、最小平均直径等数据。

6)补贴井段试压

补贴井段试压,是检验补贴效果的一种重要措施指标,一般常用双封隔器加节流器的管柱结构进行试压。管柱结构(自上而下)为:油管柱、扩张式封隔器、油管、节流器、扩张式封隔器、尾管、丝堵。封隔器上、下卡点避开套管接箍,距波纹管上、下端 1.5～3m。试压时,按要求进行。稳压 30min,压力降不超过 0.5MPa 为合格。

五、取换套管技术

取换套管技术较早是修复浅层套管破裂和变形的,近几年通过进一步的完善和发展,可以修复深部套管变形和错断、破裂井,而且具有其他修井工艺技术无可比拟的优点,可以完全恢复原井的一切技术指标和功能。

取换套技术的原理是:利用套铣钻头、套铣筒、套铣方钻杆和套铣液,套铣套管外岩石和水泥环至套损点以下,采用倒扣或切割的方法,取出已损坏的套管,下入新套管对扣或补接并固井。

1. 套铣管柱

深部取套的管柱结构为套铣头+套铣筒+六棱方钻杆。

1)套铣钻头

(1)基本结构形式。套铣钻头有两种结构形式:一种是套铣水泥环专用钻头;另一种是套铣管外封隔器及下断口专用钻头。

(2)套铣钻头结构特点。Ⅰ型套铣钻头本体下端为 6～8 个牙齿,齿间留有较大的导流通道,齿面刀尖厚 16mm 左右,刃尖角约为 14.5°,切削角为 85°左右。齿顶刃形略呈斜面,外侧面均镶有 10mm 厚的硬质合金块。这种钻头切削性能较好,利于工作液循环,铣钻综合性能很好。套铣钻头接头为 8⅝in 钻杆正规扣型,可与套铣筒直接连接,也可以加保护接头后再连接。Ⅱ型套铣钻头下端面制成 18 个带锥度的牙形,牙齿内外均镶焊硬质合金块,有利于钻铣管外封隔器胶筒和迭片,以及套管断口处的断裂的突出物和水泥环。

2)套铣筒

大通径套铣筒是加深套铣的主要用具,完成套铣深度后,在筒内完成新旧套管对接,因此,其结构形式、材质等必须符合套铣要求。

结构特点:套铣筒用 8½in 套管改制而成,上下两端配装钻杆接头,这种螺纹抗拉强度较高,工作负荷达 3120kN,刚性较大,不直度较小,稳定性较好,套铣过程中，钻杆柱即套铣管串所受扭转剪应力与受钻压弯曲应力的安全系数可达3以上。用这种大通径套铣筒与大方钻杆配套套铣，可将套管完全装在套铣筒内，因此可以大大减少套铣钻进时间。

3）套铣方钻杆

套铣方钻杆是传递转盘扭矩的直接专用钻具，也是初始套铣第一根井下套管的直接套铣筒，在整个套铣过程中，起承上启下的关键作用。

2.泥浆性能

深井取套有以下特点：

(1)套铣管柱外径较大，与井壁的接触面积大，上起管柱的摩擦力较大，易卡钻。

(2)套铣经过水泥帽、泥浆长期浸泡的地层和固井水泥环，泥浆钙浸严重，地层易坍塌。

(3)套铣钻头内径较大，没有水力破岩的作用，是纯机械破碎，对泥浆的流变性要求较低，但对清洁井底和携屑性要求较高，以防钻头泥包和卡钻。

3.套铣管柱强度

深部取套专用套铣筒强度的最弱之处是螺纹根部，为了解决这一问题，设计使用了套铣筒专用接头，经现场实践证明，提高套铣筒的整体强度，但是，这种变扣接头质量要求高，组织加工及现场施工都不方便，经常因一个接头质量不稳定，导致整个套铣管柱失效，从而误工误时，影响施工。为此，设计这种外加厚型的特制套铣筒。这种套铣筒自身螺纹类似于钻杆扣，套铣筒直接相连即可，满足施工要求，从而可取消现有的专用变扣接头。

提高其强度，计算结果证明，这种加厚的套铣筒螺纹强度比前一种提高8.4%。这说明补贴管长度超过8m，可导致补贴管失稳，为长井段的套管补贴提供对接的理论依据。为了使补贴管在井下不失稳，只能采取8m长补贴管对接的方式，进行长井段套管损坏井的套管补贴。可根据实际情况将套管损坏井补贴管对接至所需长度。

4.套管补贴技术的适用范围

(1)套管因腐蚀而出现孔洞的套管损坏井。

(2)套管出现裂缝、套管螺纹脱扣的套管损坏井。

(3)套管因地层蠕变等地质因素而错断的井。

(4)需要封堵原射孔井段的井。

六、套管损坏的预防措施

综上所述，造成套管损坏的主要因素有：地质因素、工程因素和管理因素。针对这些因素可采取以下预防套管损坏的措施。

1. 针对地质因素预防套管损坏的措施

(1)针对不同区块地层进行预防套管损坏的套管结构设计。

(2)通过套管的钢性和壁厚选择进行预防。

(3)在浅层套管外表刷镀上耐硫化物腐蚀的保护层。

(4)采取阴极保护法降低浅层水含氧离子浓度。

2. 针对造成套管损坏的工程因素采取的措施

(1)提高套管本身的材质及套管螺纹加工质量。

(2)提高固井质量，确保固井水泥要达标，水泥浆密度不能低。

(3)提高完井质量，恰当地选择射孔工艺及射孔密度，降低射孔时深度误差。

(4)井位布置要合理。

(5)提高注汽、隔热管柱的质量，使套管减少应力变化。

(6)加强钻井作业监督，提高施工质量。

第四节 套管内侧钻

侧钻工艺技术是在选定的套管损坏井(损坏点较深的严重错断井)的套损点以上某一合适深度位置固定一专用斜向器(也可是与陀螺仪配套的斜向器)，利用斜向器的导斜和造斜作用，使专用工具，如铣锥等在套管侧面开窗，形成通向油层的必由通道，然后由侧钻钻具(包括钻头)钻开油层至设计深度，下入小套管固井射孔完成。

套管开窗侧钻是在井内预定位置下导斜器，用铣锥沿导斜器斜面方向和角度将套管铣破。

一、套管内侧钻方式的选择

进行套管内侧钻时，首先要确定侧钻开窗位置、斜向器倾角与长度、侧钻方位所要求的方法，这是侧钻的基础，确定是否得当对侧钻的成败影响很大。

侧钻方式主要以侧钻的目的为主要依据，还要参考地质情况与井况，侧钻的技术水平、侧钻方法来综合选定。例如，当侧钻主要是为了处理套管的损坏（或严重的井下事故）而无方位要求时，一般是在套管损坏处（或井下事故井段处）以上选适当位置侧钻即可。如果侧钻是为了找高渗透带或取某一特定方向的地层资料，则必须根据方位和水平位移的要求、侧钻方式、斜向器结构等综合考虑。例如，侧钻为避开地层结构破坏井段进行防砂，应尽量选用高井段大倾角的方式进行侧钻。

目前，套管内侧钻在修井上主要用于处理复杂事故井和套管严重损坏井，使其恢复生产，在方位、倾角及水平位移上均有特定的要求。在侧钻时一般应注意到下述问题。

(1)侧钻部位的上部套管必须完好，无变形，无漏失破裂现象。

(2)尽力选择固井质量好、井斜小、地层硬的井段。同时应避开套管接箍，以便有一个稳定的窗口，使侧钻与完井顺利进行。

(3)对于严重漏窜井和出砂严重井，应加大侧钻长度和倾角。在开窗位置选定后，为保证侧钻效果，水平位移应大于漏窜与出砂的径向范围。

(4)必须严格通井、试压，分析井史与电测资料，如发现不合适的地方应随时研究修改侧钻方式，使侧钻工作建立在较好的基础上。

二、套管内侧钻施工工艺

套管侧钻施工主要包括侧钻前井眼准备、固定斜向器、套管开窗、裸眼钻井、下尾管固井、完井诱喷六个项目，

1. 侧钻前井眼准备

井眼准备工作包括提出或打捞出老井眼中的采油管柱，修复窗口以上套管通井、试压，挤封漏失或射孔井段，为开窗、裸眼钻井、下尾管等侧钻工艺提供一个良好的工作基础。

1)挤封油层或漏失井段

挤封油层的目的是防止层间互窜，影响裸眼钻进和采油工艺的实施。挤封前要冲砂洗井彻底，把所有待挤封层段都冲露出来。挤封时应将管柱下到预挤封井段以下，采用循环挤注方法，以避免因吸收性差异而影响挤封质量。封堵剂的用量取决于预堵层位的渗透率、挤封厚度及挤封半径、压力等因素，一般情况挤封半径按 0.5m 计算。

2)上部套管试压

上部套管试压的目的是了解套管完好情况,为确定开窗位置和完井尾管长度提供依据,也为下尾管固井施工、试压及采油工作提供基础。试压标准根据油藏特征、采油工艺要求及侧钻施工特点而确定,一般油井试压10MPa,经30min压降不超过0.5MPa为合格。

3)通井

通井的目的是了解套管损坏情况,为确定开窗位置及裸眼钻进、完井管柱、采油管柱等入井工具提供确定的依据。

为了达到通井的目的,通井规直径应比入井最大尺寸工具直径大4～6mm,长度不小于最大直径入井工具的长度或使用双级通井规,通井遇阻井段要用修套工艺修套至畅通。

2.开窗侧钻

1)开窗侧钻的意义及用途

(1)侧钻作为井下作业大修的主要工艺措施,使油井恢复生产,有利于提高开发效果,提高油井利用率,同时可节约钻井费用和地面建设费用。

(2)通过侧钻井可以减缓水、气锥进,延长无水开采期,改善驱油效果。

(3)通过侧钻水平井可以有效地开发老油田的剩余油,可以有效地开发低渗透油藏、裂缝性油藏和薄油藏。

2)开窗方法及类型

(1)定斜器开窗侧钻方法。

将一定技术规格的定斜器送入油层套管内预计开窗的位置固定,然后使用磨铣工具沿定斜器轴线一侧磨铣出一定形状的窗口,从窗口钻新井眼的方法。这种方法是油田常用的常规侧钻开窗方法。

斜向器类型可分为液压卡瓦式和固定锚式,其原理都是用管柱及送斜器把斜向器下送到预定位置,通过陀螺仪确定斜向器方位,再用液压坐封或用水泥固定斜向器,剪断销钉后提出送斜器。斜向器坐封固定位置应准确,与设计位置允差为±0.3m,斜向器顶部要紧贴套管壁而且固定要牢靠,防止在开窗及侧钻过程中发生位移或转动。斜向器固定牢靠后,用复式铣锥(或铣鞋)开始磨铣窗口。

①开窗第一阶段。从铣锥磨铣斜向器顶部到铣锥底圆与套管内壁接触,此段开始要轻压慢转,然后中速磨铣,钻压为2～5kN,转速60～80r/min。

②开窗第二阶段。从铣锥底圆接触套管内壁到底圆刚出套管外壁。此阶段

钻井压力应为5～15kN,转速80～150r/min,使铣锥沿套管外壁均匀磨铣,保证窗口长度。

③开窗第三阶段。从铣锥底圆出套管到铣锥最大直径全部铣过套管,此段保证窗口圆滑,钻压应为1～5kN,钻速120～150r/min,定点快速铣进,其长度等于一个铣锥长度。

在开窗磨铣过程中,修井液返速均应大于0.6m/s,以保证磨铣碎屑上返井口。

(2)截断式开窗侧钻方法。

采用液力扩张式铣鞋在预定井段磨铣切割套管达到开窗口后进行侧钻。侧钻水平井多采用此方法开窗。

段铣开窗是用套管锻铣工具铣去套管20～25m,再通过其他技术处理形成一个造斜点。

①段铣工具由上接头、本体、下接头、活塞、弹簧、刀片、压降显示机构组成。工作原理为开泵时活塞下移推动刀片外张,段铣套管,停泵后,活塞在弹簧力作用下复位,刀片在自重作用下收回本体。

②段铣时钻具组合为:扶正器一只+段铣工具+钻挺+钻杆。修井液粘度在50s(mPa·s)以上,上返速度在0.6m/s以上。段铣施工分为两个阶段:

a.段铣切断套管:确认刀片在切割位置后定点先缓慢启动转盘,转速20/min,然后开泵,泵压不小于8MPa,转速40～60r/min,套管切断后将有1.2～1.4MPa压降;

b.正常段铣套管:套管切割后,待泵压平稳后转入正常段铣套管,转速60～80r/min,钻压15～35kN。

③段铣完后要进行扩孔,使井眼直径扩大3in,扩孔后段铣段应注入水泥塞,以加固窗口处上下断面的套管柱,防止后续工序时窗口处套管活动或倒开等复杂情况出现。

(3)聚能切割开窗侧钻方法。

采用聚能切割弹下至预定井段启爆切割弹,把套管切割成一定技术要求的碎片,达到开窗目的后进行侧钻。

(4)其他开窗侧钻方法。

采用定斜器和截断式两种方法结合使用进行开窗侧钻。套管严重错断时不采用定斜器而利用钻具组合达到开窗侧钻的目的。

①段铣与斜向器结合使用开窗:其工艺技术是用段铣方法先段铣套管5m左右,再下斜向器造斜。

②爆炸开窗技术:利用炸药的聚能效应原理和控制爆炸原理,在套管内瞬时完成开窗作业。

③自由开窗工艺技术:利用井内原有管柱落鱼在套管破损处自由磨铣开窗,或在套管错断处采用复合铣锥自由磨铣开窗。

3)开窗侧钻适用范围

开窗侧钻作为油田开发中井下作业的主要工艺技术,不但适用于油井,同样适用于气井、注水井,不受井别的限制。

由于侧钻要利用上部原井眼,且侧钻后还要有利于分层开采和增采措施,而侧钻后下尾管尺寸受到原井眼的限制。因此,进行开窗侧钻井的井径应选择直径 140mm 以上套管为宜,如图 3-26 所示。

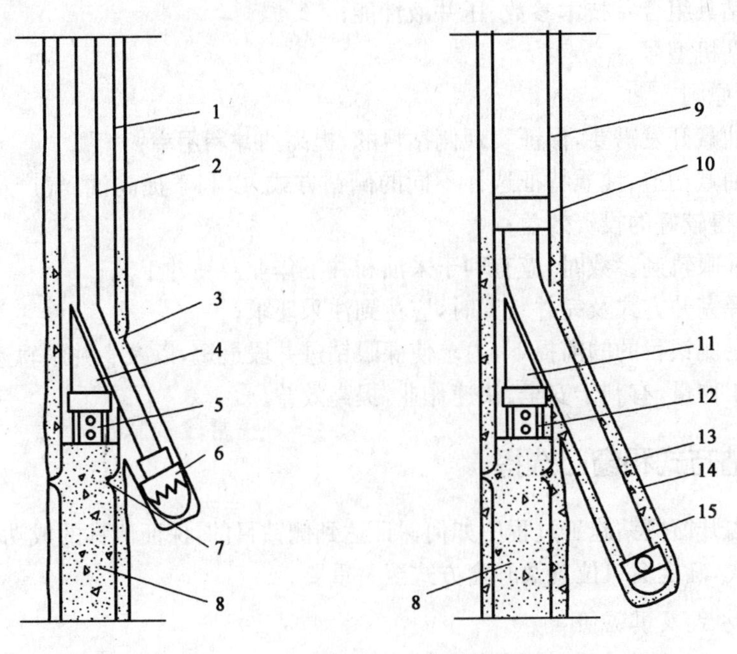

图 3-26 侧钻示意图

1—原井套管;2—侧钻开窗钻柱;3—窗口;4—斜向器;5—斜向器固定机构;6—开窗铣锥;7—断口;8—原井套损以下水泥封固;9—原井套管;10—完井尾管悬挂器;11—斜向器;12—斜向器固定机构;13—完井小套管;14—完井固井水泥;15—射孔孔眼

4)侧钻设计原则

(1)设计依据。

侧钻井设计时,应根据该油藏地质情况,例如,地质分层、岩性、地层压力、倾角、断层、裂缝、含油气水状况确定侧钻井的井眼轨迹。侧钻设计应根据侧钻适用范围,保证实现钻井的目的。根据不同的井况选择不同的侧钻方法和方式,根据最佳的采油方式、采油速度和可能的采油问题提出最佳的完井装置,从而确定合理的井身结构、开窗位置及裸眼钻井方法、压井液类型,以利于安全、优质、快速开窗钻进,实现侧钻目的。

(2)设计步骤。

①确定侧钻井的油藏类型及要求;

②确定侧钻井的井眼轨迹;

③确定侧钻井的完井方法及装置;

④确定井身结构;

⑤确定钻具组合及技术参数、压井液性能;

⑥确定钻机型号。

(3)设计原则。

①满足油藏开发需要,保证实现侧钻目的,提高油井利用率;

②根据油藏构造、地质特征选择不同的侧钻方式,以利于提高油、气产量和采收率,以取得较好的投资效益;

③设计井眼轨迹参数时,应有利于采油和井下作业及钻井工艺;

④在选择完井方式及完井装置时,应达到注采要求;

⑤在满足侧钻目的的前提下,力求使裸眼钻进井段最短,以减少井眼轨迹控制的难度和工作量,有利于安全、快速作业,提高效益。

三、侧钻方式和窗口选择

在套管内开窗侧钻施工过程中如何保证达到侧钻目的,保证侧钻的成功率,选择侧钻方式,确定窗口位置及开窗方式至关重要。

1.侧钻方式及其应用

侧钻方式有一般侧钻、定向侧钻、水平井侧钻及分支井(丛式井)侧钻四种方式,分别适应不同的油藏开发需要及不同的井况条件进行套管内侧钻。

(1)一般侧钻。侧钻过程中没有方位要求,而是按定斜器在井眼中的轨迹方向,钻达目的层的一种侧钻方式。对于一般无特殊要求的侧钻井均采用此侧钻方式。

(2)定向侧钻。定向侧钻对方位、水平位移有明确的要求。从开窗到裸眼钻进全过程均按预定的方位、井斜角、水平位移进行。对于油藏平面受注入水舌进,出砂严重,或开采剩余油及钻到断层或偏离油层钻进的油气井,上述这类井侧钻时则采用定向侧钻的方式。

(3)侧钻水平井。侧钻水平井对套管开窗井眼曲率、方位、水平段垂深、水平段长度,具有严格要求且井斜角达到85°以上。随着侧钻水平井工艺的不断完善,费用逐渐降低,侧钻水平井在开采剩余油、解决水锥进、气锥进等油田开发领域应用越来越广。

(4)侧钻分支井及侧钻丛式井。在同一个套管里多处开窗侧钻或在一处开窗多方向侧钻,各个侧钻的轨迹、方位、井眼曲率、水平段垂深、长度各自有严格的要求,形成不同方位,不同井眼曲率的分支或多底定向井或水平井。随着侧钻技术的进一步提高,分支井或丛式井可以开采裂缝性油藏及其他复杂油藏,极大地提高油层裸露面积,扩大油井供油半径,提高采收率和经济效益。

2. 侧钻方式选择

侧钻方式选择应根据油田勘探、开发及油藏工程的要求,保证实现侧钻的目的;根据油田构造特征,油、气、水产状,侧钻后有利于提高油井产量和采收率及改善投资效益的原则。

在选择侧钻井眼轨迹参数时,应有利于侧钻工艺及采油、井下作业。

四、窗口选择

开窗是侧钻中的重要工序,而窗口质量是保证后续工序及整个侧钻施工的关键因素。窗口是保证裸眼钻进时井下钻具、工具、电测仪器及完井管柱进入探眼的关键井段,也是侧钻施工的造斜点。因此,窗口选择极为重要。窗口选择时应遵循以下原则:

(1)为减小裸眼井段的长度,缩短建井周期,窗口位置应在保证有足够造斜井段的条件下尽量接近目的层深度。

(2)窗口位置应选择在比较稳定的地层,避免在岩石破碎带、漏失地层等复杂层位,以避免开窗时出现复杂井况。

(3)窗口应选择在远离事故井段或套管损坏井段以上30m左右,有利于避开原井眼。

(4)窗口以上上部套管应完好,无变形、漏失、破裂现象,以利于侧钻施工和采油工艺。

(5)窗口应选择在固井质量好、井斜小的井段,并避开套管接箍,最重要的是要满足侧钻工程的需要。

(6)窗口选择在上述原则的基础上,必须进行严格的通井和上部套管试压。通过井史与测井资料的对比,在满足方位、井眼曲率参数的同时,确保实现侧钻目的,使侧钻工作建立在良好的基础上。

五、裸眼钻进

侧钻裸眼钻进与普通井钻进有其共性,同时又有其特殊性,即钻进时要进行轨迹控制,使侧钻井斜角、方位角、水平位移达到设计的要求,满足侧钻的目的。裸眼钻进的步骤如下:

(1)试钻。选用开窗时的铣锥(或铣鞋)试钻 5~10m,再换其他钻头或工具钻进,避免钻头与原套管憋钻的现象发生。

(2)钻进。根据地层的可钻性不同选用牙轮钻头、PDC 钻头或短翼三刮刀钻头,针对不同的井段及造斜段、稳斜段、降斜段的要求选用不同组合的井下钻具,既要满足钻进的需要,又要满足井眼轨迹控制的特别要求。钻进时可以使用转盘钻进或井下动力钻具滑动钻进,也可以使用井下动力钻具和转盘同时工作的钻进方法。

裸眼钻进中,钻压的选择应根据地层情况、钻头类型及井眼轨迹控制的要求综合考虑,特别是钻遇软硬交错地层时,从软到硬要减钻压,从硬到软要适当增加钻压,以保持井斜方位始终处于控制状态,裸眼钻进时其钻井液上返速度在 0.6~0.8m/s。

(3)划眼及扩孔。裸眼钻进时,特别是井斜角较大时,要坚持每根钻具划眼以消除键槽及清除岩屑床,保证裸眼钻进的安全。

扩孔是在裸眼钻进完成后,使用扩孔器或偏心钻头扩大裸眼钻进井径,为下一个工序及提高固井、完井质量创造良好条件。

六、完井工艺

侧钻井完井方法根据侧钻目的及油藏特征可以使用尾管完井、筛管完井、裸眼完井、滤砂管完井工艺。

1.尾管完井

侧钻后经原套管下入新钻井眼内,完井管柱通过固井和射孔完成侧钻的目的,这是普遍侧钻和定向侧钻最常见的完井方式。

尾管最大外径小于原套管内径 6~8mm,尾管悬挂器位置应超覆窗口 30m以上,尾管串要做弯曲稳定计算。

2.筛管完井

侧钻钻达目的层后，把带尾管的管柱下入油层部位，然后封隔产层顶界以上的环形空间，这种完井工艺称为筛管完井。

筛管完井方法适用于裸眼井段较少，产层单一的裂缝性产层，不适用于出砂严重和分层开采的井。

筛管的筛眼直径为 2～12mm，密度 60～120 孔/m，也可用割缝筛管、水泥伞或管外封隔器置于井径规则及相对坚硬的井段。

3.裸眼完井

利用原有油水井套管，侧钻探眼井段，钻达目的层后即投产，这种完井工艺称为裸眼完井。裸眼完井适用于不出砂、不出水、产层单一、地层稳定不坍塌的井，或应用于小曲率半径水平井的完井工作。裸眼完井工艺要求原井套管封固良好，无窜漏，使用优质完井液和平衡或欠平衡钻井工艺技术完井作业。

4.滤砂管完井

针对地层出砂情况，选用不同颗粒的物质和胶结剂，在一定条件下，固结成较高强度和渗透性的滤砂管，并与其他工具组合下入井内的完井工艺技术称为滤砂管完井。滤砂管完井适用于裸眼井段短、原油粘度低、产层单一的出砂井完井作业。滤砂管完井工艺要求完井液无固相颗粒，滤砂管上部的封隔器坐封在原井套管，且密封良好可靠。

七、侧钻水平井

1.侧钻水平井的设计

1)侧钻水平井的设计步骤

(1)根据油藏开发数学模型及油水分布、剩余油分析，以及成本效益分析，确定水平井的靶区位置。

(2)根据原油性质、地层能量、产量，确定井身结构、完井方式。

(3)根据井身结构、完井方式确定井身剖面类型及井眼轨迹。

(4)根据井身剖面类型及井眼轨迹、井身结构确定钻具组合、钻井液、完井液及水力参数设计。

2)窗口确定的原则

(1)窗口选择在套管完好，管外水泥固结质量好的井段。

(2)窗口应选择在地层较稳定，地层胶结良好，硬度适宜的井段。

(3)对于短半径和中半径的井，采取截断式开窗；对于长半径的井，采取定斜器或截断式开窗方式。

(4)窗口位置选择应满足井眼轨迹，实现井身结构的要求。

3)侧钻水平井的基本类型

(1)长半径(小曲率)侧钻水平井：曲率 $K \leqslant 6°/30m$，半径大于 300m。

(2)中半径(中曲率)侧钻水平井：曲率为 8°/30m～20°/30m，半径为 86～2114m。

(3)短半径(大曲率)侧钻水平井：曲率为 4°/30m～10°/30m，不能完井电测和固井作业。

4)井身剖面的优化设计原则

(1)长曲率半径水平井：水平位移大，可采用较大直径的套管和采油设备，可以使用常规工具、仪器，但完井时间长、费用高。

中曲率半径水平井：弯曲井段不太长，施工难度不大，国内外普遍采用。

短曲率半径水平井：使用特殊工具，水平段较短，施工周期短，但施工难度较大。

(2)设计的剖面应避开复杂地层，尽量减小扭矩摩阻，缩小弯曲长度、缩短裸眼井段。

(3)设计井眼剖面时，应尽量减小钻柱承受的弯曲载荷，减小使用井下动力钻具滑动钻进的井段。

(4)利用地质标准层来调整中靶深度，为了保证中靶精度和方便施工，可在剖面设计中加入调节稳斜段。

2.侧钻水平井的钻井工艺

侧钻水平井钻井工艺技术是水平井钻井工艺技术和小井眼钻井工艺技术及套管开窗工艺技术的综合应用。

1)侧钻水平井的开窗工艺技术

侧钻水平井开窗工艺一般采用截断式开窗工艺，用截断式铁鞋锻铣套管18～22m，然后使用扩眼钻头对锻铣井段扩眼，挤注水泥封固开窗套管下切口。

2)滑动钻进技术

滑动钻进钻具组合为方钻杆、旁通接头、钻杆、扶正器、无磁钻铤、扶正器、定位接头、动力钻具、弯接头+钻头，这套钻具组合既要考虑控制井眼轨迹的要求，也要保证侧钻过程中的测井需要。滑动钻进时应注意的事项：

(1)由于侧钻水平井井眼尺寸小,钻具井下工具、动力钻具的尺寸也较小,因此,为防止井下钻具事故一定要进行钻具的摩阻分析计算及钻具强度校核工作。

(2)由于侧钻水平井井眼尺寸较小,环空间隙较小,为了指导施工参数的制定及井下复杂情况的判断,应建立适合于小井眼侧钻水平井的摩阻模型分析及水力参数的精确计算。

(3)在滑动钻进时要随时监测井斜、方位、工具面角、定点储存轨迹参数,进行轨迹的预测工作,根据设计要求改变钻具组合。

(4)滑动钻进至井斜较大时(60°以上)要注意岩屑床的清除工作,防止卡钻或加不上钻压的现象出现。

3)旋转钻进工艺技术

旋转钻进一般有两种钻具组合:一种是使用滑动钻进的钻具组合,根据井眼轨迹的设计要求直接旋转钻进;一种是钻具组合中没有井下动力钻具,根据轨迹设计的要求,用增斜、稳斜、降斜钻具组合进行旋转钻进,注意钻进参数的制定要有利于轨迹控制。

第四章 油井增产措施

众所周知，当今国内外油气田，在开发的中后期，特别是处于高含水和特高含水期，为了改善开发效果，进一步提高原油采收率所进行的重要举措是改造生产层的结构。

生产油层结构改造的主要手段是采取压裂、防砂、酸化、堵水等工艺技术。油层酸化、水力压裂已成为有效改善储层渗流条件、提高单井油气产量的必要手段。经过多年来的实践，特别是近年来通过技术引进和科技攻关，油层酸处理、水力压裂已逐步成为油井增产的主要措施。

第一节 油层酸处理

油层酸处理（简称酸化）是依靠酸液的化学溶蚀作用，使酸液与油层岩石中的矿物和粘土成分等起化学反应，以提高油层渗透性、增加产油量的一种方法。酸化的目的和作用在于改造低渗透层，提高油层的渗透能力，解除油层孔隙堵塞，恢复油层的天然渗透性，打开油气流入井的通道，从而提高油气井产量和注水井的注入量。

根据注酸压力大小和酸液在地层中发挥的作用，酸化一般可分为两大类。一类是在注酸压力低于油气层破裂压力的情况下，将酸液注入油层孔隙内的常规酸化（也称一般酸化或解堵酸化）。进行这类酸化时其酸液在油层中主要发挥化学溶蚀作用，经过酸液与岩石矿物及某些堵塞物的化学反应溶解储层空间内的岩石颗粒及堵塞物，以扩大与其接触的岩石的孔、缝、洞。另一类是在注酸压力高于油气层破裂压力的情况下，将酸液挤入油层孔隙内的压裂酸化（简称酸压）。进行这类酸化时其酸液将同时发挥水力作用和化学溶蚀作用，用以压开、沟通并扩大和延伸裂缝，从而形成延伸远、流通能力高的油、气渗流通道。实际上，压裂酸化是一种以酸液为压裂液，但不加支撑剂的油层压裂。在施工工艺上，它与普通的油层水力压裂基本上一样，是油层水力压裂和酸化工艺相结合的综合性施工。

一、酸化原理

目前，我国各油田先后使用了多种酸化方法。其酸化方法的选用，因油层岩石或堵塞物的性质不同而异。油田广泛应用的有盐酸和土酸处理两种方法。另外，还有热酸处理和热化学处理等方法。近年来，泡沫酸酸化、自生土酸深部酸化、氟硼酸（HBF_4）稳定粘土、酸化与防垢综合处理等新工艺技术的推广使用，使酸化技术得到进一步发展。

1. 盐酸处理原理

盐酸处理主要应用于低渗透性的碳酸盐岩油层及含碳酸盐成分较高的砂岩油层，也可用于井底附近油层孔隙堵塞时的解堵。

碳酸盐油气层的主要矿物成分为方解石 $CaCO_3$ 和白云石 $CaMg(CO_3)_2$。其中方解石含量高于50%的称为石灰岩类，白云石含量高于50%的称为白云岩类。碳酸盐地层的储集空间分为孔隙和裂缝两种类型。根据孔隙和裂缝在地层中的主次关系又可把碳酸盐油气层分为三类：孔隙性碳酸盐油气层中，孔隙是油气的主要储集空间和渗流通道；孔隙—裂缝性碳酸盐油气层中，孔隙是主要储集空间，裂缝是主要渗流通道；而在裂缝性碳酸盐油气层中，微小裂缝和溶蚀孔洞是主要储集空间，较大裂缝是主要渗流通道。因此，碳酸盐地层酸处理，就是要解除孔隙和裂缝中的堵塞物质，或扩大沟通地层原有的孔隙和裂缝，以提高地层的渗透性能。

盐酸处理碳酸盐岩油层的原理是利用盐酸进入油层孔隙和裂缝后，与地层中的碳酸盐类发生化学反应，生成能溶于水的氯化物和二氧化碳气体。这种可溶性的盐和二氧化碳气体必须通过排液手段在酸化反应后及时地将其随同残酸液排出地面，以增加油层孔隙和裂缝的空间体积，从而提高了近井地带的渗透率。盐酸与碳酸盐类发生的化学反应可用简单的化学方程式来描述。例如，最普通的碳酸盐 $CaCO_3$（方解石），以及 $CaMg(CO_3)_2$（白云石）和 $FeCO_3$（蓝石英）与盐酸的反应式如下，即

$$CaCO_3+2HCl = CaCl_2+CO_2\uparrow+H_2O$$

$$CaMg(CO_3)_2+4HCl = CaCl_2+MgCl_2+2CO_2\uparrow+2H_2O$$

$$FeCO_3+2HCl = FeCl_2+CO_2\uparrow+H_2O$$

根据以上化学反应式可计算出处理掉一定数量的碳酸盐类所用的盐酸数

量，或用一定浓度、一定数量的盐酸所能溶解的碳酸盐体积。表 4－1 列出了不同浓度盐酸与碳酸镁钙反应的数量关系。

表 4－1　不同浓度盐酸与碳酸镁钙(白云岩)作用情况表

盐酸浓度 %	$1m^3$ 酸液溶解 $CaMg(CO_3)_2$ 的 重量，kg	溶解 $CaMg(CO_3)_2$ 的体积，m^3	生成 CO_2(气) 标准，m^3	溶解 $1m^3$ 岩石 所需酸量，m^3	备　注
5	64.38	0.022	15.62	45.4	白云岩密度为 2870kg/m^3
10	132.5	0.045	32.22	22.2	
15	202.86	0.071	49.5	14.1	
20	277.2	0.096	67.76	10.4	
28	403.2	0.14	98.41	7.1	

从表 4－1 中盐酸溶解碳酸盐岩的数量关系来看，盐酸处理后，地层中大量的碳酸盐岩被溶解，如通过自喷或抽汲等排液方法，及时将反应后的或溶物随残酸液从油层中排出地面，就可增加油层裂缝的空间体积，从而为提高油层的孔隙性和渗透性提供必要条件。

2. 土酸处理

所谓土酸，就是由浓度为 10%～15%的盐酸和浓度为 3%～8%的氢氟酸及其添加剂所组成的混合酸液(又称泥酸)。因其中的氢氟酸能与油层中的粘土质发生强烈反应，故称为土酸。

土酸处理常常用于碳酸盐含量少、泥质含量高的低渗透性砂岩油层，也可用于油井泥浆等泥质堵塞物的解堵。砂岩是由砂粒和粒间胶结物组成，砂粒主要是石英和长石，胶结物主要为粘土和碳酸盐类。砂岩的油气储集空间和渗流通道就是砂粒与砂粒之间未被胶结物完全充填的孔隙。因此，砂岩油层的酸处理，就是通过酸液溶解砂粒之间的胶结物和部分砂粒，或者溶解孔隙中的泥质堵塞物及其他结垢物来恢复与提高油层附近的渗透率。

土酸处理砂岩油气层的原理是依靠土酸中的盐酸溶蚀地层中的碳酸盐类和铁、铝化合物等，并维持酸液较低的 pH 值和防止产生再沉淀以及依靠氢氟酸溶蚀地层中的粘土质和硅酸盐类。通过排液，将反应生成的可溶物和气体等及时排出地面，即可解除地层中的胶结物、泥质及污染物的堵塞，恢复与提高近井地带的渗透率。盐酸与碳酸盐岩反应的化学方程式见盐酸处理的原理部分，氢氟酸与砂岩和泥质等反应的化学方程式如下：

与石英砂岩(主要成分是二氧化硅)反应的化学方程式为

$$SiO_2 + 4HF = SiF_4\uparrow + 2H_2O$$

$$SiO_2+6HF \longrightarrow H_2SiF_6+2H_2O$$

反应生成的气体氟化硅（SiF_4）和水均可排出地面，而生成的氟硅酸（H_2SiF_6）在水中可离解为 H^+ 和 SiF_6^{2-}，SiF_6^{2-} 又能和地层水中的 Ca^{2+}、Na^+、K^+、NH_4^+ 等离子相结合。生成的 $CaSiF_6$ 和$(NH_4)_2SiF_6$ 易溶于水，不会产生沉淀，而 Na_2SiF_6 和 K_2SiF_6 均为不溶物质，能堵塞地层。因此在土酸处理过程中应先将地层水顶替走，避免其与氢氟酸接触。

与泥质砂岩（主要成分是硅酸铝钙）反应的化学方程式为

$$CaAl_2Si_2O_8+16HF \longrightarrow CaF_2\downarrow+2AlF_3+2SiF_4\uparrow+8H_2O$$

同时，与碳酸盐作用反应的化学方程式为

$$CaCO_3+2HF \longrightarrow CaF_2\downarrow+CO_2\uparrow+H_2O$$

$$CaMg(CO_3)_2+4HF \longrightarrow CaF_2\downarrow+MgF_2\downarrow+2CO_2\uparrow+2H_2O$$

上述反应中所生成的 CaF_2 和 MgF_2 沉淀，在酸液浓度高时，处于溶解状态，而当酸液浓度降低后，即会沉淀。酸液中含有 HCl 时，可依靠 HCl 维持酸液在较低的 pH 值，以提高 CaF_2 和 MgF_2 的溶解度。对碳酸盐含量高的砂岩，可加入各种添加剂，并在土酸处理前，先用盐酸进行预处理，以防止或降低 CaF_2 和 MgF_2 沉淀的生成。

同碳酸盐岩的盐酸处理一样，从以上这些反应式可以计算出一定量的氢氟酸所能溶蚀的岩石体积。但应注意的是，为防止 CaF_2 等沉淀物的生成，土酸用量一般不宜超过预处理时的盐酸用量，其反应时间也不宜过长，以便在酸液的 pH 值保持在较低的情况下就将其反应生成物和残酸液及时地排出地面，防止二次沉淀物堵塞油层孔隙，从而充分发挥氢氟酸的有效溶蚀能力。目前，国外认为土酸处理的关井反应时间一般不超过 3～4h，地温高时可缩短为 1～3h，最好在 1h 以内，这样排液效果较佳。

二、酸液和添加剂

酸液和添加剂是油层酸处理时的主要工作介质，它们的合理使用对酸处理的增产效果起着重要作用。随着酸化工艺的发展，国内外现场使用的酸处理酸液和添加剂的类型越来越多。关于这些酸液和添加剂的物理性质及化学性质等已在化学课中介绍，本节仅介绍酸处理中常用酸液和添加剂的类型及其在油层酸处理中的应用。

1. 酸处理中常用酸液的类型

目前，在油水井酸处理中常用的酸液类型有无机酸、稀释有机酸、多组分酸及缓速酸等。

1)无机酸

无机酸的种类很多,但是在酸化中比较有效的和常用的酸液不多,主要有盐酸及土酸。

(1)盐酸。盐酸是一种无机强酸,它是目前在酸化时,特别是碳酸盐油层酸处理时常用的一种酸液。由于盐酸对碳酸盐岩的溶蚀力强,反应后生成的氯化钙和氯化镁等盐类能全部溶解于残酸液中,酸处理效果好。因此,碳酸盐地层的酸处理主要是用盐酸。

酸化用的盐酸是用工业盐酸(也称为商品盐酸),与水和添加剂一起配制成酸化时所需浓度和性能要求的盐酸液。目前,我国工业盐酸的浓度一般为31%～34%,酸处理通常采用浓度为10%～15%的盐酸,而应用最多的又是浓度为15%的盐酸。当然,低浓度盐酸的使用也很普遍,如在砂岩酸化注入土酸前往往先用浓度为5%～7.5%的盐酸作前置液顶替走地层水,防止生成沉淀物(氟硅酸钠及氟硅酸钾)堵塞地层孔道,以提高酸化效果。

酸化所用盐酸浓度的选择,取决于油层碳酸盐的含量、地层的胶结程度、油层压力的大小和油层污染情况等因素。常规酸化常用的盐酸浓度为6%～15%。对于压力较高而渗透率低的碳酸盐油层,酸处理后有可能建立较大的压差,以便于排除残酸液时可以使用浓度为12%～15%的盐酸;对于压力不高的碳酸盐油层,为便于排除残酸液,宜用浓度较低(8%～12%)的盐酸;对于砂岩油层中碳酸盐含量相对较高而胶结疏松的油井,盐酸的浓度一般不宜超过6%～8%,浓度过大易引起地层出砂,造成砂堵,甚至使地层坍塌。酸洗是指用稀释的盐酸溶液在井内循环冲洗,它的目的在于除去钻井中积存在套管及井壁上的泥浆及污物,可使用浓度为4%～8%的稀盐酸。酸浸是指将盐酸打入井筒,浸泡井底油层渗滤面的堵塞物,这时可采用浓度在6%以下的稀盐酸。在油层初次酸化时,有的油田目前采用8%～10%的酸液浓度;也有些油田采用6%～8%的酸液浓度。重复进行酸化时,为提高酸化效果,应适当提高酸液浓度。

值得指出的是,近年来广泛使用28%左右的高浓度盐酸处理油层取得了良好效果。高浓度盐酸处理的好处是酸岩反应速度相对变慢,有效作用半径大,单位体积盐酸可产生较多的CO_2,有利于废酸的排出等。据前苏联文献报道,用35%的特高浓度盐酸处理油层与浓度为15%的盐酸相比,酸化深度可提高5～6倍以上。

(2)土酸。土酸也是进行酸化时比较常用的一种酸液,特别是用于砂岩油层酸化处理。土酸是由一定浓度的盐酸和氢氟酸按一定的比例配成的混合酸液。

土酸中的盐酸主要溶解砂岩油层中的碳酸盐成分，并维持混合酸液较低的 pH 值，以防止产生再沉淀。土酸中的氢氟酸是一种无机中强酸，对砂岩中的一切成分(石英、粘土、碳酸盐)都有溶蚀能力，但不能单独使用氢氟酸处理地层，而需要和盐酸混合成土酸使用。特别是对含有碳酸盐的砂岩和碳酸盐岩地层绝对不能单独使用氢氟酸，以尽量避免二次沉淀物(氟化钙和氟化镁)的生成。由于氢氟酸具有与砂岩、淤泥、粘土及钻井泥浆等含硅物质反应的特点，所以常常用来解除上述物质的堵塞或进行砂岩油气层的酸处理。

一般常用清水稀释所需用量的工业盐酸和工业氢氟酸来配制一定土酸配比的土酸液。目前，我国工业氢氟酸的浓度一般为 40%。而采用土酸处理时，一般常用 10%～15%浓度的盐酸和 3%～8%浓度的氢氰酸混合而成的土酸。由于油气层岩石的成分和性质各不相同，不同油田和油层的结构组成也不同，故所采用的土酸液浓度应有所不同。确定土酸浓度，实际上是确定土酸中盐酸和氢氰酸的浓度，它们取决于地层的泥质及碳酸盐的含量和砂岩的胶结程度等。当处理碳酸盐含量少、泥质含量较高且胶结致密的砂岩时，宜用低浓度(10%左右)的盐酸和高浓度(8%左右)的氢氰酸混合成的土酸；当处理碳酸盐含量较高、泥质含量较低且胶结疏松的砂岩时，最好用高浓度(15%左右)的盐酸和低浓度(3%左右)的氢氰酸混合成的土酸处理。而对于以泥质堵塞为主，或改造以粘土为胶结的砂岩地层，或泥浆堵塞中碳酸盐成分较少时则应提高土酸中的氢氟酸浓度，采用所谓的逆土酸处理。例如，有些油田氢氟酸浓度为 6%，而盐酸浓度为 3%，其常规逆土酸配比为 1:2，必要时还加入防膨剂(氯化钾)。

2)有机酸

盐酸和土酸都存在一个共同问题，就是腐蚀性很大，使用时必须选用合适的防腐剂。为解决特殊场合下酸化的腐蚀问题，现场使用了有机酸。酸化常用的有机酸有乙酸(醋酸)和甲酸(蚁酸)等，这类酸的突出优点是腐蚀性小，即使在高温下也是缓蚀的。因此，主要用于酸与油管或套管接触时间长的带酸作业中，或用于酸液与镀铝或镀铬部件接触的场合。

甲酸和乙酸都是有机弱酸，它们在水中只有一小部分离解为氢离子和酸根离子，而且它们的电离作用又是可逆的，因此，它们的反应速度比同浓度的盐酸要慢几倍到十几倍。乙酸是有机酸中进行油层酸处理使用较多的一种酸，但它比盐酸与甲酸都贵，故油田现场对使用乙酸作为酸化液还是比较慎重，常常作为常规酸化的缓蚀、缓速等方面的添加剂，只有在必须使用乙酸的特殊情况下，如在高温(120℃以上)深井中，盐酸液的缓速和缓蚀问题无法解决时，才使用乙酸进行酸处理，而且用量都很小。甲酸比乙酸的溶蚀能力强，售价便宜，而且在高达205℃时仍有高效缓蚀作用。

甲酸或乙酸与碳酸盐作用生成的盐类在水中溶解度较小，所以酸处理时采用的浓度不能太高，以防生成甲酸钙、镁盐或乙酸钙、镁盐沉淀。一般甲酸液的浓度不超过10%，乙酸液的浓度不超过15%。

3)粉状酸

油层酸化使用的粉状酸主要有氯醋酸和氨基磺酸。这两种酸都比盐酸贵，但在使用方面，易于运输，在施现场可直接用清水配制。氨基磺酸在一定温度下易分解，不能用于温度高的地层，而氯醋酸的酸性强而稳定。

4)多组分酸

多组分酸是由一种或几种有机酸（如甲酸、乙酸等）与无机酸（如盐酸、氢氟酸等）配成的混合酸液。常用的多组分酸有乙酸—盐酸、甲酸—盐酸及甲酸—氢氟酸等。应用这种酸液酸化的目的是为了延缓酸液与岩石反应时间，达到缓速，增加酸化的深度。由有机酸与盐酸组成的多组分酸液适用于碳酸盐岩油层，由于此种酸液在与碳酸盐作用时，盐酸先反应，然后有机酸才开始反应，所以就延长了混合酸总的反应时间，酸化的深度也就必然增大。使用这种酸液时要充分利用盐酸强溶蚀能力的经济性，还要利用有机酸在高温下的低腐蚀性，因此它几乎全部用于高温地层的酸处理。对于砂岩高温油层则常采用甲酸—氢氟酸进行酸处理。此外，目前还采用了一种新的组合酸，即常规盐酸加入浓度为75%～80%的脂肪酸，这种酸液对金属腐蚀速度更小，适合于深井高温酸化。

5)缓速酸

缓速酸是通过将酸液稠化、乳化或通过改变油层岩石性质来延缓酸液的反应速度，实现深部酸化的目的。常用的缓速酸有油酸乳化酸、稠化酸及化学缓速酸等。

2. 酸液添加剂

酸处理时要在酸处理中加入某些化学物质，以改善酸液的某些性能和防止酸液在地层中产生有害的影响，这些化学物质统称为酸液添加剂。常用酸液添加剂的种类有防腐剂、稳定剂及表面活性剂等。

1)防腐剂（缓蚀剂）

在酸液中加入能阻止或降低酸对金属腐蚀作用的物质称为防腐剂，广泛应用的有甲醛（工业甲醛又称为福尔马林）及乌洛托品（六次甲基四胺）与OP（聚氧乙烯辛基苯酚醚）的混合剂及以丁炔二醇与OP的混合防腐剂等。其防腐原

理以甲醛为例，当甲醛在水溶液中发生聚合时，通过物理吸附或化学吸附而吸附在金属表面形成一层膜，从而把金属表面覆盖，使其腐蚀得到抑制，从而起到了防腐作用。

2)稳定剂

酸化时溶蚀铁等金属，使酸液中的铁离子增多溶解形成 $FeCl_3$，当酸液被中和到 pH 值为 4 左右时，$FeCl_3$ 使开始水解成 $Fe(OH)_3$ 沉淀而堵塞油层。为了防止酸液浓度降低后，产生氢氧化铁沉淀而发生堵塞地层的现象，所加入的某些化学物质称为稳定剂。稳定剂的主要作用在于它能与酸液中的铁离子生成能溶于水的络合物，从而保持酸液较低的 pH 值，减少了产生氢氧化铁沉淀的机会，同时可延长铁化合物的沉淀时间。国内外常用的稳定剂有醋酸、乳酸、柠檬酸和乙二胺四乙酸(EDTA)等。醋酸用量约为总酸液重量的 1%～3%，柠檬酸用量不超过总酸液重量的 0.15%。

3)表面活性剂

表面活性剂是一种能降低液体表面及界面张力的物质，可以分为阴离子型、阳离子型和非离子型三种。它们都是由两部分组成，一部分为长的烃链，能溶于油而不溶于水的亲油端；另一部分是易溶于水的集团为亲水端。酸液中加入活性剂能使油酸接脱乳，降低油酸之间的界面张力从而减小毛细管阻力，扩大酸化范围，加速残酸液的返排，并能改变岩石的湿润性。表面活性剂能被岩石表面吸附，使水湿性岩石变为油湿性岩石，则岩石表面被油膜覆盖，阻止了 H^+ 向岩面传递，从而延长了酸岩的作用时间，降低了酸岩的反应速度。因此，在酸液中加入表面活性剂可作为破乳剂、表面张力降低剂及缓速剂使用。目前，国内外最常用的表面活性剂有阴离子型的烷基磺酸盐(AS)，烷基苯磺酸盐(ABS)及非离子型的聚氧乙烯辛基苯酚醚(OP)等，常用的浓度一般为 0.1%～3%。

通过以上讨论，了解了酸液是用酸、水和某些添加剂按一定比例配制而成的。一般来讲，要求酸液与岩石有较慢的反应速度，对设备有较小的腐蚀性，低表面张力，与原油不乳化，不成渣，低摩阻，低滤失等。这些要求都可以通过在酸液中加入某种一定量的添加剂达到。

三、油层深部酸化

由于酸岩反应速度较快，常规酸化工艺技术只能处理近井地层很小的区域，因此，为了进一步扩大酸处理范围，提高酸处理效果，目前研究使用了油层深部酸化工艺技术，简称深部酸化。深部酸化就是将可以生成酸的化学药剂及添加剂，同时或交替注入井内，在井内或地层温度下生成所需要的酸，逐步与地层岩石进行反应，或在酸内加入添加剂，同时或交替注入井内，由于添加剂在岩石表面形成隔膜，减少酸与岩石的接触面，延缓了酸与岩石的反应速度，因而增加了酸进入地层的深度。这两种处理工艺由于酸与岩石的作用较缓慢，时间和距离较长，可以使酸处理的深度大大增加。下面简要介绍几种深部酸化技术。

1. 自生酸

自生酸是注入地层的流体利用水解或离子交换作用，在地层深处产生的酸，故称为自生酸，或称再生酸，是生成盐酸、氢氟酸等多种自生酸的总称。做法是将可产生所需酸的组分及相应的添加剂，同时或交替泵入井内，使之在地层温度下逐步产生所需要的氢氟酸，逐步与地层矿物进行化学反应。由于跟地层作用的酸是逐步形成的，酸的浓度一般都较低，与岩石的作用较缓慢，作用的时间和距离较长，可使酸处理的深度大为增加，所以该处理工艺既可用于砂岩酸处理，也可用于碳酸盐地层的酸处理。

1）盐酸—氟化铵深部酸化处理工艺

盐酸—氟化铵（$HCl—NH_4F$）深部酸化法：这两种物质本身均不含氢氟酸（HF），当将 $HCl—NH_4F$ 混合液注入地层后，便缓慢地生成 HF。

酸化原理是：当把 HCl 注入地层后，HCl 和沾土接触，H^+ 离子和粘土表面的阳离子（Na^+、Ca^{2+}、Mg^{2+}）等进行交换，粘土表面有了 H^+ 离子，粘土变成为酸性土，接着注入 NH_4F，于是 H^+ 离子和溶液中的 F^- 离子在粘土表面相遇结合成 HF，就地溶解粘土。粘土又可进行阴离子交换，这样交换注入 HCl 和 NH_4F 就能达到一定的处理深度，实现对地层深部酸化。该工艺适用于泥质胶结的砂岩，其离子方程式为：

$$HCl + Na^+ \longrightarrow H^+ + NaCl$$

$$H^+ + NH_4F \longrightarrow HF + NH_4^+$$

施工程序：洗井→预处理→交替注入深部处理液→顶替→排液→投产。

处理剂处理步骤：

（1）预处理：活性柴油＋0.5%活性剂；5%～12%HCl＋附加剂；12%HCl＋3%HF＋附加剂。

（2）交替液：3%NH_4F＋0.5%活性剂（pH 值 7～8）；5%～8.5%HCl＋附加剂。

（3）注顶替液：3%NH_4FCl 或活性水。

在预处理时，注活性柴油是为清除原油中的胶质沥青质、蜡质等在岩石表面

上的沉积，使酸易与岩石表面接触，其用量根据井内原油粘度、含水程度等决定。注稀酸的目的是清除油层的钙质成分，同时隔离土酸使其不与地层水混合。盐酸的浓度及用量根据油层碳酸盐含量而定。土酸的预处理是为了清除井筒附近的泥质堵塞，如钻井液污染等，用量不宜过大。

交替注入深部处理液是根据油层粘土含量及损害程度和现场施工条件等因素综合考虑，用常规计算方法设计用量，交替3～4次为好，每个程序各注入3～3.5m^3处理剂。

注顶替液的用量根据将酸液推放到油层里的深度(一般大于0.5m)及关井后静液面的高度来确定。

该处理工艺的优点是：该系统基本上不与砂岩作用，对于解除深部粘土损害比常规土酸更有效；大延缓酸岩反应速度，处理范围大，能恢复整个损害带的渗透率；反排慢，对设备腐蚀性小；对砂岩的胶结作用无伤害。

该处理工艺的缺点是：HCl与钙质成分反应生成二次沉淀；大多数粘土离子交换量小，因而此工艺系统产生的HF浓度低；多级处理成本高。

2)有机酯—氟盐自生氢氟酸处理工艺(SGMA)

由于可使用的有机酯有好几种，因而存在几种工艺体系，但它们的作用原理是一样的。下面以甲酸甲酯为例说明其作用原理。

酸化原理是：甲酸甲酯水解产生甲酸和甲醇，水解产生的甲酸与氟化铵作用产生氢氟酸，随后氢氟酸与粘土反应，达到酸化的目的。该工艺适用于砂岩地层近井地带由于粘土粉末聚集所产生的二次沉淀。其反应方程式为

$$HCOOCH_3 + H_2O \longrightarrow CH_3OH + HCOOH$$

$$HCOOH + NH_4F \longrightarrow NH_4^+ + HCO_3^- + HF$$

水解反应很慢，时间变长，酸化距离变大，达到深层酸化的目的。水解速度取决于水解温度和时间。试验表明：甲酸甲酯系统产生的氢氟酸浓度可达3.5%，应用温度范围为54.4～87.8℃，对于温度在87.7～137.8℃之间的地层，可采用乙酸乙酯系统。

酸化处理过程分三步：前置液、隔离液、SGMA，即：

(1)注入二甲苯，10%HCl和7.5%HCl/1.5%HF为前置液，其目的是解除井筒周围的污染。

(2)注入3%氯化铵隔离液，目的是清洗遗留在管道上的酸液和井筒周围的孔隙通道，防止SGMA系统过早发生作用。

(3)在氟化铵和二氟化铵(NH_4HF_2)溶液中加入有机酯，然后注入SGMA

系统。

与常规土酸处理法相比，SGMA 系统处理的优点是：缓速效果好，有效作用距离大；能在较长时间内保证油井增产；SGMA 处理液与地层水及盐水相溶性好；通过控制处理液的 pH 值，可以控制粘土被溶解的速度。

该系统处理的缺点是：酯在氟化铵溶液中的溶解性限制了产生氢氟酸的量，因此，生成氢氟酸的浓度低；有机酯易燃，不安全；易对地层产生污染。

3）氟硼酸深部酸化工艺

氟硼酸（HBF_4）处理砂岩地层的目的是使酸液在地层较深部位起反应，从而提高增产增注效果。

当氟硼酸进入地层后，在水溶液中水解，缓慢产生氢氟酸，使 HF 与粘土的反应缓慢进行，提高了活性酸的穿透距离，起到深部酸化的目的。

氟硼酸有如下特点：

（1）氟硼酸的水解速度主要受自身的浓度、溶液的酸度和温度等因素的影响。

（2）氟硼酸可以防止粘土及其他颗粒运移，减少粘土的阳离子交换容量，降低粘土的水敏性。

（3）氟硼酸对地层岩石的损害较土酸小得多。

（4）氟硼酸的穿透距离较土酸作用距离大。

（5）氟硼酸可与土酸联合使用，作为前置液或后置液。

（6）用氟硼酸处理后需关井一段时间，使 HBF_4 充分起到稳定粘土的作用。

低温下，氟硼酸有缓速作用，但当温度高于 66℃时，HBF_4 的水解因温度的升高而加快。

2. 乳化酸

乳化酸是在乳化剂的作用下由酸和油形成的。有油包酸型和酸包油型两大类。油包酸型乳化酸缓速效果好些。这种乳化酸在进入地层后一段时间内保持稳定，在稳定状态下，油外相将酸与岩石表面隔开，当达到一定条件后，乳化液遭到破坏，释放出酸液，酸才与岩石发生反应。油包酸型乳化酸可以使反应速度延缓 98%，酸包油型效果差，且仅含 30%的水相，因此消耗盐酸比普通酸化多。

油酸乳化液的优点是不但对施工设备和井筒管柱腐蚀性小，改善施工条件，而且能进入地层深部反应，提高了酸处理的效果；乳化酸的缺点是摩阻大，使施工排量受到一定限制；不适用于地温较高的油层。但因油酸乳化液的粘度较高，用它进行酸压时，能形成较宽的裂缝，减少了裂缝面容比，延缓酸岩反应速度。

油酸进入地层后，被油膜包围的酸滴不会立即与岩石接触发生反应。只有当油酸乳化液进入地层一段时间后，因吸收地层热量，温度升高而破乳或者当油酸乳化液中液滴通过窄小孔道时，油膜被挤破而破乳，破乳后酸液才与岩石接触溶蚀岩石和裂缝壁面。因此，油酸乳化液可将活性酸携带到地层深部，延伸了酸的作用距离，达到深部酸化的目的。

3. 化学缓速酸

化学缓速酸是在酸中加入亲油性表面活性剂，在岩石表面形成油湿性活性剂的吸附层，借以产生一种物理屏障，阻碍酸与岩石表面的接触，然而在高流速和高温地层中(冲刷作用)，吸附作用将受到限制，大部分表面活性剂会失去作用。这种缓速剂不能用得太多，以免影响地层的采收率。

在盐酸中加入某些阴离子表面活性剂，带负电的表面活性剂离子被吸附在碳酸盐表面上发生反应，因此，能将裂缝壁面溶蚀成凹凸不平的沟槽，提供了较好的油气泄流通道。这种表面活性剂最有效的是烷基磺酸钠(简称 AS)。

化学缓速酸一般用于碳酸盐岩的酸压施工中。

4. 稠化酸

稠化酸是在酸中加入稠化剂配制而成。稠化酸是采用提高酸液的粘度，使流动的氢离子向岩石表面扩散的速度受到抑制，从而延缓酸的反应速度。目前常用的稠化剂有黄原胶、聚丙烯酰胺共聚物及能在酸液中形成杆状胶束的表面活性剂。由于这些稠化剂在高温下具有较高的稳定性，同时用它们配制的稠化酸还具有粘度高、滤液漏失少、活性酸穿透距离大、溶解能力强、悬浮细砂、脏物能力强、析出的排出量大，及作用后有效期长等特点，因而不管是投产后或完井时的初次酸化，还是修井处理时酸化均比常规酸化的效果好。

稠化酸处理的优点是：缓速效果好；粘度高、滤失小；能携带酸化后不溶性岩石颗粒及淤泥。

稠化酸处理的缺点是：稠化剂增加了酸液粘度，酸的挤注性降低；温度较高时，大部分稠化剂在酸液中迅速降解，热稳定性差；处理后残酸不易排出。

稠化酸一般只适用低温碳酸盐岩的压裂酸化处理(粘度的要求)。

5. 泡沫酸及雾化酸

泡沫酸实际是一种酸为外相、气体为内相的乳化酸。它由酸液(一般用 HCl)、气体(一般用 N_2 或 CO_2)、起泡剂和稳定剂混合而成。其中酸液是连续相，气体是非连续相，泡沫液总体体积中气体的含量称为泡沫质量。由于气泡减小了酸与岩石的接触面积，限制了酸液中的氢离子传递，因而能延缓酸岩反应速度。另外,游离气体可将反应产生物及时清除,为后来的酸液清除障碍,酸液可进入更新地层,同时气体在酸化后返排时,易将残酸反应产物排出。所以泡沫酸在增加酸化深度,扩大扫油面积,延缓酸岩反应,快速而有效地清洗方面的效果都非常好,常用于处理石灰岩油井、老井重复酸化和液体滤失性大的低压油层。常用的泡沫酸含气量为60%～80%,最高95%,酸中一般加0.5%～1%的表面活性剂和0.4%～1%的缓蚀剂,使用氮气较为广泛。

泡沫酸的优点是:液体含量低(20%～40%),对地层污染小,处理强水敏性地层尤为优越;酸液漏失量小,酸穿距离长;粘度高、酸压时可获得较长的裂缝;泡沫酸中的高压气体有助于排液,悬浮性强,可带出固体颗粒,一般无需抽汲。

泡沫酸的主要缺点是:成本高;深井使用受到限制,地层压力高时,不能用泡沫酸处理;在高度发育的天然裂缝性地层中,泡沫液滤失量过大;泡沫酸的静压头太低,不足以克服深井的井筒摩擦力和破裂压力,从而对地面设备在工作压力下安全作业不能保证。

此外,目前现场进行酸处理施工中,还采用了酸液与氮气同时按一定比例进行注入的方法(称为雾化酸)。这种方法的特点类似于泡沫酸,只是酸液与气体在井筒中汇集,通过气体的雾化膨胀作用,使酸液汽化,达到降低酸液与岩石的反应速度,同时还降低了井筒液柱压力,气体膨胀有助于返排。

6. 胶束酸

对一些特殊情况,如含胶质、沥青质多的地层单靠酸化提高渗透率往往效果很差。对于这种情况下,选用胶束剂BDC101,含有活性剂、芳烃或醇类剂的胶束剂MTAA。采用这两种胶束剂分别配制两种胶束酸。胶束酸即是向酸内加胶束剂,能同时解除有机物沉淀及粘土等造成的地层伤害,能改变地层润湿性,使亲油→亲水岩石减少油流阻力,提高原油产量和采收率。

1)胶束酸的适用范围

(1)在常规酸化中,加入1%～3%胶束剂作为一般酸化添加剂。

(2)对稠油井则胶束酸浓度为5%,以便有效地穿透胶质、沥青质油状堵塞物,防止乳化物形成。

(3)对低渗性的地层,使用较高浓度的胶束酸,以保证在地层下酸液仍有较低的界面张力,可以把微小孔道中的油蜡清除并增溶,同时保持酸液有较好的悬浮能力。

(4)在水井增注中,主要解决常规酸化不易处理的油污物的堵塞的井。例如,新转注井,这类井往往生产过稠油,有油污堵塞,此类井虽经注水,但地层孔

隙中有残余油蜡粘附，阻碍水的流动能力；水质差的污水回注井，由于水中的油、机械杂质在井底附近滤积，形成油状淤泥物堵塞。

2)施工工艺

(1)配制方法：两种胶束剂与酸和其他的添加剂有良好的配伍性，可同时使用，配制胶束酸时，胶束酸加入的方式不限，而且加入顺序不影响胶束酸性能。

(2)胶束剂用量：视地层条件而定，对稠油或低渗透性的油井一般为酸体积的5%～10%，一般井则为1%～3%，水井中一般为酸体积的5%。

四、酸处理工艺

酸处理工艺包括酸处理选井选层、酸液用量计算与配制、施工前的准备、施工步骤及施工后的排液投产等工作。为了提高酸处理的效果，应根据酸化机理做好各个环节的工作。

1. 酸处理井层的选择

酸处理效果虽然与工艺方法、施工参数等有很大关系，但是起决定作用的还是地质因素。因此，选好井层是搞好酸化工作的重要环节。选井选层的总目的是改造中、低渗透层，提高产能；对于新探区，通过酸化措施还起到正确认识和评价油气层的作用。

为了安排一个新地区全面的油气井酸处理计划，以及便于根据油气井的具体情况选择适宜的酸化技术，对各井的地质和技术情况要了解清楚，如油气含量、缝洞的发育程度、地层压力大小、分层情况、井低产的原因、井身质量、气水夹层和邻井生产情况等。对于裂缝性碳酸盐油气层来说，为了能得到好的酸化增产效果和提高酸化措施成功率，在选井选层方面应考虑以下情况：

(1)优先选择在钻井过程中油气显示好，而试油效果差的井层。

(2)优先选择邻井产量高而本井低产的井层。

(3)对于多产层位的井，一般应进行选择性(分层)酸处理，并应首先处理低渗透地层。对于生产史较长的老井，应临时堵塞开采程度高、地层压力已衰减的层位，而选择处理开采程度低的层位。

(4)应慎重对待靠近油气或油水边界的井，或存在气水夹层的井，对此类井一般只进行常规酸化，而不宜进行压裂酸化。

(5)对套管破裂变形、管外窜槽等井况不宜进行酸处理，应先进行修复，待井况改善后再处理。

(6)关于重复酸化问题，应根据情况分别对待。例如，查明为解堵不彻底的井，可进行重复解堵酸化；如堵塞已解除而油气产量递减快，则说明该井供油面积小，可以进行大型压裂酸化，以沟通远处的裂缝系统获得增产；对于生产稳定，但以前酸处理均有效的井，可考虑再次进行酸处理(酸量、浓度均应比前一次有所提高)，以便进一步提高产量。

2. 酸处理后的排液和投产

酸化施工结束后，停留在地层中的残酸液不但阻挡油流产出，而且由于其活性已基本消失，不能继续溶蚀岩石，并随着其 pH 值的增高，原来不沉淀的金属盐会相继产生金属氢氧化物沉淀。为了避免残酸在地层中停留时间过长，防止生成沉淀堵塞地层孔隙，影响酸处理效果和酸化后的投产，一般应缩短反应时间，限定残酸水的剩余浓度在某值以上，并尽可能快速将残酸排出。为此，应在酸化前做好排液和投产的准备工作，施工结束后就立即进行排液，并清洗井底、冲洗井筒，按要求及时完井投产。

地层中的残酸排至地面要经历两个过程，即从地层流向井底，再从井底流到地面。残酸流到井底后，如果剩余压力(井底压力)大于井筒液柱回压，靠天然能量即可自喷。这类井可依靠地层能量进行放喷排液。如果剩余压力低于井筒液柱回压，就要用人工方法将残酸从井筒排至地面。目前常用的人工排液法可分两大类：一类是以降低液柱高度或密度为主的抽汲、气举法；另一类是以助喷为主的增注液体二氧化碳或液氮法。

以上排液方法的实质就是想办法促使残酸流入井底并提高从井底流到地面的速度。不管采用何种排液方法，均应处理好快速排液和保持地层能量的辩证关系。对于环形空间油气所聚积的压力，无特殊情况，也不要轻易放掉。特别要防止不加控制猛放猛喷，以致造成地层垮塌，甚至挤压套管变形等不良后果。

3. 酸液用量及计算

酸液用量及计算公式为

$$V = \pi \cdot (R^2 - r^2) \cdot h \cdot \phi \tag{4-1}$$

式中 V——酸液用量，m^3；

R——酸化半径，m；

h——油层有效厚度，m；

r——钻头半径，m；

ϕ——油层有效孔隙度，%。

［例题］ 已知某井酸化措施共使用配制好的酸体积 $V=125.6m^3$，酸化处理的油层水平分布，有效孔隙度 $\phi=20\%$，酸化处理半径为 $R=5m$，问酸化处理

油层的厚度 h 为多少米？（不考虑井眼影响）

解：$V=\pi \cdot (R^2-r^2)\cdot h\cdot \phi$

$$h=\frac{V}{\pi \cdot (R^2-r^2)\cdot \phi}$$

$$=\frac{125.6}{3.14\times(5^2-0)\times 20\%}$$

$$=8(\mathrm{m})$$

答：酸化处理油层的厚度 h 为 8m。

五、注水井增注

油田注水开发的实质是弥补采油过程中造成的地下压力亏空，使其在保持和提高油层压力下采油，发挥水驱油作用，实现较长期的高产和稳产，并提高油田的采收率。注水井长时间注水，井底可能要产生一些堵塞物或注水井本身地层的渗透率太差，使其达不到注水要求，这时需要进行增注处理或酸处理。通常注水井酸处理前后必须排液，并要求含铁量、含盐量、含砂量、机械杂质含量及产水等五项指标基本平稳。这就使得措施变得复杂，结果损失了地层能量，延长了修井时间。目前矿场对注水井酸处理不排液做了很多实验和研究工作，并取得了一定的增注效果。注水井增注的措施很多，油田现场比较常用的有注水井酸处理不排液、杀菌增注和酸渣增注等。

1. 注水井酸处理不排液

通常酸处理前后都必须进行排液，排液的目的在于促使残酸从油层排出，避免生成沉淀堵塞油流通道。因此，如何防止酸岩反应中产生沉淀，将是决定酸处理后是否排液的关键。为了充分消除酸反应中产生的沉淀所引起的堵塞现象，避免排液时造成的危害，在酸液中可加入一定量的络合剂。它能将与反应中生成的钾、钠、钙、镁、铝、铁等离子形成络合物，使这些离子与该络合剂络合而不再与酸液发生作用，可防止产生沉淀，从而可以实现酸处理后不排液，且不降低或影响酸化效果的目的。此外，络合剂本身还具有防止粘土膨胀的作用。

注水井酸处理不排液的方法用于盐酸和土酸处理注水井时，将配制酸液中的稳定剂冰醋酸换成络合剂即可。

2. 杀菌增注

所谓杀菌增注，是指在注水井中解除微生物堵塞的工艺方法。

杀菌增注应用于注水井微生物的堵塞解堵。在油水井和油层中存在着各种各样的微生物。由于保持油层能量的需要,采用了注水开发,这就使大量的淡水进入地层,冲淡了高矿化度的地下水,同时也把地表的微生物和其他物质带入地层。这些微生物在地层内发育和繁殖,并产生大量的代谢物而堵塞地层孔隙。其中硫酸盐还原菌为堵塞地层的主要菌群,这种细菌在还原硫酸盐的过程中,生成极臭的硫化氢。硫化氢又与 Fe^{2+} 作用,产生了硫化亚铁的黑色沉淀而堵塞油层。

目前,现场常用浓度为0.1%的甲醛溶液和浓度为3%的盐酸溶液作为杀菌剂。甲醛能杀菌的原理在于还原作用,它能与细菌蛋白质的氨基结合,使蛋白质变性而杀死微生物。

为了将硫化亚铁沉淀物包藏的微生物杀死,可加入浓度为3%的盐酸,先将硫化亚铁等沉淀溶解,再使用甲醛溶液将其内的细菌杀死。同时,盐酸也能起到解堵的作用。

3. 酸渣增注

所谓酸渣就是指炼油厂用硫酸精制润滑油的过程中分离出来的废液。利用这种废液对油层进行酸处理,达到增加注水量目的的工艺技术就是所谓的酸渣增注。酸渣的主要成分是硫酸(约占70%)、胶质磺酸(约占6%)、还有馏分油、胶质和沥青等(共约8%)。酸渣来源广、价格便宜,且应用效果好。

酸渣增注的原理是:利用酸渣中的硫酸溶解油层中的堵塞物,疏通渗滤通道。同时,利用酸渣中的胶质磺酸类表面活性驱油效能,降低油水界面张力,改善水对孔道表面的润湿性能,减少水的流动阻力,提高地层的吸水能力,以增加注水量,达到增注之目的。

酸渣不能直接用作增注剂,需要经过处理与配制。使用时先在罐内放入预定的水,再将酸渣放入,然后通入蒸汽加热至90~95℃,并搅拌1~2h,清除沥青等不溶物,配成浓度为20%~30%的半成品,再用罐车拉到施工井场,将酸渣稀释到浓度为6%~9%,并加入酸渣用量0.25%左右的防腐剂甲醛,放掉沉淀物即可使用。配制好的酸渣挤入水井之后,一般应挤入井筒容积1.5倍的活性水,即可投入注水。

酸渣增注要想取得较好的效果,选井选层很重要。酸渣增注适用于初期吸水而后期不吸水或修井过程中由于地层污染堵塞而递减快的注水井。酸渣增注对于近井地带渗滤面的改造很有效,但对于岩石致密、渗透性差,一开始就注不进水的井,单纯用酸渣增注就达不到目的,酸渣增注还可改善吸水剖面,达到实现均匀注水的目的。

由于使用酸渣增注具有货源广、成本低、增注量大、有效期长等优点,因而在

我国油田得到广泛使用。

六、酸化井的管理

酸化是一种应用较广而且很有效果的油水井增产增注措施。酸化后对增产效果的分析和对比有助于下一次措施的制定和设计。而酸化效果的好坏主要取决于油层酸处理后是否达到了酸化设计的预期目的和效果,其一般是指酸化后增产量的大小和增产有效期的长短,如增产量大、且有效期长,就说明酸化效果好。一般来讲,对酸化措施的希望是酸化后油井产量增加,注水井注水量增大,有效期长,从而具有良好的经济效果。但油井产量是整个采油过程中的综合反映,酸化效果的评价要在酸化井投产后的日常管理中进行,且与酸化井的正确管理密切相关。因此,在酸化井的管理中,油井工作制度选择是否合理,其他工艺措施选择是否适宜等都直接影响酸化效果。

1. 酸化施工的质量验收标准

(1)酸化选井选层必须合理,符合酸化选井选层的要求。

(2)下井施工管柱结构合理,下入位置必须准确,确保酸化目的层的准确无误。

(3)酸化前必须用干净清水大排量充分冲洗井筒,将井筒内的脏物冲洗干净,并且最好再用低浓度的酸液对井筒进行酸浸或酸洗,为正式注酸创造有利条件,以保证井底、管壁等清洁。注水井酸化前,应先进行排液。

(4)酸化用酸及添加剂必须符合质量要求;所配酸液总量、浓度、配方及添加剂用量等各项指标均应符合设计要求;所配酸液清洁,不污染堵塞油层。

(5)施工完善,各施工工序均应达到施工设计要求,挤酸速度均匀,挤酸压力、排量、替挤清水数量及酸岩反应时间等工艺参数均应达到设计要求。

(6)必须做到施工连续,排液及时,排液方式和排液量应符合设计要求,且在排液后还应彻底冲洗井底和井筒,以保证井底清洁,并要求井底无落物。

(7)酸化后不产生二次沉淀,射孔段无污染堵塞现象,不损坏油层结构和套管,能达到增产增注的预期目的和效果。

(8)按要求取全取准各项酸化施工资料。

2. 影响酸化效果的因素

影响酸化效果的因素很多,但概括起来讲影响酸化效果的因素主要有酸化施工质量的好坏、选择的酸化井层是否适宜,以及酸化后油井的管理是否得当等。

1)酸化施工中的影响因素

(1)酸液的类型与浓度。酸化施工时所选酸液的类型与浓度直接影响到酸岩的反应速度,而酸岩反应速度与酸化效果有着密切的关系,对酸化效果的影响极大。酸化的目的除了解除井底附近的地层堵塞以外,有时还希望使地层尽可能得到足够深度的溶蚀范围,以沟通远井地带的渗流通道。酸岩反应速度快,有利于最大限度地解除近井地带的地层堵塞及酸化后的排液,而达不到深部酸化的目的;酸岩反应速度慢,则酸的有效作用距离远,有利于扩大酸化范围,提高远井地带的渗透性能。所以,对于只是为了解除近井地带堵塞的酸化井,欲提高酸化效果,就应选择酸岩反应速度快的酸液;而对于堵塞范围较深以及需要提高远井地带渗透性的油气井,欲提高酸化效果,就应选择酸岩反应速度慢的酸液。

不同类型的酸液离解度相差很大,由于酸岩反应速度与酸液内部的 H^+ 浓度成正比,所以采用离解度较大的强酸时,其反应速度快;采用离解度较小的弱酸时,其反应速度慢。虽然弱酸处理可延缓反应速度,扩大酸化范围,但从货源、价格、溶解岩石的能力各方面来衡量,现场仍以强酸作为主要使用的酸类。

酸液浓度的大小对酸化效果影响很大。当酸液浓度过大时,在酸液与地层岩石作用后,会产生大量的生成物,使得残酸液的粘度增大而难于排除,甚至与某些成分反应形成再沉淀而堵塞油层孔隙。此外,高浓度的酸液还会剧烈地腐蚀金属管类、井下工具及施工设备等。但是,降低酸液浓度并不一定能取得较好的酸化效果,当酸液浓度过低时,其酸岩反应时间短,速度快,有效作用距离短,且溶解能力低,也就起不到应有的作用,酸化效果就差。相反,适当高浓度的酸液比稀酸的反应时间长,有效作用距离远,可扩大酸化范围。因此,在高浓度酸液的防腐问题已有了有效的措施,以及有了强有力的排液手段的情况下,现场越来越多地倾向于采用适当高浓度的酸液进行酸处理。

综上所述,要想取得较好的酸化效果就必须选择适当高浓度的酸液。

(2)酸液添加剂的正确选用。在酸化施工中正确的选用各种酸液添加剂,可以起到提高酸化效果的作用。但是,酸液添加剂的选用不恰当,则会起到相反的作用,损害油气层,降低酸化效果。因此,在酸化施工中酸液添加剂的选用恰当与否,也是影响酸化效果的重要因素之一。

(3)注酸压力和速度。注酸压力和速度是影响酸化效果的两个十分重要的施工参数。注酸压力越高,可以有效地延缓酸岩反应速度,酸液可保持较高的活性,渗入地层的深度也就越大。提高注酸压力还可延伸地层内已有的天然裂缝,或产生新的裂缝,从而酸化效果就好。注酸排量越大,注酸速度就越高,则具有一定活性的酸液注入地层的深度就越大,酸化效果会更好。但实际上,由于受设

备和油层条件的限制，注酸压力不能无限制地提高。一般注酸排量应不低于 50～60m^3/h。在满足排量的前提下，再根据设备能力和油井具体条件适当提高注酸压力。

(4)井底的清洁程度。井底的清洁程度对酸化效果影响极大。井底如有不能与酸液反应的堵塞物，将会阻碍酸液进入地层与岩石作用，即使堵塞物能与酸液发生反应不阻挡酸液进入油层，也会使酸液失去一部分活性，结果减弱了与岩石的作用效果。如果井底堵塞物与酸液反应后产生不溶性物质时，问题就更加严重了。另外，如果井底不清洁，则在挤酸过程中很容易把井底脏物推到油层深部而造成更严重的油层堵塞，极大地降低酸化效果。因此，酸化前应先采取洗井、酸洗或酸浸等措施，将井底清洗干净，以取得好的酸化效果。

(5)酸处理反应时间。酸液与岩层的反应时间取决于岩石成分、岩石物性、酸浓度、地层温度及压力等因素。酸液在地层内停留时间过长，会使反应物粘度增高，同时还可能产生沉淀物，不易排除；酸液在地层内停留时间过短，则反应不完全，会降低酸处理效果。实践表明，酸液与砂岩反应不宜超过 4h，与灰岩反应不宜超过 2h。

2)酸化井层的选择对酸化效果的影响

酸化井层选择的是否适宜对酸化效果的影响极大。如果所选酸化井层的岩石成分和物理性质等与酸化措施相符，则酸化后往往效果就好，否则酸化效果就差。例如，所选井层位于断层附近，鼻状凸起、扭曲、长轴等岩层受构造力较强，裂缝较发育的构造部位，岩性条件较好以及在钻井中有井涌井喷，放空等良好油气显示的井，一般只要进行常规解堵酸化，均能获得显著效果。但对于位于岩层受构造力较弱，裂缝不发育、岩性致密及钻井中显示不好的井，如采用常规解堵酸化，其效果就很差。因此，必须进行压裂酸化人工造缝，沟通远离井底的缝洞系统才能获得较好的酸化效果。

3)酸化后油井管理对酸化效果的影响

酸化措施后，油水井增产增注有效期的长短，总累积增产增注量的多少等，都和投产后日常的油水井管理工作有关。诸如油水井工作制度选择是否合理，采用的其他工艺措施是否适宜等，都会影响酸化效果。所以，酸化后油水井的管理好坏直接影响着酸化后油水井的增产增注效果。

3. 酸化效果分析

酸化后的效果究竟如何，必须通过酸化施工工艺评价分析，并在投产后的生产中给予及时的对比评价。油气井酸化效果分析，一般分施工工艺评价和酸化效果分析两个步骤。

评价施工工艺需做出施工曲线图，施工曲线基本上反映整个施工情况，通过它可以检查酸化施工是否连续，各参数是否达到设计要求。同时也可以根据曲线的特征，分析判断酸化是否起到解堵、沟通及压开等作用。例如，解堵现象在施工曲线上反应的特征是：施工初始，在一定排量下，当挤酸压力上升到一定值后，出现压力突降现象，则呈解堵反映；而当地层原始渗透性较好，施工初始各参数无异常变化，待挤入一定酸液后，便出现挤酸压力（油压）下降，排量和吸入指数急剧上升的现象，则表明酸化起到了沟通裂缝的作用。另外，还可以通过酸化前后的电测曲线对比来检查酸液是否进注到欲处理的油气层段。

酸化后效果分析的判断方法较多，有观察酸化后反应期间压力变化、分析酸化前后关井压力恢复曲线以及油气产量的对比等方法。

观察酸化反应期间压力的变化情况可以估计酸化反应效果。在酸化关井反应期间，井口压力一般应逐渐下降。当井口压力下降较快，直到和地层压力平衡而又回升时，则说明酸化起到的解堵、沟通作用。当井口压力下降很慢，甚至上升（这是由于反应生成物二氧化碳气体聚集井口），则一般表明酸化效果不好。也有些井，由于井下有漏层或在酸化前井底附近形成了低压带而造成酸化反应，使井产生漏失，井口压力急剧降为零，则酸化效果一般也不好。

分析酸化前后关井压力恢复曲线可以对比酸化效果的好坏。分析时将酸化前后实测压力恢复曲线叠合起来加以对比，对比的方法有两种：一是看关井初期压力的恢复情况，如果酸化后关井初始阶段压力上升的速度比酸化前快，则说明酸化后地层渗透性变好，酸化效果就好；另一种是利用压力恢复曲线求得某些参数对比酸化效果，通过这些参数可以反映油气在近井地带渗流的变化情况。

酸化前后油气产量的变化是分析酸化效果的直接资料。对于油井可以利用酸化前后相同工作制度下的稳定日产量进行分析对比，现场常用增产倍数来表示，即

$$增产倍数=\frac{酸化后日产量-酸化前日产量}{酸化前日产量}$$

4. 酸化油井的管理

油井经过酸化后，油层的出油状况有了重大的变化，因此，酸化油井的管理就应适应这一新情况。搞好酸化后油井的管理工作，是实现油井酸化后保持长期增产稳产的重要环节。油井酸化后，通常在日常管理工作中应注意做好如下几方面的工作：

(1)酸化后应按要求及时开井排除废酸液及生成物，以防止产生二次沉淀，

并使油井尽快投入正常生产。

(2)开井生产后应取全取准油井生产的各项数据资料,加强油井生产情况的系统观察,定期进行效果综合对比分析。

(3)酸化后,试生产时应取得每小时的产量和压力等资料,生产稳定正常后即可投入正常生产。

(4)油井酸化后,油层之间的关系和油井的生产状况发生了变化,因此,必须根据井口余压的大小和压力升降变化,确定合理的生产方式,选择合理的油井工作制度。

(5)油井酸化后,要根据井的具体情况,制定合理的采油措施。例如,对高含水井酸化后要进行分层配产,对于低产井或稠油井等酸化后则要与机械采油或电热清蜡等措施相结合,而对于地层能量不足的注水开发油田,则应注意加强油田注水,以提高地层能量的补给,保持注采平衡。

综上所述,油井酸化后在新的条件下生产,必须按新的工作制度管好油井,才能保证酸化效果,并使油井保持长期的增产有效期。不同的油田,其酸化后油井的管理规程和制度不尽相同。

第二节 水力压裂

油层水力压裂简称油层压裂或水力压裂,它是指利用水力传压的作用,将高压液体挤入地层,使地层破裂形成裂缝,并在裂缝中填入支撑剂使其不闭合,从而提高油层渗透能力,改善油气层的物理结构和性质。

以油层压裂作为提高近井地带渗透率的手段,增加油气井产量或水井注入量,是目前各油田行之有效的一项重要增产技术措施。其工业性应用始于20世纪40年代末,自那时以来,这种工艺技术有了迅速发展,已被国内外广泛应用。我国延长油矿从1952年就开始了压裂试验,1955年以后陆续为各油田采用,都先后获得了显著的增产效果。70年代以后,国外压裂技术有了重大发展,主要标志是美国使用大型水力压裂技术(MHF)改造特低渗透性的天然气资源,提高其经济评价的试验取得突破,使一些使用常规技术不能经济开采的气田得以经济开发。为了适应大型压裂需要,压裂液方面也相应取得了新的成果,除水基冻胶液更趋完善外,值得提出的是泡沫压裂液的发展和应用,这在很大程度上解决了低压、低渗透与水酸性储层的压裂用液问题,形成了泡沫压裂隙技术。在酸压工艺方面，泡沫酸压裂和胶化酸压裂技术的发展较快。

近些年来，国外在开发极低渗透率气田中，压裂起到了关键性的作用。本来没有工业价值的气田，经压裂后成为有相当储量及相当开发规模的大气田。这就说明水力压裂在油气资源的勘探和开发上都起着巨大的作用。

总之，油层水力压裂在短短的30年中，无论在理论上还是在工艺、设备上都发展得很快。据报道，现今的油层压裂具有一定规模，造缝长度可达到1000m以上，一次作业的用液量多到3000～4000m^3，砂量在300m^3以上，可压开6000m以内的深井。为了高速度发展我国石油工业，油层压裂正在石油勘探、开发与开采中起着重要的作用。

一、油层水力压裂基本原理

1. 油层压裂的目的和作用

油层在原始状态下，其结构和性质除受到沉积韵律影响外，一般是致密的，因而原油从油层向井筒内渗流时比较缓慢。但是，当油层压裂后，由于形成的人工裂缝的影响，改变了油层的物理结构和性质，从而改善了原油从油层向井筒渗流的状况。因此，油层水力压裂并未影响到地层能量的变化，而是改善和提高了近井地带地层的渗透性，扩大了油气流动的通道。由此可见，在地层供液能力一定的情况下，要提高油气井的产量，就必须提高地层的渗透率。

在低渗透油田或油层的开采中，由于油层压裂前油层岩石具有天然致密性，油气只有穿过致密的岩层，沿着岩层的孔隙或微缝隙向井筒内渗流。当油气从地层深处径向流入井筒时，越靠近井筒，流通面积就越小，因流速不断增大，受到的阻力也在增加，从而油气在流动时的能量大部分都消耗在克服岩层的阻力上，使得流到井筒内的油气所具有的自喷能力大大降低，甚至已不能自喷。同样，在井底附近地层受到污染或者堵塞的情况下，其地层的渗透率也要降低，油气流经近井地带时的能量损耗将会大大增加，使油井产量受到影响。

因此，对于这类低渗透性油田或油层，以及油层受到污染或堵塞的油井，如果经过油层压裂后，由于形成了一条或几条被支撑剂撑开的裂缝，从而改变了原始油层的致密结构，或者还可突破井筒附近油层中的堵塞物，使得原始油层的渗透率得到恢复或提高，油流有了良好的通道。这样，油气流向井筒的阻力（即能量损耗）将大大减少，使流入井筒的油气保持了较高的能量，从而可恢复或提高油井的生产量。

通过以上分析，油层压裂的目的在于改造油层的物理结构和性质，在油层中

形成一条或几条高渗透率的通道，改善油流在油层中的流动状况，降低原油流动阻力，增大流动面积，使油井获得足够的产油能力，得到增产效益。

油层压裂的作用在于不仅能改变油井生产条件，提高产量，而且可以评价油气田的工业价值，并能缓和与改变油田的层间关系，提高中、低渗透率层的采油速度，使高、中、低渗透率油层都得到合理开采。

2. 油层压裂的基本原理

油层水力压裂时液体传压及裂缝形成过程如图 4-1 所示，在油层压裂过程中，由于地面高压泵组产生压力，然后通过液体传压作用施加于油层。压裂时所用液体必须具有一定的性能要求，这种液体应能在泵组的高压作用下高速挤入施工层段。当泵组挤入液体的速度超过油层的渗滤吸收速度时，就能在井底施工段逐渐形成很高的压力，如图 4-1(a)所示；当在井底憋起的压力超过油层岩石的抗拉强度（即破裂强度）时，油层就会产生破裂或使原有微小裂隙张开，形成较大的新裂缝，如图 4-1(b)所示；随着高压液体的继续挤入，就迫使裂缝向油层内部不断扩展和延伸。如果泵压越高、排量越大，则形成的裂缝就越长。由于地面高压泵组的泵压不能无限提高，而所压开的裂缝又增加了油层的渗滤吸收能力，所以当高压液体的挤入速度与油层的渗滤吸收速度相等时，裂缝就不再向油层深处延伸和扩展了。为了使裂缝在停泵后不再重新闭合，就必须在挤入的液体中加入一定的固体颗粒（即支撑剂，如石英砂），充填在已压开的裂缝中形成支撑面，如图 4-1(c)所示。油层中有了这种被支撑剂所充填的数条不闭合的人为裂缝后，就能大大增加油层的渗透能力，减少油流阻力，油井就能增产。

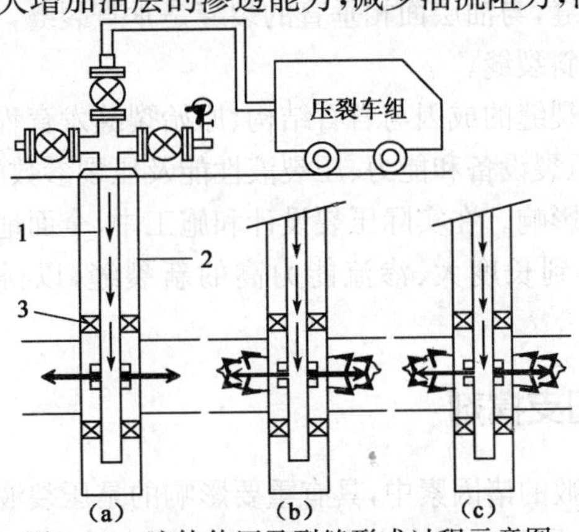

图 4-1 液体传压及裂缝形成过程示意图

(a)形成高压；(b)造成裂缝；(c)充填支撑剂

1—油管；2—套管；3—封隔器

综上所述，油层水力压裂的实质就是向井内油层高压、高速挤入液体，利用液体不可压缩的性质，依靠液体传递压力的作用，在井底形成一定的高压，将原来致密的油层压开，形成一条或数条裂缝，并充填一定粒度的固体颗粒（支撑剂），从而大大改善了流体在油层中的渗透状况，沟通了原始地层的裂缝孔隙，减少了油层中的油流阻力，提高了油气井的生产能力，达到了增加的目的。

通过大量的试验和生产实践分析证实，油层压裂形成的裂缝有水平的、垂直的和倾斜的三种，如图 4-2 所示。但深地层出现垂直裂缝的概率多，浅地层出现水平裂缝的概率多。这是由于深地层的垂向应力（垂直于油层面）概率大于水平应力（平行于油层面）的概率，浅地层的水平应力概率大于垂向应力的概率的缘故。而压裂的裂缝往往在岩石结构最薄弱且受力最强的地方形成，其形成的裂缝可能是一条，也可能是几条，但在几条裂缝中必有一条是主裂缝。

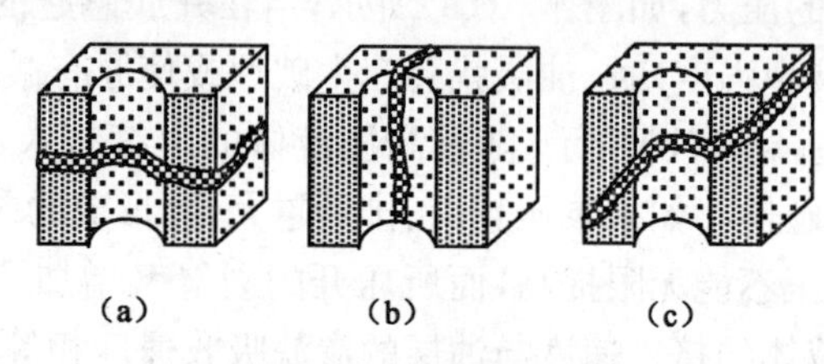

图 4-2　裂缝的状态

(a)水平裂缝；(b)垂直裂缝；(c)倾斜裂缝

由于地壳运动的作用，油层不一定都是水平的，而往往具有一定的倾斜度，所以在识别不同状态的裂缝时，应以油层为基准来鉴别。一般认为，与油层相平行的裂缝是水平裂缝，与油层面相垂直的裂缝是垂直裂缝，与油层面既不平行又不垂直的裂缝是倾斜裂缝。

油层压裂形成裂缝的成因与岩石结构、原始裂缝发育程度、油层埋藏深度等因素有关。同时，压裂设备和能力、压裂液性能及压裂参数的选择等都对裂缝的形成和几何形状有影响。在实际压裂设计和施工中，全面地考虑各种影响因素，可通过压裂施工得到长度大、渗流能力高的新裂缝，以得到更为理想的增产效果。

二、压裂液和支撑剂

在影响压裂成败的诸因素中，具有重要影响的是压裂液和支撑剂，对于大型水力压裂来说，这个因素就更为突出。因此，为了有助于选择适宜的压裂液和支撑剂，这里将重点介绍和讨论压裂液与支撑剂的性能要求及其种类。

1. 压裂液

压裂液是指在压裂施工中，向油层和井筒挤注的全部液体的总称。它是油层压裂时主要的工作介质，在压裂过程中起着十分重要的作用，直接影响到压裂施工的成败和效果。

1)压裂液的作用

压裂液的主要作用在于传递液体压力而将油层压开裂缝，并使裂缝延伸和扩展，然后再将支撑剂带入裂缝中。

在压裂过程中，由于注入井内的压裂液在不同施工阶段有各自不同的任务和作用，所以可以分为前置液、携砂液和顶替液。最先挤入地层劈裂成缝的液体叫前置液(也叫破裂液)，它的作用是破裂地层并造成一定几何尺寸的裂缝。地层形成裂缝后携带支撑剂进入裂缝的液体叫携砂液，它的作用是将支撑剂带入裂缝中并将支撑剂推移到预定的位置。支撑剂加完后，为了把携砂液全部挤进地层而向井筒挤入的液体叫顶替液，它的作用是将井筒内的全部携砂液替入裂缝中，并将其送到预定位置。

2)压裂液的性能要求

根据压裂的不同阶段对液体性能的要求，压裂液在一次施工中可能使用一种以上的液体，其中还包括不同目的的添加剂。除顶替液可以用清水外，对于占总液量绝大多数的前置液及携砂液，都应具备一定的造缝能力，并使压裂后的裂缝壁面及填砂裂缝有足够的渗透能力。这样，它们必须具备如下的性能要求。

(1)滤失量低。滤失量即单位时间内通过单位面积所滤失掉的液量。它反映了压裂液渗透到地层内的能力，也是造长缝和宽缝的重要性能。压裂液滤失量低，在井底就能憋成高压，也就有利于地层破裂和裂缝扩展。压裂液的滤失性能主要取决于它的粘度和造壁性，粘度高则滤失少。在压裂液中添加防滤失剂，能改善造壁性，并大大减少滤失量。因此，现场施工时应尽量选用滤失量低的压裂液。

(2)悬浮能力强。压裂液的悬浮能力即携砂能力，它是指支撑剂在压裂液中的自由沉降速度或者压裂液悬浮支撑剂的能力。它关系到支撑剂能否全部均匀地进入裂缝，而不会沉积井底，也不会堆积在裂缝里。压裂液的悬浮能力主要取决于粘度和密度。压裂液的密度大、粘度高，则悬浮能力强，这对支撑剂在裂缝中的分布是非常有利的。因此，在施工中应尽量选择悬浮能力好的压裂液。

(3)摩阻损失低。液体沿管路流动时，由于液体质点之间的内摩擦力和液体与管壁之间的摩擦力而损耗的能量，称为摩阻损失。压裂液在管道中的摩阻损失越小，则在设备功率一定的条件下，用来造缝的有效功率也就越多。而摩阻损失过高，则使压裂设备的有效功率变小，压裂效果降低，从而还会提高井口压力，降低排量甚至限制了施工的顺利进行。

(4)性能稳定。压裂液应具备热稳定性，不能由于温度升高而使粘度有较大的降低。压裂液还应有抗机械剪切的稳定性，不应因流速的增加而发生大幅度的降解(粘度降低)。

(5)配伍性好。配伍性好即指当压裂液进入地层后与各种岩石矿物及流体相接触时，不应产生不利于油气渗滤的物理—化学反应。例如，不要引起粘土膨胀或发生沉淀而堵塞地层。这种配伍性的要求是非常重要的，往往有些地层压裂后效果不理想或失败，就是由于压裂液的配伍性差的缘故。

(6)低残渣、易返排。要尽量降低压裂液中不溶于水的残渣数量，以免造成岩石孔隙堵塞而降低岩石及填砂裂缝的渗透率。挤入油层的压裂液在压裂后大部分应能再排出来，以防污染、堵塞油层及降低压裂效果。

(7)货源广，便于配制，价格低。随着大型压裂的发展，压裂液的需用量很大，这是压裂施工中耗费的主要组成部分。因此，要求压裂液的来源广、成本低。

总之，一种理想的压裂液应具备滤失量低、悬浮性能好、摩阻损失低、稳定性好及配伍性好等性能。

3)压裂液的种类

目前，经常使用的压裂液有水基压裂液、酸基压裂液、油基压裂液、乳状及泡沫压裂液等。20 世纪 50 年代初期多使用原油、清水作压裂液。但近十几年发展起来的水基冻胶压裂液，具有粘度高、悬浮性能好及摩阻损失低的优点，现在油田以使用这种压裂液为主。在国外，这种压裂液的使用量占压裂液总量的三分之二。

(1)水基压裂液。水基压裂液具有成本低、来源广的优点。目前使用的水基压裂液有清水、活性水(清水中加入 0.5%的烷基苯磺酸钠等)、地层水、酸渣水、碱渣水，以及水基冻胶压裂液等。水基冻胶压裂液是在水中加入增粘剂、交链剂、破胶剂等配制而成的高粘度压裂液，这种压裂液粘度高、滤失小、悬浮能力强、摩阻损失低。水基压裂液尽管应用较广，但在某些情况下，如水敏性地层，仍要使用油基压裂液。

(2)油基压裂液。油基压裂液是以油类为基本成分，加入油溶性物质配制而成。油基压裂液取材方便，对油层无害，但是滤失量大，不易压开深远的裂缝。目前多用稠化油压裂液，基液为原油、汽油、柴油、煤油或凝析油，稠化剂为脂肪酸皂。稠化油压裂液遇地层水后能自动破乳。

(3)泡沫压裂液。泡沫压裂液适用于含气砂岩或页岩地层，渗透率低于 $9.87\times10^{-4}\mu m^2$ 的水敏性地层。其基液可用淡水、盐水、原油或成品油，气体可用氮气、二氧化碳、空气和天然气。这种压裂液具有粘度高、滤失低、悬浮能力强以及返排性能好的特点。

(4)酸基压裂液。酸基压裂液是由水、酸和各种添加剂组成，一般是以酸为基液，可以用植物胶或纤维素稠化酸液得到稠化酸，也可以将非离子型聚丙烯酰胺置于浓盐酸溶液中，通过甲醛交链得到酸冻胶。用OP型表面活性剂可配制油(体积占20%～50%)酸(重量占3%～35%)乳状液。酸基压裂液适用于低孔隙度、低渗透率或碳酸盐类油气层的酸化压裂。

2. 支撑剂

油层压裂的目的是使油层产生具有足够高的渗流能力，并使孔道的渗流能力在井的较长生产期间保持不变，以获得较好的增产量。在油层压开裂缝后，为保持裂缝不闭合，需填入一种支撑剂。支撑剂是一种用来支撑已被压开的裂缝，并使之不再重新闭合的固体颗粒。

1)支撑剂的作用

支撑剂的作用在于支撑裂缝、增大孔隙度、提高渗透率，使裂缝具有较高的渗流能力，并能扩大油流通道及排油面积，减少流体的流动阻力，以达到增产的目的。

支撑剂的选择直接影响压裂效果的好坏和施工的成败。因此，了解和掌握支撑剂的性能要求及种类是压裂中又一项重要内容。

2)支撑剂的性能要求

为了让支撑剂充分发挥作用并达到预期效果，支撑剂应具有如下性能。

(1)强度大。支撑剂进入裂缝后应能支撑上部岩层施加的很大压力，因此必须具有足够的耐压强度，且随着油层深度的增加要求强度也大。

(2)粒度要均匀。粒度均匀即支撑剂颗粒大小要均匀。粒度是否均匀不仅影响渗透率，还会影响支撑剂堵塞裂缝，达不到预期的压裂效果。因此粒度越均匀，渗透性越好。

(3)圆球度要好。圆球度就是颗粒外形类似于圆球形的程度。圆球度越好，则支撑剂越易压入裂缝，且形成裂缝的渗透性也好。

(4)含杂质少。为了使裂缝不被杂质等堵塞，应保持支撑剂清洁，杂质越少越好。

(5)密度小。支撑剂的密度大小会影响在裂缝中的沉降速度、运行距离及分布情况等。密度小的支撑剂沉降速度慢，且在裂缝中的运行距离远，因此有利于均匀稀疏的单层布砂方式。相反，密度大的支撑剂在裂缝中悬浮，传送和置放都较困难，且对压裂液性能要求也高。

支撑剂除上述性能要求外，还要求物理—化学性质稳定，高压、高温时不应变形破碎，不因流体的腐蚀而变化，且要求压裂效果好，有效时间长。

3)支撑剂的类型

支撑剂按其力学性质可分为两大类。一类是脆性支撑剂，如石英砂、陶粒、玻璃球等。其特点是硬度大、强度高、变形很小，但高压下易破碎。另一类是韧性支撑剂，如核桃壳、金属球、塑料球等。其特点是易变形，承压面积随变形增大而加大，在高压下不易破碎。目前支撑剂向大颗粒、高强度及高硬度方向发展。普遍使用的支撑剂除了石英砂、烧结陶粒、铝土矿颗粒以外，近年来为了达到防砂目的还采用了涂有热固性酚醛树脂的压裂砂。

石英砂是目前最常用的支撑剂材料。这种砂子来源广、成本低、性能也较好，因而仍是大面积使用的材料，关键在于要根据地层情况合理地对其进行选择。

目前常用的另一种材料是烧结陶粒和铝土矿，它们的强度比石英砂高得多，可用于裂缝闭合应力高及石英砂易被压碎的深部地层。

在深井压裂中各油田还先后采用过核桃壳、塑料球、金属球，以及空心球等类型的支撑剂。但是，在相当一段时间内压裂支撑剂仍可能是石英砂和陶粒。

三、压裂井(层)的选择

压裂井(层)的选择是压裂效果好坏的基础，而地质因素则是影响压裂效果的内在因素。因此，选择压裂井(层)的主要依据在于搞清油气层的内部结构和物理性质，即应根据岩性、渗透率、孔隙度、油水饱和度及油层类型等来选择压裂井(层)。一个井(层)的压裂后能否达到预期的效果，关键在于选择适宜压裂的井(层)。因而，在具体选择压裂井(层)时应该做到情况清楚，认真对待。

1. 压裂选井选层的条件

虽然油层压裂是广泛使用的一种有效的增产增注措施，但并不是对所有的井(层)都有效。有些油井压裂效果好，而有的油井压裂则效果一般，有些井还不宜进行油层压裂。所以，在油层压裂前首先应该选择适宜的井(层)进行压裂。

1)适宜压裂的井(层)

(1)含油饱和度较高，岩石胶结致密、渗透率低的致密砂岩、石灰岩等。

(2)在生产中显示压力高、而产量低的井;在高产区同一油层,其产量比其他井低的井。

(3)渗透率较低或渗透率高低不均匀、连通性不好的井,以及裂缝、裂隙、溶洞和溶孔储油连通性不好的井。

(4)距边水较远或距注水线较远的井。

(5)油层严重污染堵塞的井。

(6)经过油层压裂证明增产见效的井,可酌情进行重复压裂。

2)不适宜于压裂的井(层)

(1)固井质量不佳的井。

(2)封堵施工质量不佳的井。

(3)管外窜槽以及套管损坏的井,在未修好前不宜压裂;井下情况不明的井,也不能随便进行压裂。

(4)靠近边水、注水井或见水效果明显、裂缝比较发育地区的井(层)。

(5)渗透率高的井(层)。

(6)重复压裂过多次,但无明显效果的井。

(7)含水(气)层位与出水(气)层位不清的井(层)。

(8)经长期生产,油层能量已经很低或接近枯竭的井(层)。

2. 压裂选井选层的一般原则

根据油田勘探和开发的不同条件以及随着压裂次数的增加地层条件的变化,压裂选井选层时应分别按新探区、非注水开发区、注水开发区以及重复压裂时的井(层)具体情况进行考虑。

1)新勘探区

对于新勘探区,进行油层压裂的主要目的在于改造中、低渗透层,提高产能,正确认识和评价油气田。其具体选井选层的原则是:

(1)在油气层渗透性和含油性不太好的新区,为了迅速认识油层,打开局面,拿下面积,可优先选择油气显示好,孔隙度、渗透率高的井(层)进行压裂。对油气层有了基本认识后,再对较差的油气层进行压裂,以确定有效层的下限。

(2)对碳酸盐地层,除对裂缝发育部位的井进行压裂外,应选位于裂缝不发育的翼部和向斜的井进行压裂,以压开和沟通裂缝,扩大油气田面积,增加储量。

(3)对有油气显示,而试油效果差的井(层)进行压裂,以便正确认识油气层。

2)非注水开发区

非注水开发区的中、低渗透层立足于早压,在油层能量充足的情况下进行压裂,以求获得较高的产能。其选井选层的原则是:

(1)采油速度低,储油量大的中、低渗透层应优先压裂。

(2)对高产井旁的低产井、停产井应进行压裂。

(3)对油气层受到污染、堵塞的井(层)进行压裂。

3)注水开发区

注水开发区压裂选井选层的基本原则是注水井与采油井并重,立足于沟通注采层位,促进注采平衡。其具体选井选层的原则是:

(1)优先对注水见效区内的未见效的井(层)进行压裂,争取层层见效,层层出力。

(2)对注水未见效区,应选择注采层位一致的井层进行对应压裂。

(3)对储量大、连通性好而产量低的地区的油水井进行对应压裂。

(4)对满足不了注水要求的注水井,以及对各种原因造成油层堵塞的井进行压裂。

(5)对于油水井的中、低渗透层应优先进行压裂。

4)重复压裂

为争取油气井高产,保持稳产,压裂作业不可能在完井后一次完成,需要在开采过程中多次重复进行压裂。重复压裂时选井选层的原则是:

(1)对于中、高渗透性油层的不均质性以及在开采过程中出现的层间差异,需要多次采取分层压裂措施。这样不仅可以改善出油剖面和吸水剖面,调整这种差异,而且还能发挥各层的生产潜力,甚至是厚层内部的潜力,以保持油井稳产。

(2)对于压后形成水平裂缝的浅部油层,选择不同的层段多次压裂,可以多次增产,保持油井稳产,这是延长油田增产行之有效的方法。

(3)对于压裂过的油井,随生产时间的延长,产量会逐渐下降。通过原因分析,如果不是地层能量不足的问题,则应考虑进行同层重复压裂,以增大压裂规模,扩大裂缝的延伸长度,重新恢复与提高油井产量。

(4)油井在长期开采过程中,由于层内液流的影响以及外部影响因素会造成油层严重堵塞和裂缝闭合,所以应考虑进行重复压裂,以便解除油层堵塞。

在具体选择压裂井(层)时要做到三个清楚;油层静态资料(包括渗透率、厚度、连通情况、层内的非均质性、油层内部结构、原始裂缝发育情况等)清楚;油层

动态资料(包括流动系数、分层吸水和采油能力、见效情况、含水状况等)清楚;井身质量及井下管柱技术状况(包括固井质量、作业井史和堵塞情况等)清楚。

压裂井(层)的选择是压裂设计中的一项重要工作,而压裂设计对一口井的压裂施工来说又是一个很重要的依据,且具有一定的实际指导意义。一般压裂设计包括压裂地质设计和压裂施工设计两部分。压裂地质设计是为保证油井能完成油田开采指标,在综合调整的基础上编制的措施方案,它是施工设计的依据和效果分析的基础。压裂地质设计最重要的一步是选井选层。压裂施工设计是保证实施地质设计、实现压裂目的的具体方法和措施,也是工序安排和配备施工材料的依据。

综上所述,压裂设计直接影响压裂施工的顺利进行及其油井压裂后的效果,而选择理想的压裂井(层)则是做好压裂设计的关键。

四、压裂井的施工

1. 施工工序

压裂施工在顺利情况下,施工的工序一般为:摆车→循环→试压→试挤→压裂(预压)→加砂→替挤(顶替)及活动管柱或反洗井。

1)循环

循环是准备工作的检查和压裂的开始。压裂液循环路线是从储液罐出来,入混砂罐,经泵送进压裂车,再经压裂泵的作用从高压管汇返回储液罐。压裂泵车排挡由小到大,逐台车循环一次。其目的是鉴定各种设备性能,检查管线是否畅通,各种泵进出水情况,搅拌压裂液的温度、粘度达到均匀,循环至出口排液正常时结束。

2)试压

试压的目的是检查井口总闸门以上的设备、井口、地面及连接管线能否承受高压作用。试验压力为预测泵压的1.2～1.5倍,压力上升后在2～3min不下降为合格。

3)试挤

试挤是打开总闸门,启动1～2台压裂泵将压裂液挤入地层。压力由低到高至稳定为止。目的是检查井下管柱、井下工具工作是否正常,估计最高破裂压力和掌握油层吸水指数。吸水指数理论公式如下,即

$$I_w = q/(p_1 - p_2) \tag{4-2}$$

式中 I_w——吸水指数，$m^3/(MPa \cdot d)$；

q——每天注入量，m^3/d；

p_1——压注液体时井底压力，MPa；

p_2——油层静压，MPa。

4)压裂

压裂与试挤是连续工序，以上步骤进行正常后，即可开始正式压裂。在试挤过程中，掌握吸水指数后，待压力和排量稳定时，逐台或同时启动全部压裂泵，很快加大排量，使井底压力迅速上升，直到使油层压开裂缝。此时不能急于加砂，还要继续用按照施工设计的时间以高压、大排量往井中注入前置液，使裂缝延伸，如果排量小，裂缝就不能延伸。压裂技术人员准确、及时地判断裂缝是否形成是保证压裂施工顺利进行的关键。

(1)根据机械设备的变化判断裂缝是否形成。形成裂缝前，泵动力机负荷大，声响沉重，排气管喷浓烟或冒火焰，混砂罐液面平稳。如果动力机声响变轻松，排气正常，混砂罐内波浪翻滚，则说明裂缝形成。

(2)根据压裂施工曲线来判断裂缝是否形成。压裂施工时，把试挤、压裂、加砂、替挤四个主要过程中的泵压、排量、混砂量随时间的变化状况绘成施工动态曲线，根据曲线可以判断是否已经形成裂缝。

5)加砂

油层裂缝形成，泵压及排量稳定后便可加砂。加砂比应先小后大，开始加砂时，混砂比应控制在5%～10%，当混砂液进入油层压力和排量仍较稳定，可提高混砂比。加砂过程泵压有所显示，随混砂比增大有所降低，原因是混砂液密度增大。另一种现象是泵压在2～3MPa间波动，原因是裂缝中沉砂是个动平衡过程。混砂比达到要求比例后，加砂时一定要均匀，要随压力和排量变化而变，否则会造成砂堵事故。

6)替挤

设计砂量加完或者因为某种特殊原因，决定停止加砂时，立即泵入顶替液，将携砂液替挤到油层裂缝中去。替挤液量要适当，量多会把支撑剂推向裂缝远处，造成井壁附近裂缝闭合，影响压裂效果；量少会使砂沉于井底，可能造成砂卡管柱事故。

以上工序全部完成，关井拆除管线及有关设备，压裂施工结束。按设计要求更换井中的管柱投入生产。压裂井投产时，严防突然降压或放喷吐砂，影响压裂效果。

2. 压裂施工中常见故障

1)压不开裂缝

油层压不开裂缝的原因:

(1)油层渗透率很差或有严重堵塞,吸水能力小。

(2)射孔质量差,没射穿或炮眼被污染,井筒与油层连通的不好。

(3)管柱深度计算有错误,卡点位置不对。

发现油层压不开要采取相应措施,属第一种原因可在设备、井身条件可能情况下,尽量提高泵压试探压裂,若仍压不开可采取喷射措施后再压裂;属第二种情况要重新射孔;属第三种情况应起出管柱校对后,再决定下步措施。

2)砂堵

(1)压裂液悬砂性能差,含砂比过高。

(2)加砂中途停泵时间太长。

(3)动态裂缝长度和宽度不够。

(4)施工砂比提高幅度过大。

(5)压裂液滤失系数过大。

(6)地层漏失。

(7)施工参数不合理。

加砂过程压力突然上升,应停止加砂,继续压入液体,等泵压正常后再加砂,否则会造成砂堵。若已砂堵,应立即循环冲洗解堵,直到压力正常,可恢复压裂。

3)砂卡

砂卡是指管柱被支撑剂卡死在井筒内。造成砂卡的原因很多,主要有施工中造成砂堵、砂桥未解堵;地层吐砂严重;管柱卡距大或发生故障而大量沉砂,洗井冲砂不彻底都会造成卡住管柱事故。若管柱被卡严重,压裂现场很难解除。若卡得不严重,可采用憋高压法解卡、活动管柱解卡、下击解卡等解卡措施。若措施无效,必须采取解卡修井施工。

4)刺漏事故

这类事故指地面部分的管线、井口装置、闸门等部件的刺漏。压裂车辆设备的种类和数目很多,连接用的活接头、活动弯头、油管短节、地面管线等,受高压后会产生强烈振动(尤其高压泵工作状况不良时),因此容易中途松动而刺漏。井口刺漏多数是因法兰盘没坐平、钢圈损坏、螺钉没上紧等原因造成。总闸门开关不严时也会把闸板刺坏而漏。

刺漏事故发生，根据程度大小酌情处理。若事故发生在某台泵车支线，可在总管汇处关死，分支阀门修理。如果在总干线上渗漏，不严重时继续工作，严重影响压裂时，应立即停止加砂，顶替一定数量压裂液后再停泵检修。拆卸活接头、管线、上紧螺纹时，特别要注意放掉高压后，再着手处理。

5)管柱断脱

压裂时，管柱断脱常有下列原因：旧油管螺纹磨损厉害强度减弱；油管短节螺纹头个别螺纹过深，强度不够；下井工具加工质量差；下管柱时螺纹未上紧；井下工具突然失灵；砂堵事故等。

管柱断脱一般表现为泵压下降，套压猛升，井口有较大震动响声，同时油管上顶。断脱位置不同，其特征也不同，若在封隔器卡距间断脱，它的特征是泵压有波动，可能井口上顶和套压上升，如果停泵再缓慢启动时，油套管必须连通。

五、压裂方式

压裂方式对压裂效果也有直接影响，压裂方式的选择，主要是根据地质条件、井身状况，工艺技术水平而定。随着压裂工具和工艺技术的发展，压裂方式也不断改进。目前常采用的压裂方式有合层压裂、选择性压裂及一次分压多层压裂等方式。

1. 合层压裂

油井生产层只是一个层组，且当这个层组的各小层性质比较接近时，即可对这个层组的各小层同时进行压裂，这种压裂方式就是合层压裂，也称全井压裂。这是一种施工最简单的压裂方式，目前应用的有下述四种方法。

1)油管压裂

油管压裂是指压裂液自油管泵入欲压裂的油层进行压裂。其特点是施工简单，油管截面小、流速大，压裂液的携带能力强。但此法会增加液流阻力和设备负荷，降低有效功率，只适用于一般的油层压裂，如图4-3所示。

2)套管压裂

套管压裂是指在井内不下油管，坐好井口后压裂液从套管直接泵入欲压裂的油层进行压裂。其特点是施工简单，可最大限度地降低管道摩阻，从而相应地提高泵的排量和降低泵的工作压力，但携砂能力差，一旦造成砂堵，无法进行循环解堵。此法在套管损坏或腐蚀的井中不宜使用，如图4-4所示。

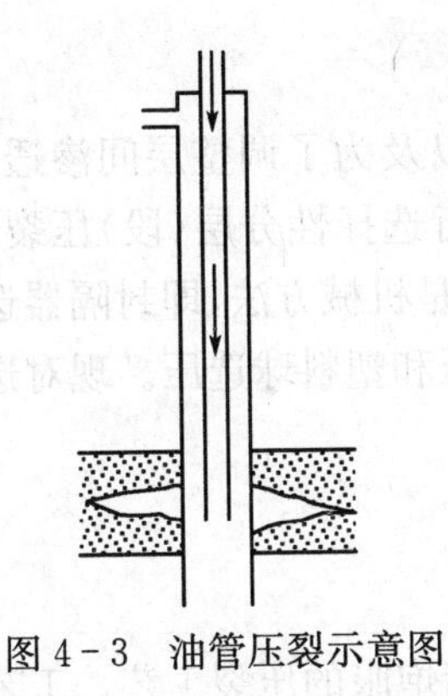

图 4-3　油管压裂示意图

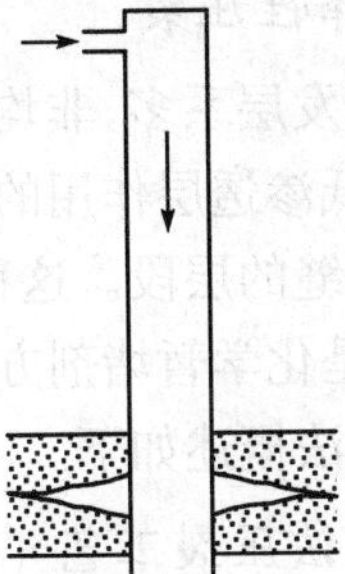

图 4-4　套管压裂示意图

3)环形空间压裂

环形空间压裂是压裂液从油套管环形空间泵入欲压裂的油层进行压裂。它与油管压裂相比,在同样的排量条件下其摩阻损失小,但流速低,携砂能力弱;与套管压裂相比,在相同的排量下其摩阻损失大,但流速高,携砂能力强。此法曾用于抽油井不起泵压裂,如图 4-5 所示。

4)油管和套管同时压裂

油管和套管同时压裂是指在井内下入油管,压裂时油管接一台压裂车,套管接两台以上的压裂车管线连接如图 4-6 所示。施工时,压裂液从油管和套管同时泵入欲压裂的油层,支撑剂从套管加入进行压裂。其特点是利用油管泵入的液体从油管鞋出来时改变流向,可防止支撑剂下沉;若一旦发生砂堵,进行反循环也比较方便。因此,这种压裂适宜于中深井压裂。

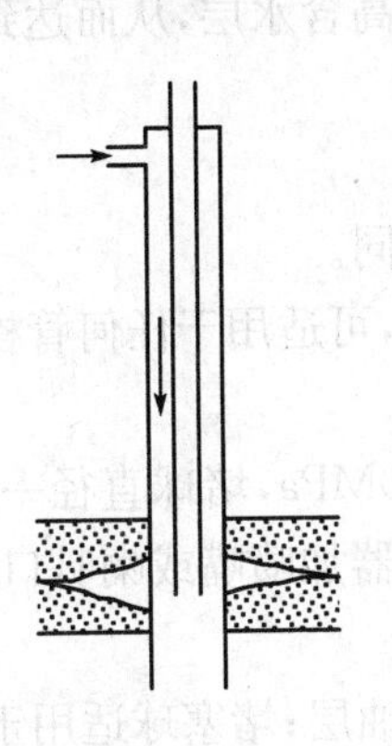

图 4-5　油套管环形空间压裂示意图

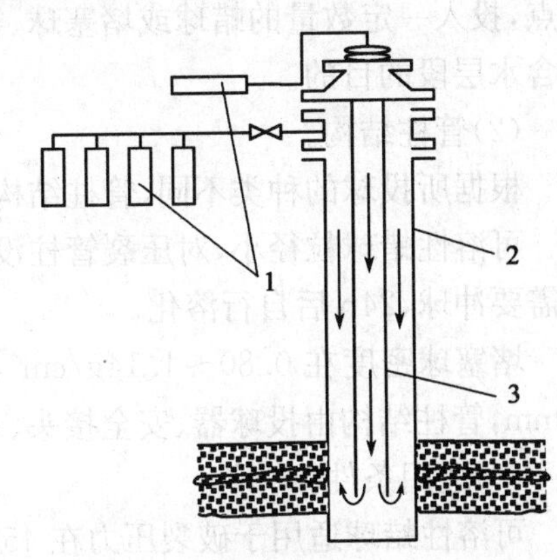

图 4-6　油管和套管同时压裂示意图

1—压裂车;2—套管;3—油管

2. 选择性压裂

对于开发层系多、非均质多油层或厚油层，以及为了调整层间渗透差异，充分发挥中、低渗透层作用的油水井，往往需要进行选择性分层（段）压裂，以保证压开需要造缝的层段。这种压裂方式的途径，一是机械方法，即封隔器选压或填砂选压；二是化学暂堵剂方法，如蜡球暂堵剂选压和塑料球选压。现对选择性分层压裂的方法概述如下。

1）投球法压裂工艺

（1）工艺原理。

投球压裂主要是指压裂过程中投密封球封堵炮眼的压裂工艺。工艺的原理是根据不同渗透率的油层吸液能力不同，已经压裂层段和渗透率高的层段吸液能力强的特点，投入一定量的堵塞球或炮眼密封球，封堵已经压裂层段或渗透率高、吸液能力强的油层炮眼，使井筒内压力增高，当达到破裂压力高的层段的破裂压力时，目的层也被压开裂缝。

投球法压裂工艺按工艺特点可分为：多裂缝压裂工艺和选择性压裂工艺。

多裂缝压裂工艺是指在一个压裂层段内，利用已经压开裂缝的射孔炮眼吸液能力强的特点，投入一定量的蜡球或堵塞球、密封球，封堵先压开层段的炮眼，再重新启泵，提高排量在井筒内憋起更高的压力，当达到目的层的破裂压力时，新的裂缝也就被压开。依次循环，可压开多条裂缝，这就是多裂缝压裂工艺原理。

选择性压裂工艺与多裂缝压裂工艺相近，利用高渗透率水层吸液能力强的特点，投入一定数量的蜡球或堵塞球、密封球，封堵高含水层，从而达到压裂改造低含水层段的目的。

（2）管柱结构。

根据所投球的种类不同，管柱结构要求也不相同。

可溶性蜡球粒径小，对压裂管柱没有特殊要求，可适用于任何管柱。压裂后不需要冲球，24h 后自行溶化。

堵塞球密度在 0.80～1.14g/cm^3，耐压 25～70MPa，堵球直径一般在 19～22mm，管柱结构由投球器、安全接头、水力锚、封隔器加喷嘴或喇叭口组成。

（3）适用条件。

可溶性蜡球适用于破裂压力在 45MPa 以内的油层；堵塞球适用于目的层厚度差别、渗透率差别较大的井；投球前后目的层深度差大于 30m，一般不在同一油层使用。

(4)注意事项。

可溶性蜡球要在密封的蜡球管汇中投入，避免泄压，造成前一条裂缝吐砂，同时，挤暂堵剂时，排量不得超过 0.5m^3/min，避免将前一条裂缝再次压开使缝口支撑剂向裂缝深部推进，导致裂缝口导流能力降低。

2)封隔器卡分法分层选压

这是一种使用较方便的分层选压方法。它适用于压裂层渗透性差异不大，上下夹层具有一定厚度，且射孔层段套管完好无损的层间无管外窜通的分层压裂井，常用的是单水力扩张式封隔器和双水力扩张式封隔器分层选压。单水力扩张式封隔器选压仅用于选压层段为油井最上层位或最下层位，而双水力扩张式封隔器选压可用于任意一层。双水力扩张式封隔器选压是用两个水力扩张式封隔器卡住任意一个欲压裂井段进行压裂。

3)填砂选压

填砂选压是用填砂方法在井筒内填砂，将井内非选压层封隔开，以免压开非选压层。此方法一般适用于封隔下层，单选压上层的压裂井。

3. 一次分压多层

这种方法是下一趟管柱分压多层。它适用于非均质多油层油井，具有处理层段短、压裂强度高和能发挥各油层潜力和优点。一次分压多层压裂方式因使用井下工具不同而方法又分多种。

1)限流法压裂工艺

限流法压裂完井工艺是一种在压裂施工中一次加砂能够同时形成多条裂缝的多层同时压裂技术。

(1)工艺原理。

通过严格限制炮眼的数量和直径，并以尽可能大的注入排量进行施工。利用最先被压开层吸收压裂液时产生的炮眼摩阻，大幅度提高井底压力，进而迫使压裂液分流，使破裂压力接近的其他层相继被压开，达到一次施工能够同时处理几个层的工艺目的。如果地面能够提供足够大的排量，就能一次加砂同时处理所有目的层。

但在常规压裂中，由于射孔密度大，通过炮眼的流速不大，井底压力不会因炮眼摩阻的影响而明显升高，因此单独一个层能够吸收全部压裂液，一般一次加砂只能处理一个层。

(2)工艺特点和优点。

①必须在严格的选择下低密度射孔。

②在设备允许下，以尽可能大的泵压和排量施工，以保证有足够的炮眼摩阻。

③在裂缝水平延伸的情况下，由于施工中层间隔的水泥环承受的纵向压差小，炮眼之间距离拉长，可以在一定程度上保护隔层和水泥环，减少窜槽现象。

④通过选择性的布孔数量来控制不同处理层的处理强度，或者使厚层得到均衡处理。

⑤选择油层的最佳部位射孔，保证裂缝的有效性。

⑥大排量（单孔流量在 0.4m^3/min 以下）下施工。炮眼出口的流速很高（可达 100m/s），近井地带裂缝面上会形成永久性沟槽，使裂缝不可能完全闭合，保证了近井地带的连通性。

(3)限流法完井压裂的布孔原则。

①根据具体处理层尽可能按比例地分配好炮眼数量，做到易见水层和难见水层，厚层和薄层同时处理时，重点层明确，强度有区别。

②一般选择层内渗透率最好部位射孔当层内存在岩性或物性薄夹层时，可考虑在夹层上、下部位分别布孔。

③当目的层附近有其他可能在压裂中与之窜通的非目的层时，应注意留好射孔点与隔层的距离。

④考虑破碎带的影响，当处理层段内层数多，而炮眼总数受到限制时，可在紧密相邻的几个小层的中间位置布孔。

⑤根据已布孔数，适当划分压裂组合层段，便于一次或二次处理完。

⑥一般情况下，每米砂岩厚度布 2 孔，在实际布孔时，可根据油层具体情况适当增加或减少。

(4)适用范围。

限流法完井压裂对薄层、厚层均可使用，也可在压开垂直裂缝，但不影响水窜的油层使用。

2)滑套式管柱分层压裂工艺

(1)工艺原理。

滑套喷砂器压裂又称投球法压裂，其管柱结构如图4－7所示。它是利用水力扩张式封隔器将各个压裂层段封隔开，相邻两压裂层之间的封隔器可公用。目前，这种方法一趟管柱最多可压四层。除最下一级喷砂器以外，其余喷砂器都装相应规格的滑套（从下至上滑套尺寸逐渐增大，并配备相应尺寸的钢球）。滑套喷砂器的作用是保证在一定压差下，使压裂液从油管内进入油层及携砂的液体进入裂缝。施工时，由下而上逐层压裂。在压完最下面的一层后，从油管内投

入相应钢球坐于下数第二层喷砂器内的滑套上，并加压憋掉下数第二层喷砂器内的滑套，打开该喷砂器，滑套与钢球下行同时关闭最下层喷砂器，这时压下数第二层。以此类推，自下而上压开各个层。投球法压裂工艺比较简单，但是压每一层时各级封隔器都同时工作，在高压下封隔器易产生疲劳，同时具有层间窜通或压窜不易发现等缺点。

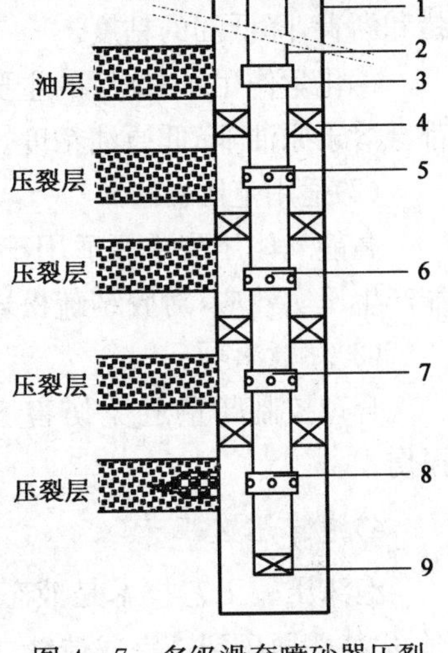

图 4-7　多级滑套喷砂器压裂管柱结构示意图

1—套管；2—油管；3—工作筒；4—封隔器；5、6、7—喷砂器(带滑套)；8—喷砂器(不带滑套)；9—丝堵

(2)适用范围。

该工艺的适用范围是地质剖面具有一定厚度的泥岩隔层，封隔器可以卡得住，高压下不发生层间窜通；井下技术状况良好，套管无变形、破裂和穿孔，固井质量好。

(3)优点。

可不动管柱一次连续压多层，从而大幅度减少作业量，提高施工效率，降低压裂施工成本；一般组合管柱具备防喷的环保功能。

(4)缺点。

过砂量较小，范围在 14～30m^3 之内，依工具材质及结构差异而有所不同，同时受排量及加砂浓度的高低影响较大，一旦砂堵卡管柱，容易造成工程事故；下井工具数量多，处理事故时难度也相对较大；不能保证 1∶1替挤，易造成过量顶替，对施工效果有影响。

此外，目前有些油田还尝试了高能气体压裂工艺和泡沫压裂工艺。

3)高能气体压裂工艺

高能气体压裂是指利用火药或火箭推进剂燃烧产生的高温、高压气体压出多条径向裂缝以取得增产效果的方法。

(1)工艺特点。

对油层增产增注有以下作用：

①机械作用：燃爆产生的高压气体在超过岩石破裂压力的条件下，在井筒附近产生多条径向裂缝。

②水力振荡作用：燃爆是在井中存在液柱条件下发生，高温、高压气体的产生将推动液柱向上运动，而随着体积增大，压力下降，液柱会向下运动，这种反复的上下运动有助于裂缝形成和清理油层堵塞。

③高温热作用：燃烧产生的高温可达 500～700℃，能够融化油井附近的石蜡和沥青，降低油的粘度。

④化学作用：燃烧后的主要产物是 CO_2、N_2 和部分 HCl，这些气体在高温下都会溶于原油，降低原油粘度。

(2)适用范围。

高能气体压裂主要适用于水敏地层、脆性岩层。对于塑性地层不太适用，可能产生压实效应，对胶结疏松岩层可能引起出砂。

(3)注意事项。

合理控制药量避免伤害套管；严格按操作规程施工，避免造成人员设备损伤。

4)泡沫压裂工艺

泡沫压裂工艺技术是液态 CO_2 或 N_2 与其他压裂液混合，加入相应的添加剂，代替普通压裂液完成造缝、携砂、顶替等工序的压裂工艺技术。根据使用的压裂液组成不同，可分为二氧化碳液体压裂、二氧化碳(甲醇)稠化水压裂、二氧化碳与氮气双相泡沫压裂和二氧化碳泡沫四种压裂形式，其中以二氧化碳泡沫压裂最为常用。

(1)管柱结构。

压裂油管使用 N－80 以上钢级，封隔器、导压喷砂器要求耐压 60MPa 以上，可采用两封一喷、单封单喷(加水力锚)，以及四封两喷组合(喷砂器为滑套式导压喷砂器，能够两层同时返排)。

(2)适用范围。

主要应用于气井及低压低渗和水敏性地层，不适宜渗透率高、天然裂缝发育的地层。

(3)注意事项。

①施工压力高，管柱承压要求大于最高施工压力的 1.5 倍以上。

②所有地面管线必须锚定。

③各项操作严格按标准执行，避免冻伤、窒息造成人员伤亡，避免形成干冰堵塞排液管线。

六、压裂设备简介和压裂井的管理

压裂设备是压裂工作的重要保证，没有一套完善的压裂设备就很难完成该项工作。尤其是大型压裂和深井压裂的发展，对设备提出了更高的要求。早期

压裂使用的设备主要是用固井和酸化设备代替。随着高压、大排量技术要求的发展，促进了压裂设备的发展，目前，常用的压裂设备主要包括压裂车、混砂车、供液车等。

1. 压裂车

压裂车是压裂施工中的主要设备，它的作用是产生高泵压，大排量地向压裂层位挤入压裂液，将地层压开裂缝，并将支撑剂挤入裂缝。因此，对压裂车必须有一定的性能要求，其技术性能的要求是压力高、排量大，并能有较大的排量变化范围，同时，它应耐高压、耐磨损、工作可靠、能保证连续工作稳定运转及运载汽车越野性能好等。

压裂车主要由运载汽车、驱泵动力、传动装置、压裂泵等四大部分组成。目前我国各油田能见到的压裂车型号有 YLC－500 型、AH－500 型、SYC－850 型、AC－400 型、YLC－850 型、YLC－1200 型和 YMYLC－1000 型等。

2. 混砂车

混砂车又称砂液比例混合机，主要由供液、输砂、混砂和传动等四个系统组成。它的作用是将支撑剂和压裂液按一定的比例混合后，再向压裂车输送。混砂车性能的好坏、机械化和自动化程度的高低，对施工质量和工人劳动强度有直接关系。目前，我国使用的混砂车主要有双筒螺旋机械混砂车、供液风吸式混砂车以及国外引进的混砂车等。

3. 供液车及其他设备

压裂所需设备除压裂车、混砂车主要设备外，还有供液车、运砂车、仪表车和平衡车等。

供液车用于装运压裂液，压裂时通过混砂车上的液泵供液，车装罐容积最大在 10m^3 左右。运砂车用于运砂和向混砂车输送砂，一般车装砂量为 10m^3。仪表车用于计量压裂过程中的各种参数。平衡车多用水泥车，压裂时用来向油管和套管的环形空间加液压，以平衡最上一级封隔器的上、下压力。

油层水力压裂是一种应用广而且很有成效的油井增产措施，压裂后增产效果的分析有助于下一次措施的制定和设计，而衡量压裂效果的标志是油层压裂后是否达到了压裂设计的预期目的。压裂效果一般是指压裂后增加产量的大小和增产有效期的长短，如增产量大、有效期长，则说明压裂效果好。对压裂措施的希望是压裂后初产量大，且有效期长。此外，压裂效果的标志还表现在是否改善了选压井层的渗滤状况、提高了采油速度及调整了层间矛盾等。实际上，压裂井是否有效果主要还是看油井产量有无增加、增产量的大小及有效期的长短等。但油井产量是整个采油过程中的综合反映，所以，在油井压裂后的日常管理中，油井工作制度选择是否合理，其他工艺措施是否适宜，这些都直接影响压裂效果。

4. 压裂施工的质量验收标准

(1)压裂选井选层必须合理，并符合压裂选井选层的原则。

(2)下井管柱结构合理，下入位置必须准确，确保压准目的层。

(3)施工前必须保证井底和管壁清洁，套管要完好。

(4)所选压裂液清洁，数量、质量等各项指标均应符合设计要求，不污染堵塞油层。所选支撑剂也必须清洁，达到颗粒均匀、圆球度好，各指标应符合设计要求。

(5)施工完善，各施工工序均应达到施工设计要求；加砂均匀，施工压力、排量、加砂量、含砂比及顶替液量等工艺参数，均应达到设计要求。

(6)压裂后应充分扩散压力，放压时要有控制，严禁无控制试产，但应及时排液求产，以对比效果。

(7)按要求取全取准各项施工资料，施工后应保证井底清洁、无落物。

(8)压裂后射孔段不堵塞、不污染油层、不损坏套管，并能达到增产、增注的预期效果和目的。

5. 影响压裂效果的因素

了解和掌握影响压裂效果的因素，有助于管理好压裂井，从而延长压裂后的增产有效期。一般来说，压裂后有效果的井常常是因为解除了井底附近的堵塞，以及改善了远井地层的油气流动的有效渗透率。而压裂后效果不大甚至失败的井则可能是因主要裂缝不在油气层中，或造成的裂缝渗流能力很差。如压裂后产量递减快，其原因除了地质上的因素外(地层压力不足、地层渗透率过低等)，可能是因生产过程中油气流中的微小固体颗粒堵塞了裂缝，特别是堵塞了井底附近的裂缝，使裂缝随着生产趋于闭合。一口井压裂后效果的好坏受多种因素的影响，但主要因素是压裂施工质量的好坏、选压井(层)是否合理，以及压裂后油井的管理是否得当等。

1)压裂施工中的影响因素

(1)各种压裂施工参数的正确选择和确定是形成足够几何尺寸裂缝的重要保证，因为压裂后的效果取决于液流通过压裂后油层形成的裂缝的能力。压裂后产生的效果表现在这种能力大于液体在原来流动条件下的通过能力。

(2)压裂液和支撑剂是否能够满足设计要求，因为压裂液和支撑剂直接影响到压裂所形成裂缝的长度和宽度，以及液流的通过能力。

(3)顶替液量是否合适,严防替挤时顶替液不足或过量。顶替液量不足,支撑剂不能全部进入地层,易造成砂堵和砂卡事故;而顶替液量过大,会把支撑剂替入地层深处,使井壁附近无支撑剂支撑,当停泵后压力消除时,井壁附近裂缝则会重新闭合,从而影响压裂效果。

(4)压开目的层是否准确。准确地压开目的层是分析压裂效果好坏的基础。如果因某种原因未压开设计的压裂层位,而将其他层位压开,就达不到预定的目的,分析压裂效果也就失去了意义。

(5)施工过程中压裂设备是否连续稳定地正常工作。压裂设备连续稳定地正常工作是顺利完成压裂施工的重要保证,如果压裂设备不能连续稳定地正常工作,就会影响压裂施工的顺利进行,甚至导致施工的失败,也就达不到预期的压裂效果。

(6)压裂后尽量避免用各种压井液压井,因为压裂后压井不仅影响已经形成裂缝的渗透能力,而且对于其他未被改造的油层同样受到损害,影响压裂效果,甚至造成减产。

2)压裂井(层)的选择对压裂效果的影响

压裂井(层)选择是否合理对压裂效果的影响极大。压裂井(层)如果选在产能低下、原始裂缝发育差或油层厚度大、储油量足,但由于各种堵塞影响的油层,则压裂后往往效果较好,增产倍数大。如果把气层、水层当成油层来压裂,或是选层时不慎重,将邻近的水气层压窜,形成水气窜,这不仅不会增加产量和注入量,反而会给油田带来严重危害。因此,压裂要服务于油田开发,这样不仅能起到加速采油的作用,还能改善油田的开采效果。

3)压裂后油井管理对压裂效果的影响

实施一次压裂措施后,油井增产期的长短、总累积增产油量的多少等都和日常的油井管理工作有关。所以,压裂后油井的管理好坏直接影响着压裂后油井的生产效果。

6. 压裂井的管理

油井经过压裂后,油层的出油状况有了重大的变化,因此,压裂油井的管理就必须适应这一新的情况。压裂井在日常管理工作中应注意做好以下几项工作:

(1)压裂后应及时开井排液投入生产。压裂后经过一段时间的压力扩散、平衡过程,就应及时开井生产,减少压裂施工的关井时间,这样也有利于及时排出进入油层的压裂液,使油井尽快正常生产。

(2)取全取准油井生产的各项数据资料。油井生产过程中的各项数据是进行油井综合分析的依据,必须按照油田的管理制度定期取全取准生产控制参数及分层测试资料,加强油井观察,不要轻易放过任何一个新的变化。要结合邻井和能量补给井(注水井)的生产状况定期进行综合分析,及时提出油井管理的措施与意见,搞好压裂井的管理。压裂后试生产时,应取得每小时的产量和压力资料,并在井口测试含砂、含水变化,若发现带出大量砂粒时,应立即更换小油嘴生产;当产量、压力上升,且不含砂时,即可投入正常生产。

(3)选择合理的油井工作制度。油井压裂后,油层与油层之间的关系发生了变化,油井的生产状况也发生了变化。根据实际经验,压裂后初开井生产时,生产压差一般不能过大,以防止支撑剂倒流,掩埋油层,使井壁缝口闭合,影响出油。所以,油井压裂后最好能基本上维持油井在压裂前的生产压差下生产,并定期取样化验,分析原油的含砂量,鉴定油井出砂是油层砂还是压裂砂。经过一段时间的生产后,与过去相比较证明含砂量稳定,油层本身又有潜力,这时便可根据油井的具体条件,适当放大或缩小生产压差,以增加出油量,发挥油层潜力,但也不能无控制地放大生产压差,而应选择合理的生产压差。

(4)不得轻易压井。压裂后已正常投入生产的油井要进行其他作业时,不能轻易采用任何压井液压井。如果工艺上不得不采用压井,那么,必须对压井液的性能进行严格选择,且压井后还得进行酸处理,以消除或减少压井液对油层的损害,特别是对易于受到压井液影响的裂缝的损害。

(5)"因井制宜"制定油井的综合措施。油井压裂后,要根据井的具体情况制定合理的综合措施。如高含水油井压裂后要进行分层配产,以堵死或控制高含水层的生产能力,或者在压裂前对高含水层先进行化学堵水,以使压裂层不受高含水层的干扰,积极发挥其应有的作用。低产井和稠油井压裂后则要与机械采油和电热清蜡相结合,以适应低产井生产需要,延长增产有效期,改善稠油井油流在井筒内的流动条件,充分发挥压裂作用的效果。对于地层能量不足的注水开发油田来说,油井压裂后出油会大幅度上升,而且地层能量消耗也会增加,为了保持油井较长期的增产,油井压裂后必须注意提高地层能量的补给,以保持注采平衡。

从以上分析看出,压裂后的油井管理是油井长期稳产高产的措施之一,同时对压裂的效果有着直接的关系。所以,油井压裂后在新的生产条件下,必须按新的工作制度管好油井,才能保证好的压裂效果,使油井多出油,并保持长期的稳产和高产。

第五章 稠油作业常规施工工艺

根据稠油油品的特性，比较成功的采油工艺是采用大机、长泵、粗管、强杆、深下、掺油配套抽稠油工艺。

大机是指可以提供12t以上负荷的大型抽油机，为开采稠油提供必需的动力。

长泵是指冲程在5m以上的抽油泵，一般稠油地区常采用ϕ57mm重球扩孔泵，重球可以及时封闭进油孔，扩孔增大了过油面积，为稠油进入泵筒增大了通道。

粗管：稠油地区油井普遍采用ϕ88.9mm以上油管作为生产管柱(一般在7in套管内下ϕ114.3mm油管，在5in套管内下ϕ88.9mm油管)。

强杆：是要求抽油杆、光杆等都采用D级抽油杆，确保必要的强度。

深下：就是泵深一般下深都在1650m左右。

掺油：是指在稠油抽油管线内向井内采油管柱掺入1.38mPa・s的轻柴油或11mPa・s的稀原油，掺稀油降粘不仅提高了泵的充满系数，同时也减少了抽油摩阻，为采油集输和脱水带来很多方便，也适用于蒸汽吞吐和蒸汽驱采油阶段。

第一节 检泵施工及主要操作规程

检泵施工一般按以下工序施工：故障分析、起原井内生产管柱、检查并验证、下泵管柱、试压、下生产杆柱、收尾交井。

一、故障分析

根据设计反馈的油井管理信息，结合实测的功图对油井的故障进行技术性分析，判断油井故障。

常见的油井故障主要有油杆断脱、泵阀失灵、管柱漏失、砂卡等。几种典型功图如图 5－1 所示。

二、起原井内生产管柱

盘动抽油机卸掉悬绳器负荷，摘悬绳器；摘驴头；放掉井内压力；洗压井；拆卸井口采油树；拆防喷盒、起油杆；拆井口法兰，起泵管柱。

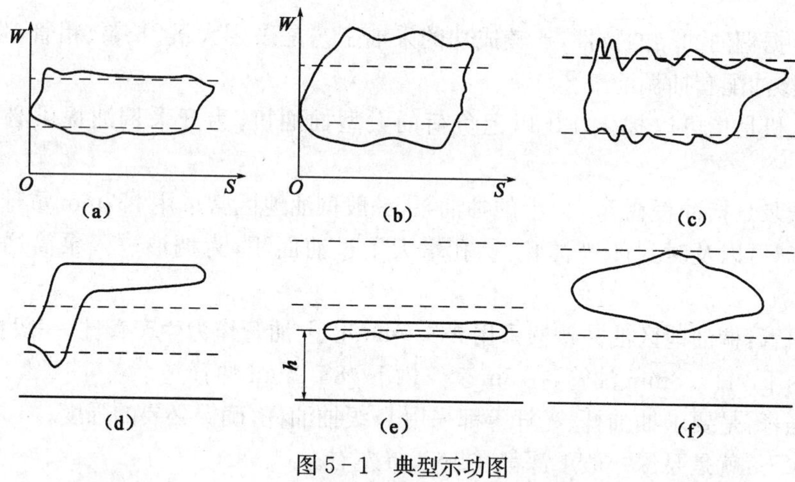

图 5－1　典型示功图

(a)正常示功图；(b)抽稠油正常示功图；(c)油井出砂示功图；(d)油稠来不及充满示功图；(e)抽油杆断脱示功图；(f)吸入阀与排出阀均漏失示功图

三、检查并验证

对起出的原井管柱进行仔细认真的检查，验证与分析判断的结果是相符，落实结果，找出问题。

四、下泵管柱

按照设计要求，丈量匹配好下井管柱及工具，下井工具配件要按照使用要求使用。

五、试压

为检验泵管柱的密封性是否合格，能否满足生产要求，对泵管进行试压，试

压标准为打压 5MPa，憋压 30min，压降不超过 0.5MPa 为合格。

六、下生产杆柱

试压合格后，按照要求匹配好杆柱，并按技术要求下井，螺纹要达到要求的上扣扭矩。

七、收尾交井

(1)井口采油树的配件齐全完整，满足规格化要求。

(2)流程连接部分配件齐全，安装正确，与生产输油管线连通好，做到工完料净场地清。

(3)各项资料录取齐全准确，完井三天内上交施工总结，完井工艺达到设计要求。

(4)检泵资料录取。

①洗井液量、液性、深度压力方式、出口返出程度。

②起出抽油杆及油管规范、根数及检查情况。

③起出深井泵、泄油器、活塞及特殊工具情况。

④起出抽油杆或油管的断脱位置。

⑤下入深井泵型号、泵径、泵长、泵深。

⑥下入油管规范、根数、长度、深度、悬挂规范及长度。

⑦下入泄油器型号、长度、深度。

⑧试压液量、液性、压力、压降情况。

⑨下入活塞规范、长度。

⑩下入撞击块规范、长度、安装位置。

⑪下入光杆及抽油杆规范、根数、长度。

⑫下入回音标规范、长度、深度。

⑬管柱尾部结构规范、长度、深度。

⑭光杆方入、防冲距、试抽憋压及排液情况。

八、主要操作规程

1. 起抽油杆

起出抽油杆下拉时，下放要慢，按规格每 10 根一组排在抽油杆桥上；抽油杆桥架不得低于 500mm，起出全部抽油杆后按抽油杆记录进行核对，检查螺纹、接箍、杆体是否有损坏，不符合下井要求的，应及时更换；起出活塞后，分析活塞在工作筒内工作情况及存在的问题，而后将活塞置入工作筒内。

2. 起油管(起泵工作筒)

上提油管挂前将套管闸门全部打开放压；将四通法兰的锥体顶丝全部松开，收回；接好提升短节后，挂好吊环，井口人员离开井口，用二挡车慢慢上提，注意悬重变化，上提油管挂时(超深井不在内)，根据井架负载注意观察悬重表的悬重变化；提出油管挂后，要慢起10根油管，随时判断井下是否正常，装好井口油管自封；井口操作人员挂好吊环插好吊卡销子后，打好手势，当井下油管节箍提出四通法兰平面以上400mm时扣好吊卡；卸螺纹时井口操作人员配合要协调用力均匀，采用液压油管钳卸螺纹时应使用低转数高压力，钳头和背钳必须拴尾绳，卸完螺纹后，开始上提速度应慢，防止粘螺纹和钢丝绳跳槽；下拉油管时，将油管外螺纹部位置入小滑车内，拉油管人员站在小滑车的侧翼慢慢拉下，按规格数量每10根为一组排放整齐；上提管柱遇卡时，不得猛提，应慢慢上下活动，并分析原因，如处理无效应按技术管理规程请示研究后处理；井下工具配件及其他直径大于ϕ100mm时，将起出井口前，应卸开自封；起完井下管柱后将井口盖好，要检查描述深井泵，活塞在井下工作情况及存在的问题，核对油管根数与油管记录是否相符，检查油管螺纹损坏情况，及时调整更换。

3. 下油管(下泵工作筒)

井口应装自封等装置，防止井下落物；严禁用游动滑车压送油管；深井泵及井下工具配件下井前应在地面按质量要求，进行全面检查，否则不得下井；深井泵在井场必须放在泵架上和较平整地方；油管下井前在管桥上必须用蒸汽将油管内外清洗干净，不得有脏物，油管长度“三丈量”、“三对口”，认真检查，无弯曲、无裂缝、无变形，螺纹完好；油管下井前必须用相应规格的通径规通过(ϕ62mm油管用，ϕ48mm，长500mm通径规；ϕ88.9mm，油管用ϕ60mm，长500mm通径规；ϕ114.3mm，油管用ϕ95mm，长500mm通径规)；起吊单根前，在井口将外螺纹部位涂均螺纹密封脂；提单根时，井口操作人员必须手扶吊环，对螺纹时，井口操作人员双手扶正油管，不要挡住作业机手视线；采用液压油管钳上卸螺纹时，必须拴好钳柄和背钳的尾绳，按液压油管钳操作标准执行，达到扭力矩要求，必要时更换油管，螺纹上紧后留有1.0～3.0牙为合格；下放油管操作要平衡，严禁猛刹猛放，中途遇阻，不准猛墩，应慢慢上下活动，查明原因，妥善处理；坐油管挂时要扶正慢下，不得将密封圈挤出和损坏，放入位置后上好顶丝；下抽油杆前，泵工作筒以上全部管柱进行试压5MPa，30min压降不超过0.5MPa为合格。否则

起出管柱分段试压，查找管柱漏失原因。

4. 下抽油杆

抽油杆下井前，在杆桥上清洗干净不得有脏物，抽油杆长度进行“三丈量”、“三对口”核准后方可下井；抽油杆下井时，螺纹必须涂螺纹密封脂，用600mm管钳上卸螺纹，螺纹带紧后方可下井；下抽油杆速度慢，避免中途遇阻压弯抽油杆；按丈量数据，活塞距泵筒还有10～15m时，下放速度要慢；活塞置入泵工作筒固定阀上面后，驴头放到下死点，调整光杆高度，外露悬绳器以上0.8～1.2m为合格，然后按1/1000m上提防冲距。

第二节 注汽施工

一、施工工序

注汽施工工序：洗压井、起出原井生产管柱、通井、探砂、下注汽管柱、组装注汽井口。

二、注汽管柱工作原理

1. 技术要求

1）通井

选用通井规的尺寸符合规定要求，即通井规的直径小于套管内径6～8mm；通井规下放速度不许超过30根/h，注意观察悬重变化，如发现悬重下降，应停止加深，必须上下活动，确认无阻后，继续加深通井，严禁硬通；通井规通至要求的深度后，进行充分循环洗井，清除井壁上的脏物。

严禁用通井规冲砂，通井中途遇阻或者是通至人工井底加钻压不得超过25kN。

通井深度必须通至人工井底或设计要求深度，起出通井规后检查有无伤痕、变形。

2）探砂面

（1）下探砂管柱至原井起出管柱深度后，要平稳慢下。

(2)要注意观察悬重变化,当悬重稍有下降时即慢下重新进行试探,试探三次以上,压重 5～10kN,确认砂面位置;记录好方入和方余。

3)冲砂

冲砂就是利用高速流动的液体将井底砂子冲散,并利用循环上返的液流将冲散的砂子带到地面的清砂方法。

(1)常用冲砂方式。

第一种方式是正冲。冲砂液沿油管内腔向下流动,在流出管口时以较高的流速冲散砂堵。被冲散的砂子和冲砂液一起沿冲砂管与套管的环形空间返至地面。随着砂堵冲开程度的增加,逐步加深冲砂管。管柱下面使用冲砂笔尖,可防止憋泵。正冲砂的特点是冲刺力大,容易冲散坚实的砂堵;混砂液上返速度慢,携砂能力差。

第二种方式是反冲。反冲砂与正冲相反,冲砂液由套管与冲砂管的环形空间进入,被冲起的砂粒随同冲砂液沿冲砂管内腔返回到地面。反冲砂的特点是冲砂液下流速度慢,冲刺力弱;混砂液上返速度快,带砂能力强。

第三种方式是正反冲。这种方式是利用正、反冲各自的优点,用正冲方式将砂堵冲开,使砂子处于悬浮状态,然后迅速改为反冲,将冲散的砂子从冲砂管内返至地面。这样既可以冲开坚实的砂堵,又提高了携砂能力,提高了冲砂效率。

采用正反冲时,地面要采用便于改换冲洗方式的总机关,即正反冲接头实现连续冲砂,该方法操作比较简单,正在普遍使用。另外,由于地层压力低,冲砂液大部分改用汽化水,也是比较成功的一个办法。

(2)冲砂要求及注意事项。

①冲砂前反洗井一周,检查冲砂管柱是否畅通。冲砂管线连接必须牢固,密封,井口装好自封,确保不刺不漏,水龙带、活动弯头必须拴安全绳并系牢。

②通井机不得熄火,冲砂中途水泥车不得停泵。若中途水泥车或水龙带发生故障应迅速将冲砂管柱上提到原砂面以上 30m,活动管柱半小时,若中途提升动力发生故障,水泥车应大排量用干净的冲砂液将井内的混砂液替出洗净。

③冲砂管柱下放速度不得超过 0.5m/min,均匀下放,防止憋压,每冲洗一根单根后,应充分循环洗井,冲洗时间不得少于 10min。

④口袋少于 50m,冲砂必须冲至人工井底,口袋大于 50m,冲砂必须冲至油层底界以下 50m 或按设计要求深度进行。

⑤冲砂至预定深度后,必须用清洁的洗井液大排量洗井,洗至出口含砂量小于 0.1%为合格。

⑥冲砂中若出现地层大量漏失或大量出砂，或冲不下去等问题时，应停止冲砂，将管柱上提至原砂面以上30m，活动管柱半小时，分析原因，制定出可行措施后，再组织施工。

⑦严禁带封隔器、工作筒等大直径的井下工具进行探砂面或冲砂作业。

⑧进出口排量要平衡，防止井喷或井漏。

⑨油气产量大的井冲砂，注意防止发生火灾事故。

4)探砂冲砂资料录取

(1)探砂管柱结构。

(2)冲砂工具名称、规范、长度、砂面位置。

(3)冲砂液名称、液性、液量、起止时间、方式、泵压、出口情况及漏失情况。

(4)冲砂管柱规范、根数、长度、冲至深度、遇阻情况。

(5)冲出总砂量、取砂样。

(6)冲完砂洗井后出口含砂情况。

(7)冲出砂粒类别、各类砂相对含量、直径。

(8)冲砂后探砂情况。

2. 下注汽管柱

(1)下注汽管柱前要先倒注汽井口，并对下井管柱、工具、配件进行仔细检查，避免不合格的工具下井。隔热管要安装密封圈，螺纹涂高温螺纹脂。

(2)丈量下井管柱，并检查钢丝绳及井架、基础、绷绳、地锚、花兰螺栓等是否合格。不合格的马上进行整改或更换。

(3)操作手操作要平稳，确认吊卡扣牢后再上提单根，起吊单根速度要慢，待井口工作人员接住扶正后，再下放对正上扣(如用液压钳上扣时，只准用高速挡紧扣，决不许用低速挡紧扣)，螺纹上紧后，要匀速慢放，时刻注意悬重变化，有异常时及时停止作业，直至下完全部管柱。

3. 安装注汽井口

(1)组装注汽井口时要上全、带紧全部螺钉，紧扣时要对角砸紧，不许有刺漏。

(2)注汽采油树闸门手轮方向一致，并在一个平面上，组装井口采油树闸门的方向要方便接注汽管线，还要便于开关注汽闸门。

4. 施工注意事项

下井管柱必须保证畅通；下井操作要平稳，控制下放速度；施工中决不能漏减工序；注意检查伸缩管的滑套工作是否可靠；密封器尺寸是否与井内套管相适应;注汽井口各部螺钉必需砸紧上全,保证不刺不漏。

第三节　分层注汽、热循环施工

一、分层注汽施工

1. 工作原理

根据油层厚度及纵向上油层吸汽不均的现象,确定不同的注汽量,达到油层均匀、平衡动用,对隔层发育较好的油井进行分层强注,以提高纵向上储量动用程度,达到提高热采效果的目的。

2. 管柱结构

1)稠油分层配汽技术

如图 5-2 所示,配汽解决纵向吸汽不均,改善油层吸汽剖面,提高油层动用程度。

2)分层汽驱工艺技术

如图 5-3 所示,稠油分层汽驱管柱耐温 350℃、耐压 17MPa、寿命 3 年以上,能达到双级密封、双向锚定、伸缩补偿的目的。多级长效分层汽驱密封器、强制解封汽驱封隔器、高温长效分层汽驱密封器、分层汽驱层间密封器等工具可实现液压坐封、上提封隔器强制解封,完成分层汽驱多层段分层配汽,测试动态调配层间配汽量,配汽量误差在±5%以内;管柱通径 60mm 能满足各类测试。

二、热循环施工

热循环工作原理如图 5-4 所示。它是利用热水在油管外部空间做往复循环,来不断补充井内热水的热量,加热生产管柱,以降低生产管柱中原油的粘度,达到稀释井内原油,把原油顺利开采到地面的工艺方法。对超稠油及高凝油的开采,热循环是一种行之有效的开采方式。

1. 倒流程

(1)按管线流程关闭进站生产闸门,使循环水沿流程管线继续循环,放掉流程及井内压力。

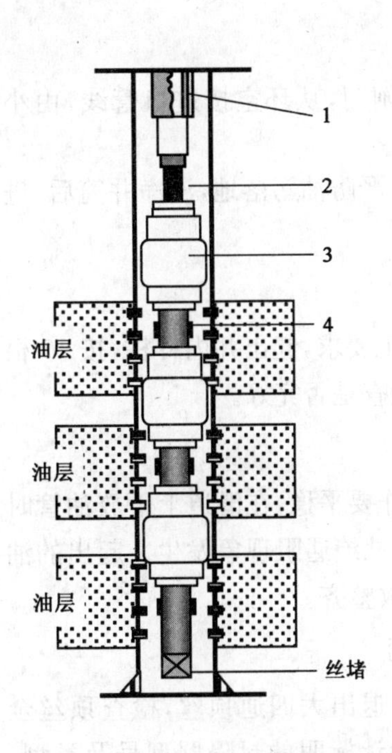

图 5-2　稠油分层配汽管柱示意图

1—隔热管;2—伸缩管;3—封隔器;
4—配汽器

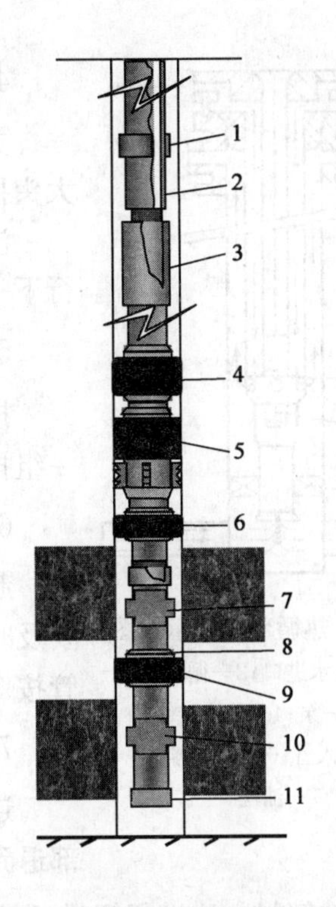

图 5-3　稠油分层汽驱管柱示意图

1—隔热管接箍(配接箍密封器);2—真空隔热管;3—压力补偿式隔热型伸缩管;4—多级长效分层汽驱密封器;5—强制解封汽驱封隔器;6—高温长效分层汽驱密封器;7—偏心式分层汽驱配汽装置;8—安全接头;9—分层汽驱层间密封器;10—偏心式分层汽驱配汽装置;11—丝堵

(2)拆卸流程管线。

2. 放压

放压要进罐,油污不许落地,要有专人控制闸门,管线周围严禁站人。

3. 提插入管

将油杆倒入井内,在倒油杆过程中,人员用力要协调,合力扶住管钳,防止反扭矩太大伤人;退出中四通的顶丝,连接提升短节,检查顶丝确实全部退到位后,人员闪开,在专人指挥下,上提插入管,起出几根油管后(一般 5 根以上),坐井口,连接洗井管线,准备洗井。

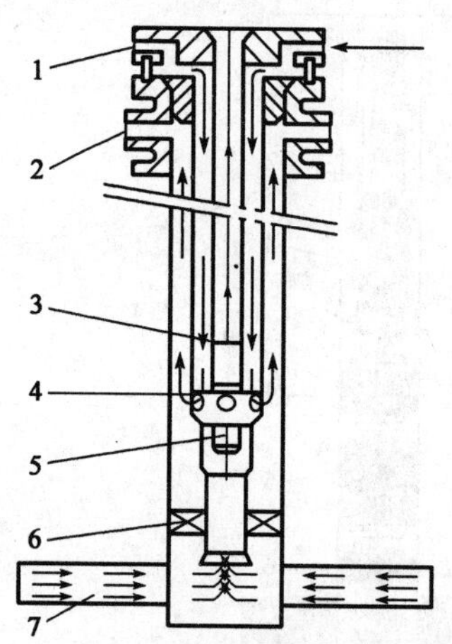

图 5-4　热循环管柱示意图
1—循环热水进口；2—循环热水出口；3—泵；4—分水接头；5—插入管；6—封隔器；7—油层

4. 洗井

关闭油套环空闸门，从环空按进口管线，由小大头接出口。

洗井液要进罐，严防油污落地，洗净井筒后，进行下一步施工。

5. 起抽油杆

按照标准化施工要求，起出井内杆柱，按 10 根一组排放整齐，并检查是否完好。

6. 起油管

起泵管柱时操作要平稳，在滑道上下放油管时要及时拉送小滑车，杜绝遇阻现象发生。起出的油管按 10 根一组，排放整齐。

7. 释放封隔器

连接提升短节，退出大四通顶丝，检查顶丝全部退到位后，根据设计标明的封隔器型号及类型，采取正确的解封方法进行解封（释放封隔器）操作。

8. 洗井

洗净井筒内的稠油，必要时可采用加热稀油的方法洗井。

9. 起封隔器管柱

（1）起封（丢）隔器管柱速度不宜过快，最快速度不得大于 35 根/h，背钳要打牢，经常注意观察悬重变化，严防遇卡。

（2）起出的井下工具和封隔器，标注井号整体，回收上缴。

（3）起出的原管柱必须核实，描述起出的工具情况，发现问题，及时上报。

（4）捞丢手前，必须探明鱼顶沉砂，冲洗鱼顶。

10. 刮蜡

（1）选配好刮蜡器，按设计要求刮蜡。

（2）防止蜡卡、蜡堵，必要时采取边刮、边洗、边下的方法。

（3）刮到结蜡点以下，套管通畅为止，清洗净刮蜡时残留在井筒内的蜡及稠油。

11. 下封隔器管柱

(1)下封(丢)隔器前,必须进行检查,机件灵活,有合格证。

(2)下封(丢)隔器前,必须用通井规检查套管质量,查清套管是否变形、断裂和结蜡,选用通井规标准以小于套管内径的6~8mm为准。

(3)下封(丢)隔器管柱时,时速不宜过快,下放速度不得超过30根/h,摘吊卡时,上提油管高度不得超过0.4m。

(4)下封(丢)隔器必须打紧背钳,防止井中油管倒转,造成脱扣、中途坐封、损坏封隔器。

(5)夹层小于3m时,需要电测来校正封隔器深度。

(6)封隔器坐封时(或打丢手),执行操作标准,坐完封后,要进行验封操作。

(7)验封隔器操作时,试压10MPa,憋压30min,压力下降不超过0.5MPa为合格。

(8)配封隔器管柱按设计要求进行,误差不大于2.5m,特殊情况下(井段条件允许),误差不大于5m。

(9)下井封(丢)隔器和下井工具,做到设计、实物、合格证三对口,不对口不下井。

(10)报表要绘制草图和管柱结构示意图,并标明深度、规格和名称。

12. 下泵管柱(插入管)

按照设计要求,正确组配管柱,下泵管柱至距坐插位置10~15m时,连接洗井管线,清洗净泵管柱内原油及脏物,按操作标准配好井口短节,坐好插入管,坐插负荷根据插入管的类型而定。

坐好插入管后,关闭套管闸门,插入管试压8MPa,憋压30min,压降不超过0.5MPa为合格。

13. 下抽油杆

执行下抽油杆操作标准,下井抽油杆要清洁,操作要平稳。

14. 完井标准

(1)井口采油树的配件齐全完整,满足规格化要求。

(2)流程连接部分零配件齐全,装配正确,与生产输油管线连通好。

(3)井场无落地油,做到工完料净场地清。

(4)各项资料录取齐全准确,完井三天内上交施工总结,并符合要求。

(5)完井工艺达到设计要求。

第四节　注汽转抽油施工

一、主要工序

注汽转抽油施工主要工序：压井、释放热注密封器、起出注汽管柱、下生产管柱、试压、下生产杆柱、收尾交井。

1. 压井

对井内压力高的井要组织压井，但地层压力低的井，注汽焖井后，压力基本保持平衡状态就不需要压井，也减少了水对油层的污染。

2. 释放热注密封器

现在多采用负压密封器，即热注时，密封器受热而膨胀，在套管内实现密封，而在停注后，随着温度的降低，密封器内腔实现负压，从而实现密封材料的内收缩，达到释放密封器的目的。

3. 起出注汽管柱

用污水 $10m^3$ 循环洗井降温，以防止烫伤，起出井内注汽管柱，起隔热管时必须打好背钳，严禁反转倒扣。

4. 下生产管柱

认真检查下井工具，按设计要求下入生产管柱，下井前进行检查，严禁有缺陷的油管下入井内，将油管刺洗干净，并检查油管的内外管是否有变形，变形的油管不许下入井内，按要求下泵。

下井油管涂抹密封脂、上紧上平螺纹，保证管柱密封。下井管柱规范、下入工具型号、深度应与施工设计相符。

5. 试压

完成抽油井生产管柱后，油管试压 10MPa，稳压 30min，压降不超过 0.5MPa 为合格(验证管柱是否有漏失现象)。

6. 下生产杆柱

将深井泵活塞连接在抽油杆上，下入井内使活塞进入泵筒。注意：在下抽油杆过程中，速度要均匀，下放要平稳，避免遇阻时发生杆柱跳动冲击，在活塞进入

泵筒时一定要放慢下放速度，以防碰伤活塞。

7.收尾交井

试抽正常后，即可交采油队。

二、施工要求

注意做好防喷防污染工作；稠油井下作业井架一般采用后六道绷绳、前两道绷绳进行作业。

三、常见事故与解决方法

常见故障有金属密封器未达到释放，解决办法是采用清水灌井口，冷却密封器，以达到释放密封器的目的。

第五节 稠油作业案例分析

[案例一] 稠油井捞砂作业

2002年3月18日，在曙-1-031-143稠油井进行捞砂施工。起出抽油杆后，用原井管柱探砂面为680.4m。

第一次下捞砂泵进行捞砂，进尺3m后，起出捞砂管柱，发现捞出的是油砂混合物，并且捞砂泵单流阀被稠油和砂子堵死。

第二次下捞砂泵进行捞砂，将斜尖与捞砂泵之间的距离由上次的150m调到100m，进尺10m，起出捞砂泵发现，捞砂泵单流阀又被稠油和砂子堵死。

第三次下捞砂泵，将斜尖与捞砂泵之间的距离调到50m，进尺44m后，达到设计捞砂深度。

案例分析：

针对稠油井捞砂容易将捞砂泵单流阀堵死，致使泵不工作的特点，经反复试验，确定合理的泵与斜尖之间的距离，以增大泵效。

案例提示：

(1)稠油井由于井内原油粘度非常高，地层岩石胶结能力差，稠油中含砂较多，给作业施工带来一定的难度。因此，在捞砂施工作业中，应合理选择斜尖与泵之间的距离，提高捞砂效率。

(2)下打捞工具时，井温过低，稠油会产生较大的阻力，影响打捞效果。因此，打捞前必须充分洗井。

(3)在稠油井洗井、冲砂时，应防止稠油中砂子沉淀，造成卡钻事故。在施工过程中，排量应控制在700L/min以上。

[案例二] 用泡沫对稠油井进行冲砂

2001年10月11日，某作业队在曙七区杜84－48－146井进行冲砂施工，该井人工井底为872.0m，油补距为4.13m，生产井段为669.0～687.5m，油层厚度为18.5m，实探砂面深度为675.5，设计冲砂井段为675.5～717.0m，防砂管柱深度为654.0m，JRB封隔器深度为649.0m。

作业施工中，在685.5m处捞砂无进尺，改为下冲砂管柱冲砂，在此处冲砂仍无进尺，经工程技术人员和现场操作人员分析研究后，认为造成冲砂无进尺的原因是稠油粘度过高，于是采用泡沫冲砂方法进行冲砂，顺利将砂冲到设计位置。

案例分析：

工程技术人员针对稠油漏失井捞砂或常规冲砂无效的实际情况，采用泡沫冲砂等行之有效的冲砂措施，冲砂到设计指定位置。

案例提示：

(1)在冲砂、注灰施工前，要查清作业井的套管规格、生产层位及井段、地层渗透率、地层温度及压力、产液量及其性质资料，以及地层漏失情况等。

(2)在稠油漏失井进行冲砂，应采用泡沫冲砂等行之有效的冲砂措施。

(3)冲砂前探砂面时，管柱下放速度应小于1.2m/min，当悬重下降10～20kN时，连探两次后，确认遇砂面。

(4)冲砂施工时，先将冲砂管柱提离砂面3m以上，开泵循环正常后，均匀缓慢下放管柱冲砂，冲砂排量应控制在700L/min以上。

(5)冲砂过程中，如水泥车发生故障，必须停泵进行处理，同时要上提管柱至原砂面30m以上，并反复活动；作业机发生故障时，必须用水泥车正常循环洗井，防止砂卡管柱。

(6)冲砂施工时所使用的水龙带必须拴安全保险绳，循环管线应不刺不漏；在高压区禁止人员穿越，确保人身安全。

(7)采用汽化水冲砂液冲砂时，压风机出口与水泥车之间要安装单流阀，出口管线必须采用硬管线，并固定牢靠。

[案例三] 热采卡瓦飞伤人

1996年10月15日,某作业队在曙1-19-365井下注汽管柱完井后注汽,当注至1000m³时发现井口大四通与套管闸门卡瓦漏,随即派两个工人带着工具上井处理,由于此井的压力和温度很高,两名工人到现场后,用管钳紧漏气处的卡瓦螺栓无效后,其中一名工人,用八磅铁锤砸卡瓦,当砸第二下时卡瓦断裂飞出,造成井里的蒸汽喷出。站在正面的工人被高压蒸汽推出去20m远,站在侧面的另一名工人被推出去4m多远,造成这两个人严重烫伤。

案例分析:

在处理热注井口渗漏时,没有认真分析,也没有采取正确处理方法,而是盲目实施野蛮作业,用铁锤猛击卡瓦,违反高温高压管网故障处理必须先泄压的规定,同时自我防护意识差,没有站在侧方向,因而导致了事故发生。

案例提示:

(1)高温高压管网故障处理必须先泄压后施工。

(2)带压施工时,操作人员必须站在侧方向。

(3)加强职工自我防护意识教育,提高自我保护能力。

[案例四] 加降粘剂方法不当,造成人身伤害事故

2000年8月,对胜21井进行老井复查试油。

该井为稠油井,原油粘度为2800mPa·s。热洗时需加入原油降粘剂,加入降粘剂时,因操作方法不当,使药液溅出,一位施工人员的眼睛被灼伤,几乎造成失明。

案例分析:

施工人员没有按要求佩戴防护镜等防护用品、施工人员在配制降粘剂时操作方法错误是导致这起人身重大伤害事故的主要原因。

案例提示:

(1)施工作业人员,必须按规定穿戴好防护用品。

(2)尤其对使用有毒、有害化学药液、易挥发化学物品等,必须严格执行相应的技术操作规程,避免发生人身伤害事故。

[案例五] 起油管操作不熟练造成事故

本井施工作业队长期在稠油区块施工,平均井深在1100m左右,使用的管

材为 ϕ75.9mm 油管和 ϕ114mm 隔热油管，起下作业使用卡盘，对使用双吊卡作业不熟练。

1996 年 4 月 5 日，在锦 2-5-06 井通井施工，由于井内是 ϕ62mm 油管不能使用卡盘，只有使用双吊卡作业，起管时出现挂单吊环现象，致使井口 ϕ62mm 加厚油管从节箍以下处折断，200 根油管全部掉入井中，造成多次复杂打捞的工程事故。

案例分析：

由于此队长期在稠油区块施工，井深都不超过 1500m，而且都使用井口卡盘操作，不需重复挂吊卡，而该井为超深井 3100m，全井采用 ϕ62mm 油管，不能使用卡盘，只能使用双吊卡施工，工人的操作技能和熟练程度较差，井口与操作手配合不协调，因此造成了此次事故。

案例提示：

(1)施工前，对于施工队和操作人员来说，遇到施工操作不熟练的工序时，一定要在技能上、心理上和技术上做好准备。

(2)起下操作前，必须对提升起重设备进行全面检查，合格后方能施工。

(3)尤其在使用吊卡前，要仔细检查吊卡月牙是否灵活好用，手柄是否安全可靠，所用吊卡必须与油管规范相匹配，吊卡销子必须系牢安全保险绳。

(4)安全通道畅通，起管操作时，操作人员配合准确到位，防止发生单吊环事故。

(5)队伍建设应着眼于长远考虑，使工人熟练掌握相关的操作技能。

第六章 稠油井作业工具

第一节 封隔器

热采封隔器是注蒸汽采油的重要井下工具，热采封隔器起封隔注汽层，防止蒸汽进入油套管环形空间，减少热损失，保护套管的重要作用。如果没有封隔器的可靠密封，再好的隔热油管也不能发挥作用，套管也很容易受热损坏。由于注汽时温度高、压力高，注汽管柱重量大，因此要求封隔器要耐高温高压，密封可靠，使用方便。

一、K331 热敏金属扩张式封隔器

K331 热敏金属扩张式封隔器利用蒸汽源使两层热膨胀系数不同的热敏金属发生挠曲变形而启动胶筒坐封，以热敏金属的降温收缩而自动解封，它的结构简单，操作方便，密封可靠，可反复维修使用。其结构如图 6－1 所示。基本参数见表 6－1。

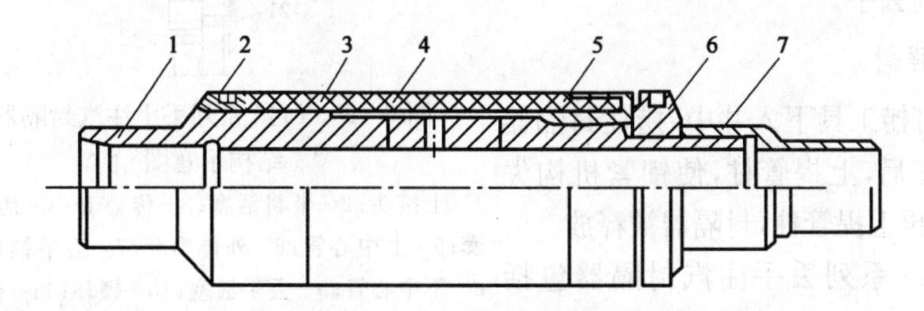

图 6－1 K331 热敏金属扩张式封隔器结构示意图

1—中心管；2—固定压环；3—密封胶筒；4—热敏金属片；5—移动压环；6—锁紧螺母；7—下端盖

表 6-1　K331 热敏金属扩张式封隔器基本参数

封隔器型号	适用套管,in	钢体外径,mm	钢体通径,mm
K331-102	5	102	44
K331-116	5½	116	58
K331-152	7	152	62

二、Y445 系列丢手注汽封隔器

Y445 系列丢手注汽封隔器主要用于悬挂式井下管柱和工具(如防砂管柱等),密封油套环形空间。采用液压坐封、液压丢手、上提管柱解封,并有强制丢手机构。

1. 坐封

封隔器下到预定位置后,向油管中投入钢球,用水泥车打压。坐封部分推动锥体将卡瓦张开,支撑在套管壁上;继续升压,压缩封隔件,封隔油套环形空间;同时锁紧机构将封隔件和卡瓦部分锁紧,坐封完毕;再升压,剪断液压丢手部分的销钉,实现丢手。若升至设计压力,而封隔器没有丢手,则正转管柱,利用强制丢手部分使封隔器强制丢手。

2. 解封

将打捞工具下入井中,捞住封隔器的解封套后,上提管柱,使锁紧机构失去作用,再上提管柱,封隔器被释放。

Y445 系列丢手注汽封隔器包括 Y445-152 型、Y445-115 型丢手注汽封隔器。其结构如图 6-2 所示,主要技术参数见表 6-2。

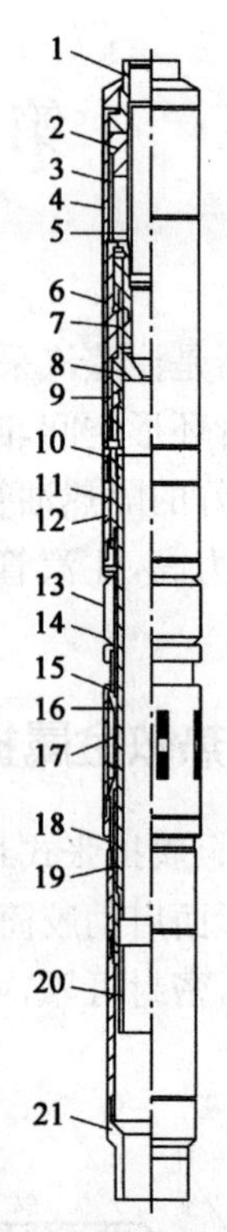

图 6-2　Y445 系列丢手注汽封隔器结构示意图

1—上接头;2—坐封活塞;3—传力套;4—活塞外套;5—上中心管;6—外传力套;7—丢手锁块套;8—下中心管;9—丢手活塞;10—锁环;11—锁套;12—锁环外套;13—封隔件;14—套筒;15—内密封总成;16—上锥体;17—卡瓦;18—下锥体;19—中心管;20—解封套;21—下接头

表 6-2 Y445 系列丢手注汽封隔器主要技术参数

规格 \ 型号	Y445-152 型	Y445-115 型
总长度,mm	1097	1117
最大外径,mm	152	115
最小内径,mm	95	62
工作压力,MPa	17	17
工作温度,℃	360	360
坐封压力,MPa	18	18
丢手压力,MPa	20	20
解封力,kN	60～80	40～60
适用套管尺寸,mm	159～161.7	—
适用井深,m	1400	1400
质量,kg	84	84
强制丢手所需转数	15	15
连接螺纹	上 2⅞inTBG, 下 4½inTBG	2⅞inTBG

三、Y441-152 型注汽封隔器

Y441-152 型注汽封隔器用于悬挂井下管柱和工具,密封油套环形空间。

1. 坐封

封隔器下至设计位置,从油管憋压,坐封机构在液体压力的作用下,向上移动,推动封隔件及下锥体,剪断坐封销钉;封隔件和下锥体同时上移,两锥体间的距离缩小,卡瓦张开支撑在套管壁上;继续升压,下锥体不动,压缩封隔件,封隔油套环形空间,锁紧机构锁住,坐封完毕。

2. 解封

上提管柱,剪断解封销钉,上接头向上移动,锁爪因失去内支撑而向内收缩,上接头带动上锥体连接套和上锥体一起向上移动,两锥体间距离扩大,卡瓦在弹簧力的作用下缩回；继续上提，上锥体、卡瓦罩和下锥体一起上移，释放封隔件，解封完成。

Y441－152型注汽封隔器的结构如图6－3所示。其主要技术参数见表6－3。

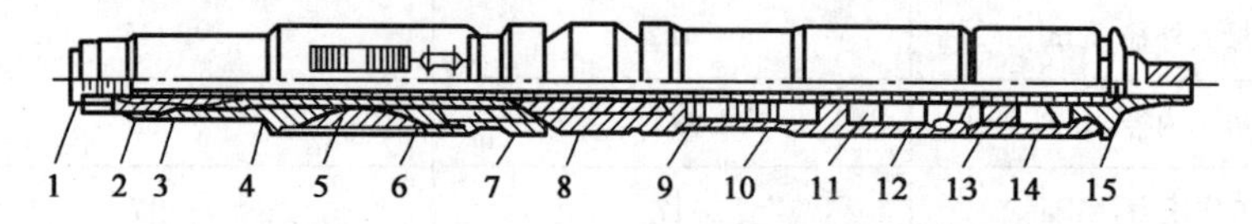

图6－3　Y441－152型注汽封隔器结构示意图

1—上接头；2—上锥体；3—中心管；4—外壳；5—卡瓦；6—下锥体；7—标准环；8—密封件；9—锁环；10—锁套；11—二级活塞；12—二级液缸；13—一级活塞；14—一级液缸；15—下接头

表6－3　Y441－152型注汽封隔器主要技术参数

项目规格	总长度 mm	最大外径 mm	最小内径 mm	最高工作压差 MPa	最高工作温度 ℃	坐封压差 MPa	解封力 kN	连接螺纹	适用井深 m	质量 kg
Y441－152型	1500	152	50	17	360	15～20	90	2⅞in TBG	≤1400	80

四、高温丢手可钻式封隔器

高温丢手可钻式封隔器适用于稠油和超稠油热采井。其结构如图6－4所示。

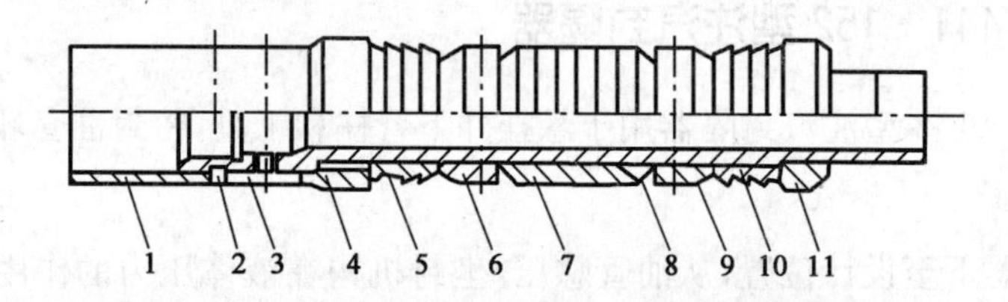

图6－4　高温丢手可钻式封隔器结构示意图

1—上压外套；2—销钉；3—中心管；4—锁环；5—上卡瓦；6—上锥体；7—密封体；8—密封件护伞；9—下锥体；10—下卡瓦；11—规环

1. 坐封

将封隔器连接在液压坐封丢手工具的螺纹连接套上，用油管柱将其下至井内设计深度，记录管柱重力，然后洗井。洗井合格后，从油管内投入一个

ϕ38.1mm的钢球，使其坐落在丢手工具的坐封丢手接头内。地面用泵车向管柱内逐渐加压至25MPa，使高压液体推动坐封工具的调节套压缩封隔器。同时上提管柱，使封隔器的密封件及其护伞胀封油、套环空，上、下卡瓦卡牢在套管内。根据现场经验，最好重复加压两次，可使封隔器坐封更牢固。封隔器坐封后，上提管柱，使管柱受力，中和点处于丢手工具部位，同时正转管柱（螺纹连接套上的扣是反扣），即可实现丢手，将坐封工具及油管柱提出，如图6-5所示。

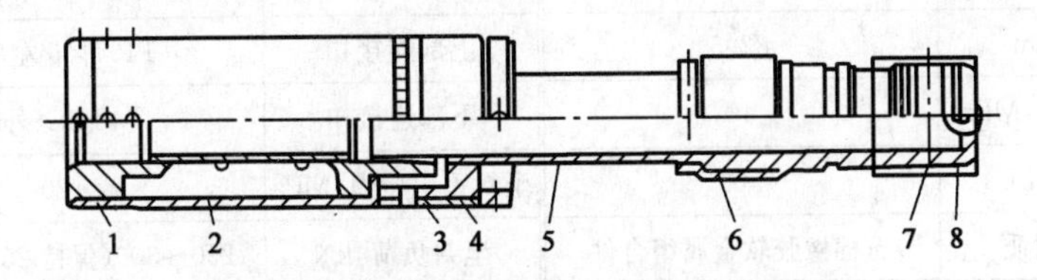

图6-5 液压坐封丢手工具结构示意图

1—安全剪钉；2—缸套；3—防转销钉；4—调节压套；5—坐封丢手接头；6—螺纹连接套；7—试压套（地面试压用）；8—钢球

2.下入注汽管柱

根据设计要求，下入相应的注汽管柱。通常让管柱上的密封插管插入封隔器中心管内，封隔油、套环空，插管上的台肩定位于封隔器中心管的入口处，这样做的目的是将来修井时容易将管提出。

3.解封及回收封隔器

要将封隔器解封时，先提出原注汽管柱，下入自下而上的套铣磨鞋（如要将封隔器残体取出，则前端接一套管爪）、钻铤、杂物捞篮、钻杆的管柱，用动力水龙头作动力进行磨铣。根据现场经验，要用高转速（100～150r/min）、大排量（1000L/min）、低钻压（5～15kN）作业，只要将上卡瓦磨铣掉，即可解封，故一般只需磨铣1～2h，如图6-6所示。

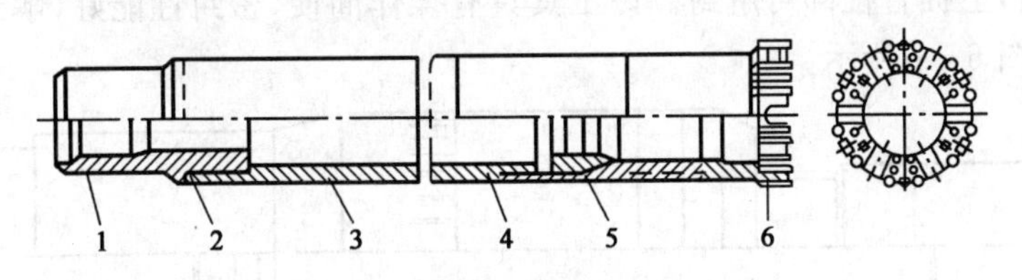

图6-6 套铣磨鞋结构示意图

1—上接头；2—"O"形密封圈；3—铣筒；4—卡瓦锥体；5—开口卡瓦；6—磨鞋

高温丢手可钻式封隔器主要技术参数见表6-4。配套工具主要技术参数见表6-5。

表6-4 高温丢手可钻式封隔器主要技术参数

封隔器体材质	球墨铸铁	总长,mm	976
最大外径,mm	152	质量,kg	41.2
适用套管内径,mm	157.1～161.7	使用寿命,a	>3
通径,mm	82.5	上部连接扣	T104×6左(内)
设计耐压差,MPa	10	下部连接扣	4TBG(外)
设计耐温,℃	300	坐封丢手压力,MPa	20
密封件材质	石棉橡胶软金属组合件	坐封负荷,kN	250～300(保持25～30min)

表6-5 配套工具主要技术参数

工具名称	最大外径 mm	通径 mm	总长 mm	质量 kg	可伸缩量 mm	耐压 MPa	连接螺纹
坐封丢手工具	140	30	799	29.5	—	35	2⅞inUPTBG
注汽密封插管	89.5	50	995	13.5	—	10	2⅞inTBG
注汽伸缩管	130	57	1528	52.7	1000	10	2⅞inTBG
磨铣工具	152	—	2451	87.6	—	—	4inIF
杂物捞篮	127	50	1343	48.5	—	—	4inIF

五、QK331-152型高温封隔器

QK331-152型高温封隔器适用于稠油和超稠油蒸汽吞吐井。该封隔器利用蒸汽的热能自动密封,密封油套环形空间。待注汽结束,套管内注汽管柱内温度降低后,上提管柱即可解封。该工具具有操作简便,密封性能好,解封可靠等特点,如图6-7所示。

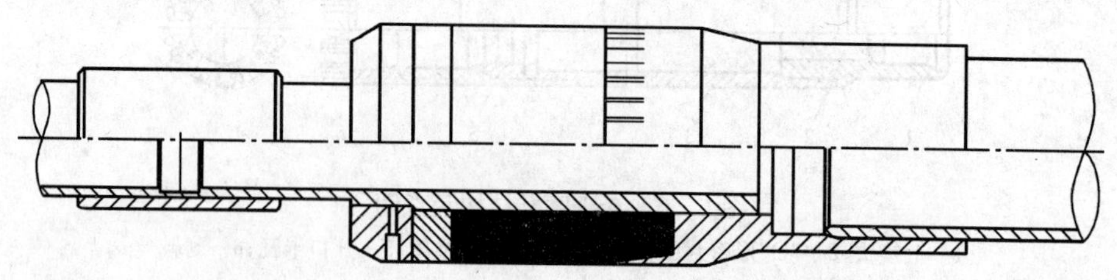

图6-7 QK331-152型高温封隔器示意图

该产品按施工设计要求下到预定位置后，即可注汽，当注汽管柱内温度达到260℃时，上、下膨胀环受热膨胀形成初步密封。在注汽压差的作用下，上、下膨胀环挤压胶筒，完成坐封动作，密封油套环空。待注汽结束，注汽管柱内温度降低后上提管柱即可解封。

QK331－152型高温封隔器主要技术参数见表6－6。

表6－6 QK331－152型高温封隔器主要技术参数

工作压力，MPa	17	工作温度，℃	350
钢体最大外径 mm	152	适用套管内径 mm	153.7～161.7
上部连接螺纹	3½inTBG内螺纹	下部连接螺纹	3½inTBG外螺纹
外形尺寸，mm	ϕ152×600	—	—

六、K331RT－150型封隔器

1.结构

K331RT－150型封隔器主要部件如下：

(1)上连接头。与隔热管相连接。

(2)中心管部分。中心管支撑着两套密封装置，下端与尾管连接。

(3)压块。弹簧的储存仓。

(4)压簧。密封的动力，在高温下将密封筒张开。

(5)密封筒。封隔套管与隔热管环形空间的通道使蒸汽隔断。

2.工作原理

基于密封筒材料在高温作用下，由常温的硬状态变为软状态，在此时压簧同时伸张，并作用在密封筒上，从而密封筒贴靠在套管内壁上，隔断了蒸汽上窜的通道，使蒸汽有效地注入目的层。其工作过程如下：

当封隔器随隔热管下入到设计位置时，装上热采井口，开始向井下注汽，由于蒸汽温度入井后高于300℃，故密封筒迅速由硬状态变为软状态，并带有弹性，此时压簧开始伸张，推动密封筒，紧贴在套管内壁上，使蒸汽无法上窜，只能进入目的层，从而完成了密封作用。

在不同油层采用单式或双道密封装置，使坐封成功率达到100%，满足了生产需要。

K331RT－150型封隔器主要技术参数见表6－7。

表 6-7　K331RT-150 型封隔器主要技术参数

封隔压力,MPa	17	封隔温度,℃	350
工作介质	蒸汽、水、油	连接方式	上端 4½in 隔热管,下端 3½in 尾管
几何尺寸,mm（直径×长度）	150×481 140×481 114×481 102×481	—	—

用户需其他规格隔热管,可提供变扣接头。

七、RSK331-150 型双密封注蒸汽封隔器

1. 结构特点

RSK331-150 型双密封注蒸汽封隔器采用液缸推动压缩密封件扩张密封和密封件内膨胀剂受热膨胀补偿密封,因而密封效果可靠,其外形如图 6-8 所示。其外径小,对于有套管变形的井可优先选用。

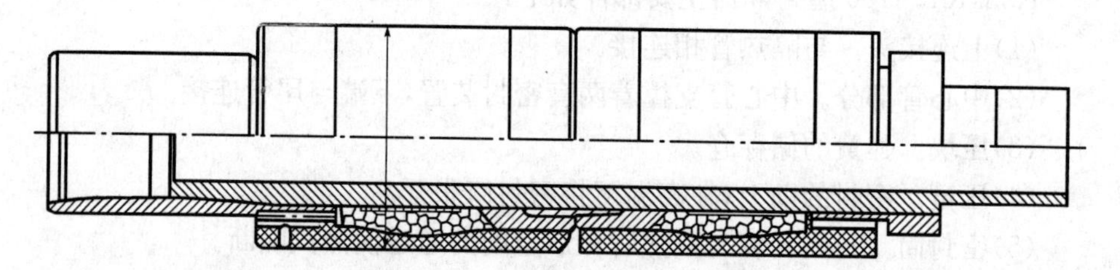

图 6-8　RSK331-150 型双密封注蒸汽封隔器外形示意图

密封件在结构上具有双向密封的功能,在分层注汽中真正起到了即能封上又能封下的作用。

2. 工作原理

按设计要求将封隔器下到预定位置,即完成作业。当注汽开始后,随着温度的上升,密封件内的膨胀剂受热膨胀使密封件扩张与套管形成密封。

当注汽完成,放喷转抽作业时,随着井内温度和压力的降低,上提管柱便可解封。

3. 主要技术参数

RSK331-150 型双密封注蒸汽封隔器主要技术参数见表 6-8。

表 6-8 RSK331-150 型双密封注蒸汽封隔器主要技术参数

总长,mm	880	外径,mm	150	通径,mm	62
耐温,℃	<320	耐压,MPa	17	—	—

第二节 泄油器与补偿器

一、泄油器

抽油机带动管式深井泵进行机械采油的油井停抽后,泵的固定阀在油管内液柱压力的作用下关闭。要保证在起管前或者起管过程中,使油管内的原油流回井筒,必须在泵上的适当位置安装泄油器。油井正常生产时泄油器关闭不能发生泄漏,起管前能够将泄油器打开进行泄油。

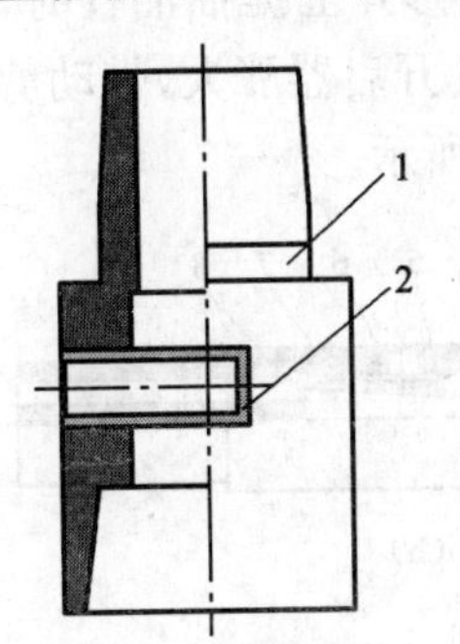

图 6-9 撞击式泄油器结构示意图

1—主体;2—泄油芯子

1. 撞击式泄油器

下井时,连接在管式泵的泵筒与固定阀之间,修井作业起出抽油杆后,从油管中投入重物,砸断泄油芯子进行泄油。

撞击式泄油器的特点是结构简单、成本低廉、使用方便、径向尺寸小,可适用于各种套管尺寸,也可用于套管轻微变形井,如图 6-9 所示。

撞击式泄油器不适用于稠油井和抽油杆断、卡、脱井。

2. 杆控泄油器

杆控泄油器通过抽油杆的动作来控制泄油器的开启或者关闭。一般情况下,它包括泄油总成和开启器两部分。泄油总成连接在油管上,开启器连接在抽油杆上,下井时泄油器处于关闭状态或者抽油杆下行关闭泄油器,起抽油杆时开启器随抽油杆上行打开泄油器。

1)自控式泄油器

自控式泄油器的工作原理是:下放抽油杆,开启器通过棘爪带动滑套下行到下止点,下棘爪挂到下接头上关闭泄油孔,油井正常投产;上提抽油杆,开启器通过棘爪带动滑套上行到上止点,将上棘爪挂到上接头上,打开泄油孔,实现起管泄油。其结构如图 6－10 所示。

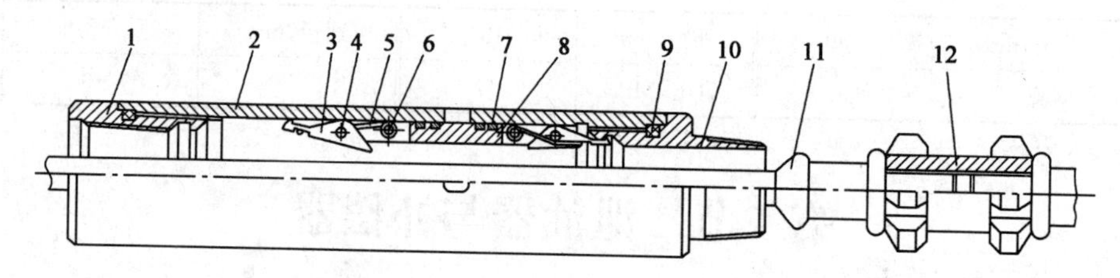

图 6－10 自控式泄油器结构示意图

1—上接头；2—主体；3—棘爪；4—棘爪销；5—扭簧；6—扭簧销；7、9—密封圈；8—滑套；10—下接头；11—抽油杆；12—开启器

泄油器可以反复打开和关闭，不怕误操作。

2）提杆剪切式泄油器

提杆剪切式泄油器的工作原理是：下杆时，弹性套首先在剪切套的上端面遇阻，专用拉杆随抽油杆下放，直到压紧螺母推动弹性套，由于专用拉杆为上小下大的圆锥形，此时弹性套在专用拉杆上收缩通过剪切套；修井上提抽油杆时，弹性套首先在剪切套的下端面遇阻，专用拉杆上行将弹性套开启器涨大，带动剪切套一起向上运动，从而将泄油芯子剪断泄油，如图 6－11 所示。

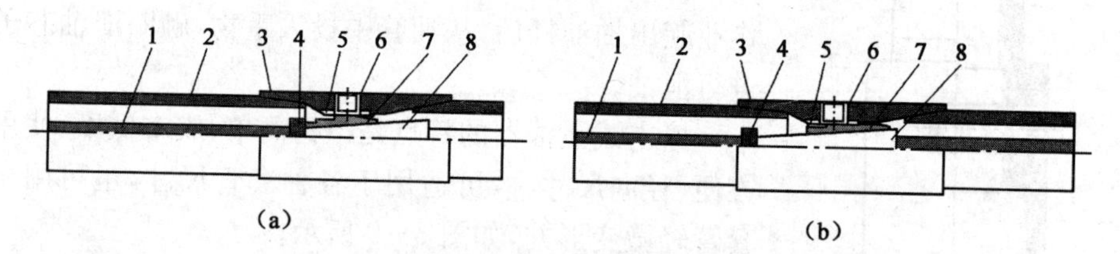

图 6－11 提杆剪切式泄油器结构示意图

(a)下放时；(b)上提时

1—抽油杆；2—油管；3—泄油器主体；4—压帽；5—剪切套；6—泄油芯子；7—弹性套；8—拉杆

弹性套开启器一旦下行通过剪切套后，不准上提到剪切套位置，否则会剪断泄油芯子。

各种杆控泄油器在采油工程中获得了比较广泛的应用，尤其适用于稠油井。但是，当抽油杆发生断、卡、脱时，杆控泄油器无法开启泄油。

3. 管控泄油器

管控泄油器是依靠油管的上提、下放控制其开启或者关闭的泄油器。随着油田开发的不断深入，油层出砂越来越严重，抽油杆断、卡、脱时有发生，研制管控泄油器，可解决抽油杆断、卡、脱井的泄油问题。

1)分体式套管摩擦提管泄油器

分体式套管摩擦提管泄油器的工作原理是:下井时,泄油总成连接在油管上,下到砂卡点以上的适当位置;支撑总成从泄油总成上部第一根油管的顶部套入,下放时泄油总成随油管下行,支撑总成一旦进入套管后,由于支撑总成的摩擦块和套管壁之间有一定的摩擦力,所以支撑总成静止在套管上,只有靠上面油管接箍的推动才能下行;完井时,支撑总成在泄油总成上部第一根油管的上端,泄油总成在该油管的下端。其结构如图 6-12 所示。

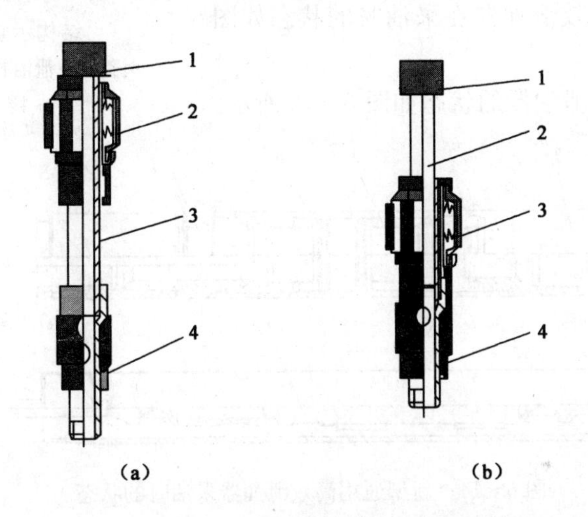

图 6-12 分体式套管摩擦提管泄油器结构示意图
(a)下放时泄油器工作状态;(b)上提时,泄油器开启状态
1—油管接箍;2—支撑总成;3—油管;4—泄油总成

修井作业提管时,由于支撑总成与套管壁之间有摩擦力,它最初静止不动,泄油总成随油管一起上行至碰到支撑总成时,使泄油总成的中心管上的泄油孔和密封套上的泄油孔重合,泄油器开启泄油,继续上提,上提力克服摩擦力,将支撑总成一起提出。

2)剪切式管控泄油器

剪切式管控泄油器工作原理是:下井时,泄油器连接在油管上,下到砂卡点以上的适当位置;平时,内筒及以下管柱的重量和碰泵时的冲击力作用在内、外筒之间的台阶上,泄油芯子不受力;修井作业时,加深油管探砂面,将泄油芯子剪断泄油。

管控泄油器的特点是适用于稠油井,抽油杆断、卡、脱井;分体式套管摩擦提管泄油器的外径较大，对于有套管变形的油井，容易发生卡井事故，不能使用；剪切式管控泄油器结构简单，加工容易，使用方便，径向尺寸小，不容易发生卡井事故，但是，由于其具有遇阻打开的特性，对于套管补贴井、套变较大的油井、侧钻井不适用。剪切式管控泄油器结构如图6－13所示。

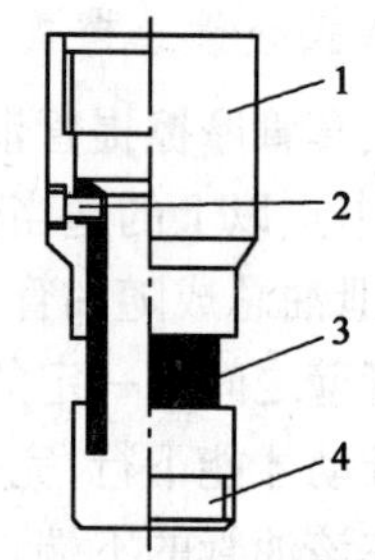

图 6－13 剪切式管控泄油器结构示意图

1—外筒；2—泄油芯子；3—内筒；4—接头

4. 新型通用高效泄油器

新型通用高效泄油器在采油时的状态如图 6－14 所示。

修井起管时泄油器的状态如图 6－15 所示。

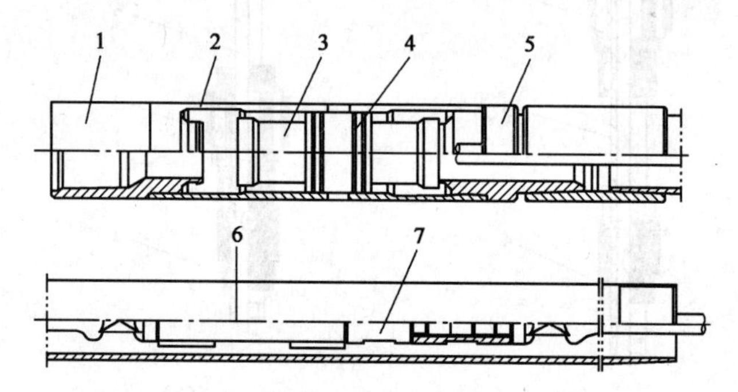

图 6－14 新型通用高效泄油器采油时的状态

1—上接头；2—主体；3—滑套；4—密封圈；5—下接头；6—开启器；7—特殊接头

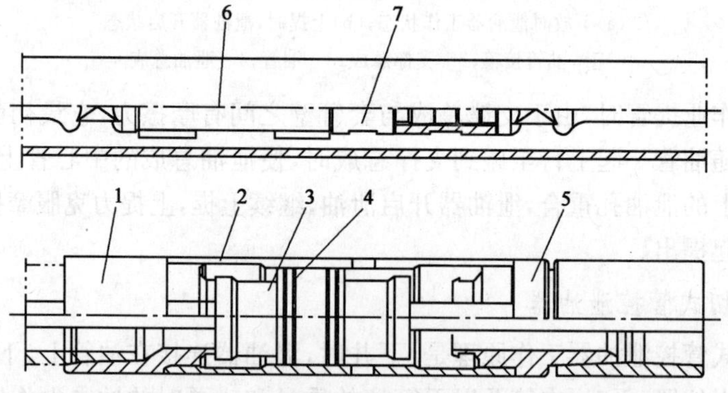

图 6－15 新型通用高效泄油器修井时的状态

1—上接头；2—泄油器主体；3—滑套；4—密封圈；5—下接头；6—开启器；7—特殊接头

新型通用高效泄油器的工作原理是：下放抽油杆，开启器 6 将滑套 3 从上接头 1 上摘下带到下止点，锁定在下接头 5 上，关闭泄油器主体上的泄油孔，油井

正常投产;上提抽油杆,开启器6将滑套3从下接头5上摘下带到上止点,锁定在上接头1上,打开泄油器主体上的泄油孔,实现起管泄油。泄油器的开启和关闭只能通过开启器带动滑套反复进行,不怕误操作。

抽油杆发生砂卡时,在井口使用专用工具把开启器6从特殊接头7上脱开,然后上提抽油杆打开泄油器,实现砂卡井起管泄油。

新型通用高效泄油器的特点是适应性强,既适用于一般油井,又适用于砂卡井,可以替代以前所有的泄油器;实用性好,配套装置少,易损件少,每次使用后只需更换密封圈便可重复使用;结构合理,耐压高(达18MPa以上),径向尺寸小,对套管变形不敏感,不易发生卡井事故;只有通过开启器才能控制滑套的动作,动作准确、性能可靠;杜绝了砂卡井造成的大面积井场污染,节约了原油资源,改善了井口条件,提高了操作的安全性,避免了砂卡井起管时锯断抽油杆,降低了工人的劳动强度,提高了施工效率。

二、JRB系列井下热胀补偿器

井下热胀补偿器用于注蒸汽井,与Y441-152型注汽封隔器配套使用,也可以直接连在注汽管柱中,使注汽管柱免受损害,保护套管,降低井筒热损失。

井下热胀补偿器在下井时处于全拉开状态,坐封后注汽时,随着温度的不断升高,隔热管柱受热伸长,滑管在外管内滑动,使注汽管线的热胀伸长得到补偿。

JRB系列井下热胀补偿器主要有JRB-Ⅱ型和JRB-Ⅲ型两种。其结构如图6-16所示。主要技术参数见表6-9。

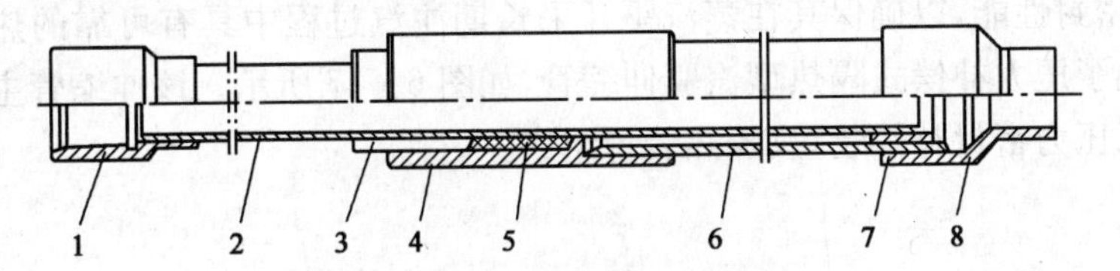

图6-16 JRB系列井下热胀补偿器

1—上接头;2—滑管;3—压杆;4—主体;5—密封总承;6—外管;7—接管;8—下接头

表6-9 JRB系列井下热胀补偿器主要技术参数

参数 \ 型号	JRB-Ⅱ型	JRB-Ⅲ型
最大外径,mm	127	107
最小通径,mm	62	50
适用套管内径,mm	157~162	118.6~125.7

续表

参数 \ 型号	JRB-Ⅱ型	JRB-Ⅲ型
补偿距，m	≤5	≤5
适应注汽压力，MPa	≤16.5	≤16.5
适应注汽温度，℃	≤350	≤350
连接螺纹	4½inBCSG	2⅞inTBG

第三节　伸缩管、隔热管、密封接头

一、伸缩管

伸缩管是用于补偿井内油管受热伸长的装置。井内注汽时，油管伸长，在深井中可伸长5m以上，采用伸缩管，可允许油管有一定伸长，不至于使油管发生过度弯曲。

伸缩管主要由两层管组成，内管可以移动，两管接触面用石墨密封件密封。普通汽驱管柱所采用的伸缩管在蒸汽驱长期注汽过程中内管外壁易结垢，使密封件很容易磨损，导致伸缩管动密封效果减弱，使用寿命缩短。为提高伸缩管的长效动密封性能，以确保其在蒸汽驱开采长期注汽过程中具有可靠的热补偿性能，研制了压力补偿式隔热型汽驱伸缩管，如图6-17所示。该伸缩管主要由除垢装置、压力密封补偿装置、隔热装置组成。

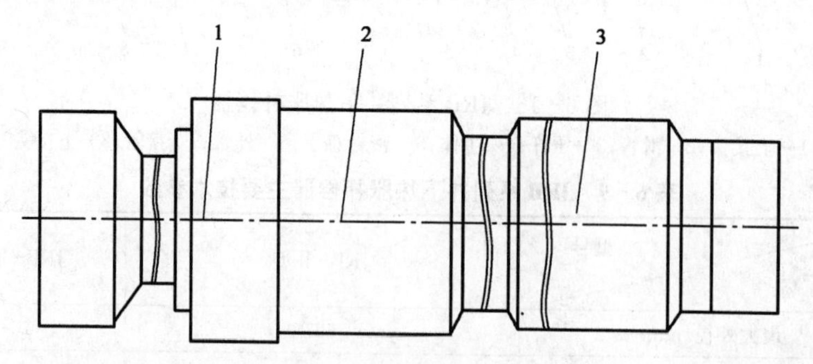

图6-17　压力补偿式隔热型汽驱伸缩管结构示意图

1—除垢装置；2—压力密封补偿装置；3—隔热装置

一般来说，还应该在注汽管柱(封隔器上方)上加装循环阀，以便在向油层注汽之前，将封隔器以上的油套环形空间中的水举空，这对减小井筒热损失十分有利。

二、隔热管

井筒隔热是注蒸汽开采稠油配套工艺技术中一项极为重要的技术，对于深井稠油的开采，它更是必须解决的关键技术。因为井筒热损失是随着井深的增加而增加，井越深，沿井筒损耗的热量就越大，输送给稠油层的热量就越少，从而降低了注汽效果，甚至根本达不到有效开采稠油的目的。

井筒隔热措施的另一重要作用是保护油井套管。油井注汽温度都在300℃以上，大大超过了套管允许温度，因此，如果不采取井筒隔热措施，套管很容易受热损坏。

井筒隔热措施有采用隔热油管和隔热液两种方法。

1. 隔热油管

目前使用隔热管为预应力隔热油管，从隔热材料、隔热方式，以及隔热性能的差别分有Ⅰ型、Ⅱ型、Ⅲ型隔热油管，隔热油管随着使用时间的增加，在高温、高压条件下产生的氢易渗入隔热层，导致其隔热性能下降。隔热管夹层内氢随注汽周期的变化见表6－10。针对氢渗危害，研制出了防氢害隔热油管、高真空隔热油管，目前在生产的隔热油管基本为这两种。

表6－10 隔热管夹层内氢随注汽周期的变化

使用周期	1	2	3	4	5	6
夹层含氢，%	4	7	12	15	21	24

隔热油管是利用双层同心管，在两管间充填隔热材料而成，根据结构特点，隔热油管可以分成两种。

1)固体隔热油管

以辽河Ⅱ型隔热油管为例，其结构如图6－18所示，是由直径不同的内管、外管配成同心管，在两管之间填入固体珍珠岩粉为隔热材料，在接箍处，内管和外管焊接在吊卡环上；另一端的端部焊接密封填料盒或波纹管，其作用是当注汽时内外管由于温度不同伸长不一致，密封填料盒可以进行自动调节并能始终密封两管的环形空间，保证内部有良好的隔热作用。此隔热油管加工工艺简单，使用方便，价格低，隔热性能好；缺点是端部存在热损失。

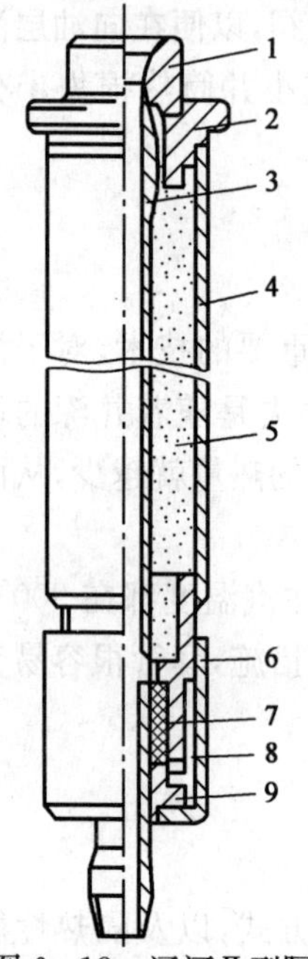

图 6-18 辽河Ⅱ型隔热油管结构示意图

1—接箍；2—吊卡环；3—2½in油管；4—φ114mm管；5—珍珠岩；6—压帽；7—密封填料；8—密封填料盒；9—压环

2)预应力隔热油管

预应力隔热油管结构如图 6-19 所示。预应力隔热油管由内外管组成，内管在拉力作用下与外管两端焊接成一体，内外管之间的环形空间填充隔热材料。内管采用预应力处理是为了补偿内外管由温差引起的不同伸长量，确保隔热管在高温下正常工作。管内填充的隔热材料为硅酸铝纤维、氪气，内管用铝箔包裹，在环空内填入吸气剂(吸收掉进入内外管空间的氢气)。

隔热油管的内管受到蒸汽热量影响时，可释放预施加的拉应力，以补偿内外管温差伸长，确保了油管在高温下工作的可靠性。密封环空内充填有吸气剂，其功能是对污染气体进行清洁。从而延缓了系统随时间增加隔热性能下降的趋势，使油管在较长期工作中保持良好的隔热性能。用隔热油管注汽可以使注汽热损失大幅度降低，大大提高了可注入深度和注入油层的蒸汽质量，降低了套管和水泥环的热应力，防止套管高温损坏，采油时具有良好的保温效果，可以大幅度降低热能损耗。其主要技术参数见表 6-11。

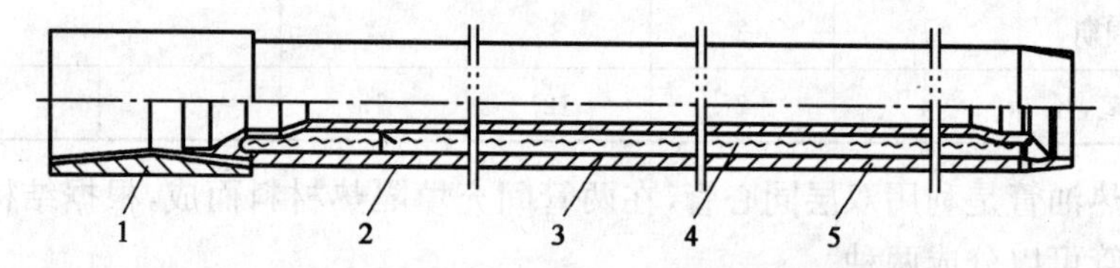

图 6-19 预应力隔热油管结构示意图

1—接箍；2—内管；3—支撑环；4—隔热材料；5—外管

表 6-11 预应力隔热油管主要技术参数

参数	规格，mm			
	114×76	114×62	88×50	73×40
隔热等级	ABCD		AB	
长度，m	9.5			
单位质量，kg/m	32	28	21	15

续表

参数		规格,mm			
		114×76	114×62	88×50	73×40
连接螺纹		4½inBCSG		3½inUSS	2⅞inUSS 2⅞inTBG 2⅞inTBG
管体外径,mm		114.3		88.9	73.0
管体内径,mm		76.0	62.0	50.6	40.9
接箍外径,mm		132		108	88.9
通径规 mm	直径	73.6	60	48.6	38.9
	长度	1000			
抗拉载荷,kN		680	600	500	370
抗内压,MPa	20℃	32			
	350℃	21			
抗外挤,MPa	20℃	26		30	
	350℃	24		28	
下井深度,m		1600			
蒸汽注入温度,℃		350			
蒸汽注入压力,MPa		17			

2. 隔热液

隔热液用于隔热油管与套管间的环形空间中,以减少套管向外散热。

三、密封接头

密封接头的作用是配合封隔器起到更好的封隔作用。密封接头又称为热膨胀金属密封封隔器,金属密封封隔器内装扩张剂,外包一层密封金属套。其工作原理是在高温下扩张剂膨胀体积增大,密封套变形,起到封隔油管和套管环形空间的作用。当温度降低时,扩张剂收缩,密封套内腔压力下降,失去密封作用。

参 考 文 献

[1] 中国石油天然气总公司劳资局．修井机械．北京:石油工业出版社,1996.

[2] 邓光明．修井机械．北京:石油工业出版社,1989.

[3] 孙松尧．钻井机械．北京:石油工业出版社,2006.

[4] 华东石油学院矿机教研室．石油钻采机械．北京:石油工业出版社,1986.

[5] 华东石油学院矿机教研室．石油钻采工艺基础及机械．东营:石油大学出版社,1980.

[6] 符明理．钻井机械．北京:石油工业出版社,1987.

[7] 中国石油天然气集团公司人事服务中心．井下作业工．北京:石油工业出版社,2004.

[8] 万仁溥,周英俊．采油技术手册．北京:石油工业出版社,1996.

[9] 吴奇．井下作业监督．北京:石油工业出版社,2003.

[10] 胡明君,程诗团．修井工程．北京:机械工业出版社,1992.

[11] 聂海光,王新河．油气田井下作业修井工程．北京:石油工业出版社,2002.

[12] 王深维．现代修井工程关键技术实用手册．北京:石油工业出版社,2007.